云计算数据安全

陈 龙 肖 敏 罗文俊等 著

科学出版社

北 京

内 容 简 介

云计算数据安全是学术界和产业界都非常关注的核心问题。当大量用户采用云存储模式后,用户数据不仅面临数据保密与数据共享的挑战,还面临可信数据安全问题。本书总结云计算环境下的数据安全威胁与需求,重点讨论基于属性加密的云数据访问控制、云计算环境下可搜索的数据加密、可证明数据安全与数据完整性验证,以及电子证据存储应用等侧面的最新技术与解决方案。

本书适合对云存储、云数据安全服务感兴趣的读者。对从事云计算数据安全、云存储安全研究的相关人员,从事云存储管理、服务的技术人员,以及云安全服务研发的相关人员有重要的参考作用。本书内容主要为云计算数据安全方面的最新研究成果,也可作为高年级本科生和研究生的教材或参考书。

图书在版编目(CIP)数据

云计算数据安全/陈龙等著 . —北京:科学出版社,2016
ISBN 978-7-03-046911-3

Ⅰ. 云… Ⅱ. 陈… Ⅲ. 计算机网络-安全技术 Ⅳ. TP393.08

中国版本图书馆 CIP 数据核字(2015)第 318687 号

责任编辑:魏英杰 纪四稳 / 责任校对:桂伟利
责任印制:张 倩 / 封面设计:陈 敬

科 学 出 版 社出版
北京东黄城根北街 16 号
邮政编码:100717
http://www.sciencep.com
新科印刷有限公司 印刷
科学出版社发行 各地新华书店经销

*

2016 年 3 月第 一 版 开本:720×1000 1/16
2016 年 3 月第一次印刷 印张:13 3/4
字数:275 000

定价:**90.00 元**
(如有印装质量问题,我社负责调换)

前　言

云计算代表 IT 领域向集约化、规模化与专业化道路发展的趋势,是 IT 领域正在发生的深刻变革。云计算已进入稳步发展阶段,云计算的安全越来越受到重视。

云计算安全成为云计算领域亟待突破的重要问题。云计算环境的安全问题主要包括数据安全、网络安全以及计算安全三个方面,其中最为核心的是数据安全问题。当大量用户采用云存储模式后,很多用户数据既需要保密又需要共享,同时用户数据还可能遭到其他用户意外的修改及损坏,甚至云计算服务商的非诚信对待。研究人员将数据解密、密钥分配和数据访问控制结合起来,为加密数据共享提供灵活的访问控制方式;同时,支持处于加密状态的用户数据搜索利用也有了进展。对于数据安全存储及应用,可证明数据安全或安全审计为云存储提供了额外的安全保障及信用机制。服务方需要提供一种证明来表明数据安全性——保证用户数据的完整性、可用性、容错性或可靠性。电子数据在我国新的法律体系中也已作为新的证据类型独立存在,预先采取技术手段预防纠纷或提供电子数据证据成为广泛的实际需求。可证明数据安全的第三方证明、验证的结果可为解决纠纷提供有力的电子数据证据。

现有国内可见的云计算安全相关著作(译著)较多关注宏观层面的云计算环境下的安全问题,以及云计算部署、应用等方面的安全问题及风险,对云计算环境的安全技术与传统安全技术的差异关注不足。现有工作未能专门系统地讨论云计算数据安全问题。与同类书相比,本书具有以下特点:针对性、系统性地分析云计算环境、云存储面临的数据安全威胁,归纳、提炼具有可行性、实用性的前沿研究成果,重点讨论基于属性加密的云数据访问控制、可搜索的数据加密、可证明数据安全与数据完整性验证,以及电子证据存储应用等侧面的最新技术与解决方案。

本书是近年来国内外相关研究的简要总结,主要是项目组几年来研究成果的归纳与系统化。本书的第 1、4、5、6 章由陈龙负责编写,第 2 章由肖敏负责编写,第 3 章由罗文俊负责编写。全书由陈龙负责协调、统稿。参与项目组的研究工作或者参加本书的资料整理、协助编写的有曾经或正在重庆邮电大学就读的研究生王明昕、王春蕾、孙志蔚、郭函、陈亚琼、方新蕾、娄晓会、刘邦岚、宋巍、陈宏波、李俊中、甘慧、罗玉柱、王也、张涵等。

本书的出版得到重庆邮电大学出版基金的资助,也得到科学出版社的大力帮助,特此致谢! 相关的研究工作得到国家社会科学基金项目(No. 14BFX156)、重庆市自然科学基金项目（No. cstc2011jjA40031、No. cstc2011jjA0042）的支持。感谢导师王国胤教授对我们研究工作的指导！感谢计算智能重庆市重点实验室、计算机网络与通信重庆市重点实验室、网络与信息安全重庆市工程实验室、重庆邮电大学计算机科学与技术学院对我们研究工作的支持！也在此感谢为本书撰写付出辛苦努力的作者和参与者。

　　由于作者学术水平所限，书中难免会有不妥之处。恳请读者理解和批评指正，在此先致感谢！

陈　龙

2015 年 12 月

目　　录

第1章　云计算与数据安全

1.1　云　计　算

1. 云计算

云计算体现为一种商业计算模型,通过网络以按需、易扩展的方式提供各种应用系统所需的硬件、平台、软件资源或者用户需要的基于信息化手段的服务。从使用者的角度,这些资源或服务如同水、电等资源的供给方式,可以按需获取和使用,并按使用付费。云计算最终表现为一种服务,一般称为云服务。云计算表明信息技术领域向集约化、规模化与专业化道路发展的趋势,它改变了对信息技术的供给和使用方式。与传统的方式相比,云服务最大的优势在于供给弹性和低成本,云计算的发展也是信息化进一步深化的必然需求,从而得到世界范围内的广泛关注、研究与建设实施。

2. 云计算特性

云计算作为新的计算模式,具有新的重要特性。

(1) 超大规模。构成云的设施具有相当大的规模,云计算能为用户提供前所未有的计算能力,无规模无法实现其优势[1]。谷歌、亚马逊、微软等公司的云计算已拥有几十万、几百万台服务器。

(2) 虚拟化[1]。云计算拥有庞大的计算、存储各类资源的资源池,支持用户不分地点、时间、终端特性、接入形式来获取服务。所请求的资源、服务由"云"提供,不依赖于具体的某个部分的实体。

(3) 按需服务。基于云计算的庞大资源池,用户按需购买,服务实现时可自动获取计算资源或服务。

(4) 高可伸缩性。云计算具有弹性架构,资源或服务能力可以快速、弹性地供应,满足应用和用户规模变化的需要。用户可以根据需求随时获得和调用基础设施资源,也可随时撤销和缩减这些资源,避免了资源不足或资源浪费。

(5) 高可靠性与通用性[1]。云计算整体上需要采用多种措施来提高、保障可靠性;同时,云计算不针对特定的场景或应用,在云计算平台可以实现千变万化的应用,可以同时支撑不同的应用运行。

(6) 廉价特性。云计算的廉价基础设施、弹性架构、自动管理,以及云的规模效应保证其具有优越的性能价格比优势。

3. 云计算的部署

依据云计算的部署方式,可区分为以下不同类型。

(1) 公有云。由云服务提供商拥有或间接使用,并负责对云中的软件资源进行管理和维护,向用户开放。而用户只需要支付相应的资源费用,就可以使用公有云中的所有业务。用户本身并不需要做相关的投资和建设。其优势在于开放性,用户使用方便。由于是公共服务产品,所以对于云计算的物理安全以及逻辑安全的监管程度是比较低的。同时,公有云要求把用户或公司的数据从内部网络转移到外部网络中,业务运行需要宽带的支持;除了需要一定的成本,响应时间、数据量也需要匹配。公有云中的数据安全成为普遍担心的问题。

(2) 私有云。由云服务提供商拥有,其所有服务均不提供给外部用户使用,仅为某个特定的组织服务。由该组织机构自身负责对服务的配置、管理等任务。与私有云有关的网络、存储等基础设施都由该组织机构单独所有,并不与其他机构分享。私有云的部署比较适合有许多分支的大型企业。私有云的缺点是持续运营成本比较高,可能会超出使用公有云的成本。

(3) 混合云。两个或多个保持各自实体独立性的不同云基础设施(私有的或公共的)形成的一个组合,该组合可实现数据和应用程序的可移植性。实际上,混合云是公共云和私有云的混合。它结合了公有云和私有云各自的特点,可提供各种组合的优化特性。

4. 云存储

云存储属于提供数据存储的一种云服务。该服务主要为用户提供数据存储和必要的数据管理服务。用户在有网络连接的地方,可以随时随地存放或获取云上的数据。云存储可以采用上述不同的部署方式,从而可分为公有云存储、私有云存储和混合云存储。基于虚拟化的效果,用户数据往往存储在多个虚拟服务器上。

和云计算整体的特点类似,云存储服务具有如下一些明显的优势。

(1) 容量的可扩展性。云存储的备份容量是没有限制的,用户可以根据自己的需求随时扩展和获取。用户基于云存储服务商的扩展能力,而不需关心存储容量问题。当用户的需求扩大时,云存储服务将可以很方便地在原有基础上扩展存储空间,满足需求。

(2) 统一管理并提升工作效率。当组织、公司的数据量很大,或者涉及的管理面较多时,分散的管理往往不能保证数据的一致性,员工或用户自己管理自己的存储,效率较低,同时也很难实现对信息的有效控制。数据备份、数据压缩等多方面的用户需求均由服务方自动实现。

(3) 成本、费用的节省。使用云存储服务,用户不必担心设备升级、数据迁移或者设备淘汰等问题,云服务提供商将承担存储基础设施的建设与维护。边使用边付费的模式减少了备份设备的采购、实施、维护等方面的成本,相对而言,将因此节省大量经费。

1.2　云计算安全

云计算具有分布式计算及存储、无边界、虚拟化、多租户、数据所有权与管理权分离等特性,也更加具有开放性。由于云中包含了大量的软件与服务,数据量十分巨大,系统非常复杂,所以传统的安全技术和管理方案难以奏效,需要在传统技术的基础上研究新的技术与方案。云计算系统中存放的信息比传统信息系统数据更多,若是云计算系统遭到攻击,遭受的损失比传统服务更加严重。

冯登国等总结了关于云计算与安全之间关系的两种对立的说法[2]:持有乐观看法的人认为,采用云计算会增强安全性,因为通过部署集中的云计算中心,可以组织安全专家以及专业化安全服务队伍实现整个系统的安全管理,避免了现在由个人维护安全,由于不专业导致安全漏洞频出而被黑客利用的情况;另一种观点认为,集中管理的云计算中心将成为黑客攻击的重点目标,并且由于系统的巨大规模以及前所未有的开放性与复杂性,其安全性面临着比以往更为严峻的考验。所以,对于普通用户,其安全风险不是减少而是增多。

总之,云计算面临的安全问题已经严重阻碍了云计算系统和业务的进一步发展,成为迫切需要应对的重要问题,学术界和产业界都十分关注。

云计算技术在不断演进,云计算在努力提高整体使用效率的同时,为实现用户信息资产安全与隐私保护带来极大的冲击与挑战[2-5]。IDC 的调查、研究人员的看法都显示云计算的安全问题是人们接受云服务所担心的首要问题,人们对云计算还缺乏足够的信任[2,3,5]。云计算安全成为云计算领域亟待突破的重要问题[6-9]。文献[9]将云计算环境涉及的安全问题分为数据安全、计算安全和网络安全三个方面。下面针对其中的数据安全展开讨论。

1.3　云计算环境的数据安全威胁

1.3.1　数据安全属性

1. 数据机密性

数据机密性指未经授权的个人和实体不能得知数据的内容。通常结合数据加密技术和数据访问控制的手段来实现。

2. 数据完整性

数据完整性指特定的数据在存储状态或传输过程中保持完全不变。数据完整性在任何系统中均是关键的要素之一。保证数据完整性一方面是要确保访问控制实施得当,只授权给适当的人进行访问;另一方面是对数据完整性进行检查。由前面的讨论可知,云计算环境下数据完整性在数据传输、数据迁移等情形下都有受到影响的可能。云计算环境下,数据存储不受用户的直接控制,用户一般不知道他们的数据存储在哪个物理机器上,或者哪些系统安放在何处。而且数据集可能是动态的、频繁变化的,这些频繁变化使得传统完整性的技术无法发挥效果。数据完整性除了从数据安全的角度考虑,还需要结合特定情形的计算安全性。

3. 数据可用性

数据可用性指具有访问权限的用户在需要数据时可以及时得到该数据。

4. 数据容错性

数据容错性是数据可用性的扩展,只有在数据存在的条件下才能保证数据可用。数据容错性保障在自然条件下抵抗数据出现差错的能力,在数据出现一定程度的错误时可以恢复出原数据。现有的备份技术、纠错码技术为云计算服务提供了实现条件。

5. 数据安全可证明性

数据安全可证明性指存在一种安全证明机制,数据的安全不仅客观得到实现,还可以向用户提供证明。理想的情况是这种机制既约束服务方提供承诺的服务质量,也约束用户方诚实地交付数据。数据的完整性与可用性以及数据容错性都可以基于该机制间接实现,为数据的真实性、安全性提供额外的信用安全保障。

1.3.2　数据安全威胁

云计算环境下数据的安全威胁有以下几个方面。

1. 数据泄露

数据泄露是对数据机密性的破坏,是云计算安全中的一个重大威胁,数据的泄露将对企业和用户造成重大损失[10]。

云计算环境有很多场景会造成对数据机密性的损害,相应地存在技术性的若干挑战。

（1）数据加密。首先,若数据以明文形式存在,其在传输、存储、处理的过程中都有可能被非授权获取,并直接得知数据内容。基于密码学上安全的算法实现数据加密、保证数据的机密性是普遍的办法。同时,在云计算环境下,采用数据加密的方式来确保数据的机密性和隐私性,也存在不少的困难。一方面是数据加密的方式,若由用户自行加密,用户方需要加密、解密计算任务,而且数据被加密后在云中进行查找,加工处理变得十分困难[6]。若是由服务方加密、解密,也存在攻击者攻击服务方,或者管理方通过虚拟机监控器获取内存快照从而获得密钥、私钥甚至篡改相关数据的可能等问题[11]。另一方面是密钥的传递与分发管理,涉及大量用户共享的情形则问题十分复杂。

（2）数据隔离。多租户技术是云计算中用到的关键技术。多个租户或用户的数据会存放在同一个存储介质上、同一个数据表里,在同一个服务器上由程序运行时使用,存在用户之间交叉访问数据的可能性[6,12]。

（3）数据起源。数据不断地传递、加工、处理,数据的来源确定往往也会成为困难问题。

（4）数据迁移。云计算模式下,提供服务的进程可能在服务器上不断地迁移,进程迁移过程中需要对内存数据、机器状态以及相应的磁盘数据进行迁移,数据在迁移过程中存在被泄露、被篡改的可能[6,11,12]。

（5）数据清洗。数据在删除后可能没有彻底清除,在物理上可能有残留。数据残留可能被有心者有意收集,从而透露用户的敏感信息。基于云计算的模式,数据在传输、存储、处理过程中很难保证其被彻底删除。数据清洗则定位于考虑各种可能的情况,彻底删除特定的敏感数据[12]。

（6）数据位置。云计算的分布式处理方式及动态迁移特性导致数据在处理的过程中位置十分不确定,数据位置的确定也是一大困难任务。数据穿越国界（境）之后还存在不同国家的法律约束不同的问题[12]。

2. 数据丢失、篡改

数据丢失、篡改是对数据完整性的破坏,是云计算环境数据安全面临的主要威胁。攻击者可能由于各种原因将攻击对象的数据删除,云服务提供商对数据存储采取的防护措施不当,可能会导致数据丢失。数据的保密性需要大量的密钥,若用户对密钥管理不当,甚至丢失密钥,将很有可能使数据丢失[10]。若服务方不可信,也存在数据删除、有损压缩的情况。

3. 拒绝服务/数据劫持

拒绝服务/数据劫持是对数据可用性的破坏,拒绝服务、用户身份或服务流量被劫持也是云计算的一个安全威胁[10]。典型的情况包括:网络上的拒绝服务攻击导致服务方不能提供数据访问,使数据不能正常使用;云计算服务商因故障出现停机情况;云计算中存储的数据出现丢失现象,无法访问到用户数据;云计算服务商因特殊原因而倒闭,不提供数据存储、访问服务。

如果攻击者获取到用户的账号、口令信息,既可以修改用户口令,造成拒绝服务,也可以窃取到用户的数据和个人信息。攻击者还可能通过这些用户账号信息发起新的攻击。

4. 数据隐私

除了用户数据泄露造成数据机密性被破坏,还可能对用户隐私构成威胁[10]。用户身份、个人私密信息等方面的内容可能来源于数据泄露,还可能缘于长期的行为监视、数据之间的关联等,数据隐私需要匿名机制的支持。

1.4　本书组织结构

数据安全涉及的问题十分广泛,研究者也相应地有不少研究成果。本书主要针对云计算环境中的几个关键问题,总结、阐述研究组的研究成果。

第2章讨论云计算环境下的数据访问控制。数据加密是普遍采用的安全措施,访问控制是实现数据安全的最主要手段。数据拥有者必须通过加密数据并控制用户的解密能力以实现访问控制。基于属性的密文数据访问控制十分受关注。属性加密机制将密文与私钥分别与一组属性相关联,当用户的私钥属性与密文属性相互匹配达到一个门限值时,可以给用户解密密文。属性加密机制可以有效地解决大量用户共享数据的问题。

第3章讨论云计算环境下可搜索数据加密技术。数据加密后密文的处理十分困难,可搜索的加密技术对密文处理支持十分重要。

第4~6章讨论可证明数据安全及应用。基于数据安全可证明性,针对数据完整性并结合其可用性、容错性,分别讨论可证明静态数据安全、可证明动态数据安全以及可证明数据安全的一种应用场景——电子数据的固定与存储。

参 考 文 献

[1] 刘鹏. 云计算. 3版. 北京:电子工业出版社,2015:3-4.

[2] 冯登国,张敏,张妍,等. 云计算安全研究. 软件学报,2011,22(1):71-83.

[3] Kaufman L M, Harauz J, Potter B. Data security in the world of cloud computing. IEEE Security & Privacy, 2009, 7(4):61-64.

[4] Mather T, Kumaraswamy S, Latif S. 云计算安全与隐私:企业风险处理之道. 刘戈舟,等,译. 北京:机械工业出版社,2011.

［5］　CSA. Security Guidance for Critical Areas of Focus in Cloud Computing V2. 1. http：//www. cloudsecurityalliance. org/guidance/［2015-6-20］.

［6］　冯朝胜,秦志光,袁丁. 云数据安全存储技术. 计算机学报,2015,38(1):150-163.

［7］　俞能海,郝卓,徐甲甲,等. 云安全研究进展综述. 电子学报,2013,41(2):371-381.

［8］　林闯,苏文博,孟坤,等. 云计算安全:架构、机制与模型评价. 计算机学报,2013,36(9): 1765-1784.

［9］　邹德清,金海,羌卫中,等. 云计算安全挑战与实践. 中国计算机学会通讯,2011,7(12): 55-61.

［10］　张尼,刘镝,张云勇,等. 云计算安全技术与应用. 北京:人民邮电出版社,2014:36-40.

［11］　Rocha F, Correia M. Lucy in the sky without diamonds:stealing confidential data in the cloud. Proceedings of the International Conference on Dependable Systems and Networks Workshops,2011:129-134.

［12］　Jansen W A. Cloud hooks:security and privacy issues in cloud computing. Proceedings of the 44th Hawaii International Conference on System Sciences,2011:1-10.

第 2 章　云数据访问控制

在一个理想的云存储系统中，人们既可以管理数据，又可以为用户提供实时的数据访问服务。但是，云存储系统中的服务器是由云服务商提供和维护的，其不在用户的可信域中，从用户的角度来看，云服务器不是完全可信的。为了保证数据的私密性，需要对数据进行加密后存储。如何实现加密云数据的有效访问成为云存储数据安全的一个挑战。

2.1　云数据访问控制需求

云存储系统中，云服务器不是面对一个或几个用户，而是面对成千上万的用户，用户和数据的数量是巨大的。在传统的访问控制系统中，用户的权限和所有数据都由系统管理员来分配和管理，服务器需要通过与每个用户进行交互来允许或限制访问者的访问能力和范围，当用户数量很大时，将严重影响系统效率，因此传统的数据访问控制不适合直接应用于云存储系统。而且传统的加密机制也会带来密钥分发和管理的难题。

云存储系统的访问控制机制需要满足以下条件：

(1) 密钥管理是可扩展和离线的。

(2) 不需要一个在线可信第三方来管理访问控制。

(3) 具备富有表达性且可扩展的访问控制策略。

属性加密(attribute based encryption, ABE)机制可以满足以上条件而被认为是最适合解决云存储系统的细粒度访问控制问题的技术之一。

2.2　属性加密机制

属性加密机制可以追溯到身份加密机制[1,2]，由 Sahai 等[3]第一次提出，它是对公钥密码机制和身份加密机制的扩展。在属性加密机制中，密文和密钥都与一组属性相关，加密者可以根据需求构建一个访问策略来对文件进行加密，当且仅当访问者持有的属性满足该策略时才能解密密文。属性加密机制极大丰富了访问策略的灵活性和用户权限的可描述性，从以前的一对一加密解密模式扩展成为一对多的模式。属性加密机制具有以下 4 个特点[4]。

（1）高效性。加密解密代价和密文长度仅与相应的属性个数相关，而与系统中用户的数量无关。

（2）动态性。用户能否解密一个密文仅取决于其属性是否满足密文的访问策略，而与其是否在密文生成前加入该系统无关。

（3）灵活性。具体表现为访问策略可支持复杂的访问结构，如门限、二叉树。

（4）隐私性。加密者不需要知道解密者的身份信息。

基于上述良好的特性，属性加密机制可以有效实现非交互访问控制，很好满足云存储系统的访问控制需求，其解决思路是：系统中每个权限可由一个属性表示，由一个权威中心对所有访问者的权限属性进行认证并颁发相应的密钥，系统中的数据以加密形式保存到服务器上，加密的访问策略可根据需要由资源发布者来灵活制定，任何人都可以公开访问加密后的资源，但只有满足访问策略的访问者才能够解密并访问该资源。

2.2.1　属性加密基础

1. 双线性群

属性加密机制建立在双线性群上，满足双线性映射的性质。以下是双线性映射的简单介绍。更为详细地描述请参照文献[1]。

设 G_1 和 G_2 是两个阶为素数 p 的乘法循环群。g 是 G_1 的生成元，双线性映射 $e: G_1 \times G_1 \to G_2$ 有以下特性。

（1）双线性：对于任意 $u, v \in G_1, a, b \in Z_p, e(u^a, v^b) = e(u, v)^{ab}$。

（2）非退化性：$e(g, g) \neq 1$。

（3）可计算性：对于任意 $u, v \in G_1$，都能有效计算 $e(u, v)$。

2. 困难性假设

定义群 G_1 的阶为素数 p，且 g 是 G_1 的生成元。

定义 2.1　离散对数假设（discrete logarithm assumption）：给定一个随机元素 $y \in G_1$，计算 $a \in Z_p$，满足 $y = g^a$。

定义 2.2　判定性 DH 假设（decisional Diffie-Hellman assumption）：给定 g, $g^a, g^b, g^c \in G_1$，判断是否 $c = ab(\bmod p)$。

定义 2.3　判定性 BDH 假设（decisional bilinear Diffie-Hellman assumption）：随机选取 $a, b, c, z \in Z_p$，在概率多项式时间（probabilistic polynomial-time, PPT）内，一个算法 B 不具备不可忽略的优势来区分 $(g^a, g^b, g^c, e(g, g)^{abc})$ 和 $(g^a, g^b, g^c, e(g, g)^z)$。

定义 2.4　判定性 MBDH 假设（decisional modified bilinear Diffie-Hellman assumption）：随机选取 $a,b,c,z \in Z_p$，攻击者在 PPT 内不具备不可忽略的优势来区分 $(g^a,g^b,g^c,e(g,g)^{\frac{ab}{c}})$ 和 $(g^a,g^b,g^c,e(g,g)^z)$。

定义 2.5 判定性 q parallel-BDHE 假设（decisional q-parallel bilinear Diffie-Hellman exponent assumption）：随机选取 $a,s,b_1,\cdots,b_q \in Z_p$，给定 $y=\{g,g^s,\cdots,g^{(a^q)},g^{(a^{q+2})},\cdots,g^{(a^{2q})},\forall_{1 \leqslant j \leqslant q} g^{s \cdot b_j},g^{a/b_j},\cdots,g^{a^q/b_j},g^{a^{q+2}/b_j},\cdots,g^{a^{2q}/b_j},\forall_{1 \leqslant j,k \leqslant q,k \neq j} g^{a \cdot s \cdot b_k/b_j},\cdots,g^{a^q \cdot s \cdot b_k/b_j}\}$，攻击者在 PPT 内没有不可忽略的优势来区分 $e(g,g)^{a^{q+1}s} \in G_2$ 和 G_2 中的任一元素。

3. 访问结构

属性加密机制中的访问策略由访问结构来描述，访问结构有如下定义[5]。

定义 2.6 访问结构：令参与方的集合为 $P=\{P_1,\cdots,P_n\}$，一个访问结构 A 是 $\{P_1,\cdots,P_n\}$ 的非空子集，即 $A \subseteq 2^{\{P_1,\cdots,P_n\}} \setminus \{\phi\}$。如果访问结构 $A \subseteq 2^{\{P_1,\cdots,P_n\}}$ 是单调的，对于 $\forall B,C:B \in A,B \subseteq C$，则有 $C \in A$。若集合在访问结构 A 中称为授权集合，不在访问结构 A 中则称为非授权集合。

可以通过构建各种密钥共享方案来实现访问结构。Beimel[5] 给出线性密钥共享方案（linear secret-sharing schemes，LSSS）。Shamir[6] 和 Blakley[7] 首次给出了基于阈值门限的访问结构。Benaloh[8] 扩展了 Shamir 的方法，实现了由阈值门限构成的访问树。

在属性加密方案中，属性为参与方。因此，访问结构 A 包含授权属性集。目前主要的 ABE 方案都是基于访问树或者 LSSS。

定义 2.7 访问树：设 T 是一个访问结构树。T 的中间节点代表一个阈值门限，由子节点和阈值描述。如果 num_x 是节点 x 的子节点数量，k_x 是它的阈值，则 $0 < k_x \leqslant \text{num}_x$。当 $k_x=1$ 时，该节点是或门；当 $k_x=\text{num}_x$ 时，则为与门。树的每个叶子节点 x 代表一个属性，其阈值 $k_x=1$。

为了方便使用访问树 T，需要定义一些函数。定义树中节点 x 的父节点为 $\text{parent}(x)$。叶子节点 x 的函数 $\text{att}(x)$ 表示 T 中和叶子节点 x 相关的属性。访问树 T 中节点 x 的子节点从 $1 \sim \text{num}_x$ 进行排序。$\text{index}(x)$ 表示节点 x 在访问树 T 中的唯一索引号。

设 T 是一个根为节点 r 的访问树，T_x 是根为节点 x 的 T 的子树，因此 T 就是 T_r。如果一组属性 γ 满足访问树 T_x，则 $T_x(\gamma)=1$，如下递归计算 $T_x(\gamma)$：如果 x 是中间节点，对节点 x 的所有子节点 x' 计算 $T_{x'}(\gamma)$，当且仅当至少有 k_x 个子节点返回 1 时，则 $T_x(\gamma)$ 返回 1；如果 x 是叶子节点，当且仅当 $\text{att}(x) \in \gamma$ 时，$T_x(\gamma)$ 返回 1。

定义 2.8 线性秘密共享方案（LSSS）：令参与方的集合为 $P=\{P_1,P_2,\cdots,$

P_n},访问结构 A 为(A,ρ),其中 A 是一个 $l \times n$ 的矩阵,ρ 是{$1,2,\cdots,l$}到 P 的映射,即矩阵 A 中的一行映射到一个参与方。通常 LSSS 包括两个有效算法。

（1）秘密分享算法:当分享一个秘密值 s 时,首先生成一个 n 维向量 $v = (s, v_2, \cdots, v_n)$,其中 $s \in Z_p, v_2, \cdots, v_n$ 随机从 Z_p 中选择。令 A_i 为矩阵 A 中的第 i 行向量,将 $\lambda_i = A_i \cdot v$ 作为参与方 P_i（也就是 $\rho(i)$）获取的秘密分享值。

（2）秘密恢复算法:当恢复秘密值 s 时,令 $S \in A$ 是授权属性集,$I \subset \{1,2,\cdots, l\}$,且 $I = \{i : \rho(i) \in S\}$。若 $\{\lambda_i\}$ 是有效的秘密分享值集合,则存在恢复系数 $\{w_i \in Z_p\}_{i \in I}$,使得 $\sum_{i \in S} w_i \cdot \lambda_i = s$。

Goyal 等[9]将属性加密分为密钥策略的属性加密（key-policy attribute based encryption,KP-ABE）和密文策略的属性加密（ciphertext-policy attribute based encryption,CP-ABE）。在 KP-ABE 中,密钥与访问策略相关,密文与一组属性相关[9]。在 CP-ABE 中则相反,密钥与一组属性相关,密文与访问策略相关[10]。这两种方案都包含四个基本算法,分别为 Setup、Encrypt、KeyGen 和 Decrypt,均采用了访问树结构。

2.2.2　KP-ABE

（1）初始化算法:Setup$(\lambda,U) \to (PK, MSK)$。输入安全参数 λ 和系统属性全集 U,输出公共参数 PK 和主密钥 MSK。定义系统属性全集 $U = \{1,2,\cdots,n\}$,对于每个属性 $i \in U$,从 Z_p 中随机选取 v_i。最后在 Z_p 中随机选取 y。输出公共参数 $PK = \{V_1 = g^{v_1}, \cdots, V_{|U|} = g^{v_{|U|}}, Y = e(g,g)^y\}$ 和主密钥 $MK = \{v_1, \cdots, v_{|U|}, y\}$。

（2）加密算法:Encrypt$(PK, m, \gamma) \to (CT)$。输入公共参数 PK、文件 m 和属性集 γ,输出密文 CT。在属性集 γ 下,加密文件 $m \in G_2$,选择随机值 $s \in Z_p$,生成密文 $CT = (\gamma, E' = my^s, \{E_i = V_i^s\}_{i \in \gamma})$。

（3）密钥生成算法:KeyGen$(A, MSK, PK) \to (SK)$。输入访问结构 A、主密钥 MSK 和公共参数 PK,输出用户私钥 SK,当且仅当 $T(\gamma) = 1$ 时,用户能够解密在属性集 γ 下加密的消息。

首先从根节点 r 开始采取由上而下的方式为树 T 中的各个节点 x 随机选取多项式 q_x。对于树中每个节点 x,多项式 q_x 的次数 $d_x = k_x - 1$。对于根节点 r 的多项式 q_r,令 $q_r(0) = y$,再随机选取其他 d_r 个点对 q_r 进行定义。对于其他节点 x 的多项式 q_x,令 $q_x(0) = q_{\text{parent}(x)}(\text{index}(x))$,再随机选取其他 d_x 个点来生成 q_x。多项式选定之后,对于每个叶子节点 x,把下面的私密值发送给用户,即 $D_x = g^{\frac{q_x(0)}{v_i}}$,其中 $i = \text{att}(x)$。用户得到私钥 $SK = \{D_x, x \in T\}$。

（4）解密算法:Decrypt$(CT, SK, PK) \to (m)$。输入密文 CT、用户私钥 SK 和公共参数 PK,输出文件 m。首先定义一个递归算法 DecryptNode(CT, SK, x),输

入密文 $E=(\gamma,E',\{E_i\}_{i\in\gamma})$、私钥 D 和树上的节点 x。输出 G_2 上的一个群集或 $\perp$。

如果节点 x 是叶子节点，$i=\mathrm{att}(x)$，则

$$\mathrm{DecryptNode}(CT,SK,x)=\begin{cases}e(D_i,E_i)=e\left(g^{\frac{q_x(0)}{v_i}},g^{s\cdot v_i}\right)=e(g,g)^{s\cdot q_x(0)},i\in\gamma\\\perp\end{cases}$$

$$(2.1)$$

当 x 是中间节点时，递归算法 $\mathrm{DecryptNode}(CT,SK,x)$ 工作如下：对于节点 x 的每个子节点 z，调用 $\mathrm{DecryptNode}(CT,SK,z)$，存储输出 F_z。如果没有 k_x 个 $F_z\neq\perp$ 的子节点 z 存在，则函数 $\mathrm{DecryptNode}(CT,SK,x)$ 返回 $\perp$。否则，定义 S_x 为任意 k_x 个 $F_z\neq\perp$ 的子节点 z 的集合，计算

$$\begin{aligned}F_x&=\prod_{z\in S_x}F_z^{\Delta_{i,S_x'}(0)},i=\mathrm{index}(z),S_x'=\{\mathrm{index}(z):z\in S_x\}\\&=\prod_{z\in S_x}(e\,(g,g)^{s\cdot q_z(0)})^{\Delta_{i,S_x'}(0)}\\&=\prod_{z\in S_x}(e\,(g,g)^{s\cdot q_{\mathrm{parent}(z)}(\mathrm{inndex}(z))})^{\Delta_{i,S_x'}(0)}\\&=\prod_{z\in S_x}e\,(g,g)^{s\cdot q_x(i)\cdot\Delta_{i,S_x'}(0)}\\&=e\,(g,g)^{s\cdot q_x(0)}\end{aligned}$$

$$(2.2)$$

式中，$\Delta_{i,S}=\prod_{j\in S,j\neq i}\dfrac{x-j}{i-j}$，$i\in Z_p$ 是拉格朗日系数。当且仅当密文满足访问树 T 时，$\mathrm{DecryptNode}(E,D,r)=e\,(g,g)^{ys}=Y^s$，则 $M=E'/Y^s$。

KP-ABE 在 DBDH(decisional bilinear Diffie-Hellman) 假设下是选择安全的。

2.2.3　CP-ABE

(1) 初始化算法：$\mathrm{Setup}(\lambda,U)\to(PK,MSK)$。输入安全参数 λ 和系统属性全集 U，输出公共参数 PK 和主密钥 MSK。选择一个生成元为 g 且阶为素数 p 的双线性群 G_1，接下来选择两个随机指数 $\alpha,\beta\in Z_p$。公共参数 $PK=\{G_1,g,h=g^\beta,f=g^{1/\beta},e\,(g,g)^\alpha\}$，主密钥 $MK=(\beta,g^\alpha)$。

(2) 加密算法：$\mathrm{Encrypt}(PK,m,A)\to(CT)$。输入公共参数 PK、文件 m 和访问结构 A，输出密文 CT。

设访问结构树为 T，加密算法在 T 下加密文件 m。从根节点 r 开始采取由上而下的方式为树 T 中的各个节点 x 随机选取次数为 $d_x(d_x=k_x-1)$ 的多项式 q_x。下面对各个节点的多项式进行定义，对于根节点 r 的多项式 q_r，先选择一个随机数 $s\in Z_p$，令 $q_r(0)=s$，然后随机选取 d_r 个点来对 q_r 进行定义。对于其他节点 x，令

$q_x(0) = q_{parent(x)}(\mathrm{index}(x))$，再随机选取 d_x 个点来定义 q_x。

令 Y 是 T 中的叶子节点集合，根据给定的访问树 T，密文计算如下：$CT = \{T, \tilde{C} = Me(g,g)^{as}, C = h^s, \forall y \in Y : C_y = g^{q_y(0)}, C_y' = H(\mathrm{att}(y))^{q_y(0)}\}$。

（3）密钥生成算法：$\mathrm{KeyGen}(MSK, S, PK) \to (SK)$。输入主密钥 MSK、一组属性集 S 和公共参数 PK，输出用户私钥 SK。

首先选择一个随机数 $r \in Z_p$，每个属性 $j \in S$ 对应一个随机数 $r_j \in Z_p$，用户私钥 SK 计算如下：$SK = \{D = g^{(\alpha+\gamma)/\beta}, \forall j \in S : D_j = g^r \cdot H(j)^{r_j}, D_j' = g^{r_j}\}$。

（4）解密算法：$\mathrm{Decrypt}(CT, SK, PK) \to (M)$。输入密文 CT、用户私钥 SK 和公共参数 PK，输出文件 m。首先定义一个递归算法 $\mathrm{DecryptNode}(CT, SK, x)$，接着输入私钥 SK、$T$ 中节点 x 和密文 $CT = (T, \tilde{C}, C, \forall y \in Y : C_y, C_y')$。

若节点 x 是叶子节点，$i = \mathrm{att}(x)$，定义如下。

如果 $i \in S$，则计算

$$\mathrm{DecryptNode}(CT, SK, x) = \frac{e(D_i, C_x)}{e(D_i', C_x')} = \frac{e(g^r \cdot H(i)^{r_i}, h^{q_x(0)})}{e(g^{r_i}, H(i)^{q_x(0)})} = e(g,g)^{rq_x(0)}$$

$$(2.3)$$

如果 $i \notin S$，令 $\mathrm{DecryptNode}(CT, SK, x) = \perp$。

当 x 是中间节点时，算法 $\mathrm{DecryptNode}(CT, SK, x)$ 运行如下：对于所有节点 z（x 的子节点），调用 $\mathrm{DecryptNode}(CT, SK, z)$，存储输出 F_z。令 S_x 是一个包含 k_x 个 $F_z \neq \perp$ 的子节点 z 的集合。如果不存在 S_x，则函数返回 $\perp$。否则，计算

$$\begin{aligned}
F_x &= \prod_{z \in S_x} F_z^{\Delta_{i, S_x'}(0)}, i = \mathrm{index}(z), S_x' = \{\mathrm{index}(z) : z \in S_x\} \\
&= \prod_{z \in S_x} (e(g,g)^{r \cdot q_z(0)})^{\Delta_{i, S_x'}(0)} \\
&= \prod_{z \in S_x} (e(g,g)^{r \cdot q_{parent(z)}(\mathrm{inndex}(z))})^{\Delta_{i, S_x'}(0)} \\
&= \prod_{z \in S_x} e(g,g)^{r \cdot q_x(i) \cdot \Delta_{i, S_x'}(0)} \\
&= e(g,g)^{r \cdot q_x(0)}
\end{aligned}$$

$$(2.4)$$

若 S 满足访问树 T，则令 $B = \mathrm{DecryptNode}(CT, SK, r) = e(g,g)^{rq_r(0)} = e(g,g)^{rs}$，通过下面的计算得到：$M = \tilde{C}/(e(C, D)/B) = \tilde{C}/(e(h^s, g^{(\alpha+\gamma)/\beta})/e(g,g)^{rs})$。

CP-ABE 的安全性基于一般群模型（generic group model）和随机预言模型（random oracle model）。Waters[11] 在后续工作中给出了在标准模型下的 CP-ABE 方案。该方案利用 LSSS 访问结构，安全性基于判定性 q-parallel BDHE 假设，该方案中的四个基本算法如下。

(1) 初始化算法：Setup$(\lambda,U) \rightarrow (PK,MSK)$。输入安全参数 λ 和系统属性全集 U，输出公共参数 PK 和主密钥 MSK。首先选择一个生成元为 g 且阶为素数 p 的双线性群 G_1，以及 U 个群元素 $h_1,\cdots,h_U \in G_1$，这些群元素和系统中的 U 个属性相关。接着选择两个随机指数 $\alpha,a \in Z_p$，公共参数 $PK = \{g,e(g,g)^\alpha,g^a,h_1,\cdots,h_U\}$，主私钥 $MSK = g^\alpha$。

(2) 加密算法：Encrypt$(PK,m,A) \rightarrow (CT)$。输入公共参数 PK、文件 m 和 LSSS 访问结构 $A(M,\rho)$，其中 ρ 是矩阵 M 的每一行到属性的映射，输出密文 CT。

M 是一个 $l \times n$ 的矩阵。首先选择随机向量 $v = (s,y_2,\cdots,y_n) \in Z_p^n$。接着计算 $\lambda_i = v \cdot M_i, i=1,\cdots,n$，其中 M_i 对应着 M 的第 i 行，λ_i 用来共享加密指数 s。另外，随机选择 $r_1,\cdots,r_l \in Z_p$。

最后计算出密文 CT 为：$CT = (C = Me(g,g)^{\alpha s}, C' = g^s, \{(C_i = g^{a\lambda_1}h_{\rho(i)}^{-r_i})D_i = g^{r_i}\}_{i=1,\cdots,l})$。密文中还包含对访问结构 (M,ρ) 的描述。

(3) 密钥生成算法：KeyGen$(MSK,S,PK) \rightarrow (SK)$。输入主密钥 MSK、一组属性集 S 和公共参数 PK，输出用户私钥 SK。

选择一个随机数 $t \in Z_p$，计算用户私钥：$SK = (K = g^\alpha g^{at}, L = g^t, \forall x \in S, K_x = h_x^t)$。

(4) 解密算法：Decrypt$(CT,SK,PK) \rightarrow (m)$。输入密文 CT、用户私钥 SK 和公共参数 PK，输出文件 m。

CT 包含访问结构 (M,ρ)，SK 包含一组属性集 S。假如 S 满足访问结构，令 $I \subset \{1,2,\cdots,l\}$，且 $I = \{i:\rho(i) \in S\}$，若 $\{\lambda_i\}$ 是秘密值 s 的有效的秘密分享集合，则存在一组恢复系数 $\{w_i \in Z_p\}_{i \in I}$，使得 $\sum_{i \in S} w_i \cdot \lambda_i = s$。

然后计算

$$e(C',K)/\left(\prod_{i \in I} (e(C_i,L)e(D_i,K_{\rho(i)}))^{w_i}\right)$$
$$= e(g,g)^{\alpha s}e(g,g)^{at}/\left(\prod_{i \in I} e(g,g)^{at\lambda_i w_i}\right) \tag{2.5}$$
$$= e(g,g)^{\alpha s}$$

最后通过计算 $C/e(g,g)^{\alpha s}$ 得到文件 m。

在 KP-ABE 的密钥生成阶段和 CP-ABE 的加密阶段需要自上而下为每个节点随机选取多项式 q_x，次数为 $d_x = k_x - 1$，其中根节点 r 的多项式 $q_r(0) = y$，在解密时，使用多项式插值法恢复出 $q_r(0) = y$。多项式插值法可以有效实现门限访问控制机制的要求，而且效率较高，能够容易地进行表示。它们的计算复杂度如表 2.1 所示。

表 2.1　计算复杂度比较

方案	密文大小	私钥大小	加密时间	解密时间
GPSW KP-ABE[9]	$O(C)$	$O(N)$	$O(C)$	$O(T)$
BSW CP-ABE[10]	$O(N)$	$O(A)$	$O(N)$	$O(T)$
W CP-ABE[11]	$O(N)$	$O(A)$	$O(N)$	$O(T)$

注：其中，N 为访问结构中的属性数量，A 为用户私钥中的属性数量，C 为密文中的属性数量，T 为参与解密过程的属性数量。

2.2.4　用户属性撤销

在实际应用中，存在用户动态加入或退出以及用户身份的改变导致属性的改变，因此用户权限的撤销和更新是 ABE 机制中亟须考虑的问题。

目前在 ABE 机制中，属性撤销可分为三种情况[12]：①用户撤销，直接取消该用户的访问权限；②用户属性撤销，仅取消该用户对于某些属性拥有的权限，而其他拥有这些属性的用户仍具有此权限；③系统属性撤销，拥有某些属性的所有用户都无法再使用这些属性对应的权限。

根据撤销由发送方或者权威来执行，Attrapadung 等[13]中定义了两种撤销模式：直接撤销和间接撤销。

1. 直接撤销

在直接撤销模式下，发送者在密文中嵌入撤销列表，实现用户或者属性密钥的直接撤销，这种撤销模式的优势是未撤销用户不需要周期性更新密钥，减少了撤销开销，但是增加了密文和密钥的长度。Ostrovsky 等[14]和 Attrapadung 等[15]提出的方案支持整个用户的撤销，王鹏翩等[16]的方案通过在密文中嵌入多个属性用户撤销列表，可以对用户所拥有的任意数量的属性执行撤销，从而实现完全细粒度的属性撤销。

2. 间接撤销

在间接撤销模式下，权威周期广播密钥更新的信息，只有未撤销的用户才能正确更新密钥，从而实现属性密钥的撤销。前期的属性密钥撤销方案[10,17]中用户属性与时间相关，当时间属性到期后，则完成撤销。此类方案的不足在于在属性密钥更新阶段，用户需与权威在线交互，权威的工作量随用户数量线性增长，系统的可扩展性不好，并且属性不能即时撤销。这种撤销方式不能满足实际应用需求。为了减少权威的负担，消除加密方与权威的协调交互，Sahai 等[18]和 Boldyreva 等[19]的方案采用二叉树思想，将每个用户设置为与二叉树的叶节点相关，使得密钥更新数量与用户数量呈对数关系。但是该方案实质上是用户撤销，不能实现细粒度的用户属性撤销,不利于属性的即时撤销。Ibraimi 等[20]通过引入半可信第三方作为仲裁者,实现了用户的即时撤销,权威在为所有用户生成私钥后即可离线,减轻了权威的工作量。仲裁者持有部分密钥并参与解密运算,因此必须完全可信,且保持在线。

然而由于云计算环境下数据和用户的数量是巨大的,一般的直接撤销和间接撤销模型都不能很好地适用。在云计算环境下的属性撤销方案要能够在保证数据安全的前提下实现细粒度的属性即时撤销并尽可能减轻用户和数据拥有者的负担。一般将属性撤销中的安全性分为前向安全和后向安全。前向安全是指有充足属性的新加入用户仍能解密在其加入之前已发布的密文;后向安全是指被撤销的用户不能解密需要已经撤销的属性才能解密的新发布的密文。为了解决以上问题,在密文和密钥中引入版本号和采用代理重加密技术[21]是目前通用的方法。代理重加密,即在不泄露明文和用户私钥的情况下,可以把 A 密钥能够解密的密文转变成 B 密钥能够解密的密文,从而可以把密文更新的工作委托给云服务器。

2.2.5 ABE 机制面临的主要攻击

目前 ABE 机制面临用户共谋和密钥滥用等问题。

1. 用户共谋

在 ABE 机制中,不同用户的共谋可能会造成对文件的非授权访问,主要分为两种情况:①用户没用充足的属性来满足密文中的属性集(访问策略),但却能访问和解密文件;②当用户的一个或多个属性被撤销,却仍能访问和解密文件。所以在密钥的分发和更新阶段都要考虑用户共谋问题。

用户共谋即没有权限的几个用户将他们的私钥组件合并从而获得对文件的访问权限,例如,文件中的访问策略为("计算机学院"AND"教授"),如果 A 拥有"计算机学院"属性,而 B 拥有"教授"属性,A 和 B 都不能单独解密密文,但他们可以通过合谋来解密该文件。为了防止用户共谋,目前主流的解决方法是在用户私钥中添加一个随机值。由于私钥中存在随机值,即使用户有相同的属性集,私钥也未必相同,这样就能有效防止用户通过共谋来解密其不具备访问权限的文件。也可以通过为用户分配一个唯一的 ID 并将该 ID 嵌入密钥中来防止共谋。

2. 密钥滥用

在当前的 ABE 方案中,用户的私钥和一组属性集或者访问策略相关,因而不能和某个特别用户实现一对一通信,这就会导致一个问题,拥有访问权限的用户可能会分享他的私钥,让一些没有访问权限的用户滥用他的访问特权。由此可见,密钥滥用攻击在版权敏感的应用场景中会造成极大的危害。而防止密钥滥用的难点在于定位盗版密钥的来源,即查清是哪个用户或者权威所为。目前,也有一些方案考虑了密钥责任认定,分为两类,一种是关于 CP-ABE 机制中的追责性,Li 等[22]将责任定位到用户或权威,Li 等[23]将责任定位到用户,同时还实现了策略的隐藏;另一种则是关于 KP-ABE 机制中的追责性,Yu 等[24]将责任定位到用户,且发送方能够隐藏部分属性。

2.3　基于属性加密的云数据访问控制

2.3.1　基本系统模型

目前基于属性加密的云数据访问控制机制分为两种情况,一种是单一权威(attribute authority,AA)的情况,也就是所有属性由一个权威来管理;还有一种则是多权威的情况,也就是把所有属性进行分类,由不同的权威来管理。下面先介绍基于属性加密的单权威云数据访问控制机制,基本系统模型如图 2.1 所示。

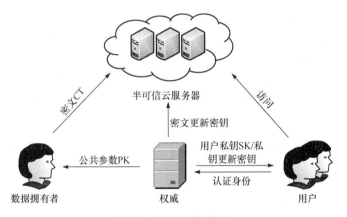

图 2.1　基本系统模型

图 2.1 中的基本系统模型中包括 4 个实体,分别为数据拥有者(owner)、权威、用户(user)以及半可信云服务器(semi-trusted cloud server)。数据拥有者主要负责加密文件并存储到云服务器上。为了考虑文件的安全性和加密的效率,首先使用对称加密算法加密文件,然后使用 ABE 机制加密对称加密密钥,再把加密后的密文存储到云服务器上。权威的主要任务是管理系统中的用户,对用户进行授权、属性撤销以及重授权属性,并在用户属性撤销阶段与云服务器进行交互,为云服务器提供密文更新密钥。云服务器的主要任务是存储数据拥有者的数据以及为用户提供数据访问服务,并且在用户属性撤销时,对密文进行更新。系统中的合法用户由权威分配私钥,然后用该私钥访问云服务器中的文件。

2.3.2　基于 KP-ABE 的方案

Yu 等[25]提出一个在云环境中安全的、可扩展的基于 KP-ABE 的细粒度访问控制方案。该方案中没有权威,权威的工作交由数据拥有者来完成。同时该方案利用标准的 KP-ABE 机制和代理重加密技术,支持文件的创建、删除以及用户的加入和撤销。在以后的描述中若不具体说明,则用 Setup、KeyGen、Encrypt 以及 Decrypt 这四个符号来表示 2.2 节中各种 ABE 机制中的四个基本算法。

1. 文件创建和删除

当数据拥有者创建文件时,在把文件上传到云服务器中之前,数据拥有者执行以下操作:

(1) 为文件选择一个唯一的 ID;

(2) 从密钥空间 κ 中随机选择一个对称加密密钥 DEK,并使用 DEK 来加密文件;

(3) 为文件定义一个属性集 I,然后利用 KP-ABE 机制来加密 DEK,运用 Encrypt 算法生成密文 CT,每个文件在云服务器中的格式如图 2.2 所示。

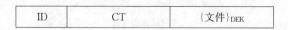

ID	CT	〈文件〉DEK

图 2.2　云服务器存储的文件格式

在进行文件删除时,数据拥有者把文件的 ID 连同其签名发送给云服务器,如果云服务器验证成功,则删除该文件。

2. 新用户的加入

当系统中加入新用户时,数据拥有者执行以下操作:

(1) 为新用户分配一个唯一的身份 w 和一个访问结构 A。

(2) 运行 KeyGen 算法,为用户生成一个私钥 SK。

(3) 使用用户 w 的公钥加密$(A, SK, PK, \delta_{O,(A,SK,PK)})$,生成密文 C。

(4) 把$(T, C, \delta_{O,(T,C)})$发给云服务器,其中 T 为$(w, \{j, sk_j\}_{j \in L_A \setminus ATT_D})$,$ATT_D$ 为 dummy 属性,L_A 为访问结构中的属性集。

云服务器收到$(T, C, \delta_{O,(T,C)})$,就执行以下操作。

(1) 验证签名 $\delta_{O,(T,C)}$,若正确,则继续下一步。

(2) 云服务器把 T 存储到用户列表 UL 中。

(3) 把 C 发给用户。

新用户收到 C,就用他的私钥进行解密。然后对签名 $\delta_{O,(A,SK,PK)}$ 进行验证,若正确,则把 (A, SK, PK) 分别作为他的访问结构、私钥和系统公共参数。

3. 用户属性撤销

在属性撤销阶段主要包含四个算法,分别为 AMinimalSet、AUpdateAtt、AUpdateSK 和 AUpdateAtt4File。AMinimalSet 算法的作用是确定撤销用户 i 时需要撤销更新的最小属性集(没有这些属性,其他用户密钥中的访问结构将无法满足密文中的属性集);AUpdateAtt 算法的作用是通过重新定义系统主密钥和公共参数组件来把需要撤销的属性更新到一个新的版本,然后生成一个能把旧版本属性更新到新版本的代理重加密密钥;AUpdateSK 算法的作用是把用户私钥中与需要撤销的属性相关的组件更新到最新版本;AUpdateAtt4File 算法的作用则是把密文中与需要撤销的属性相关的组件更新到最新版本。

进行属性撤销时,首先数据拥有者运行 AMinimalSet 算法,然后运行 AUpdateAtt 算法生成代理重加密密钥 $rk_{i \to i'}$,并更新系统公钥和主私钥中与撤销属性相关的组件。接着把撤销用户 ID、撤销的最小属性集、代理重加密密钥以及数据拥有者的签名发给云服务器,云服务器收到这些消息,就在系统用户列表 UL 上移除撤销用户的 ID,并且把每个属性的代理重加密密钥存储在各个属性的属性历史列表 AHL 上。这一特性就允许该方案能够应用惰性重加密技术,也就是说并不需要在进行属性更新时,就要求系统中所有用户都在线来进行密钥更新,可以等到用户需要向云服务器请求服务时,而且该用户存在于 UL 中,云服务器可以这时才把用户的私钥更新到最新版本,这样能够节省大量的计算和通信开销。云服务器运行 AUpdateAtt4File 算法并使用代理重加密密钥 $(rk_{i \to i'^{(n)}})^{-1}$ 把密文中与撤销的属性相关的组件更新到最新版本,然后当用户请求访问数据时,云服务器运行 AUpdateSK 算法并使用代理重加密密钥 $rk_{i \to i'^{(n)}}$ 把用户私钥中与撤销的属性相关的组件更新到最新版本,并把最新密钥发给请求数据访问服务的用户。最后用户收到最新版本的私钥后,替代原来的私钥,并用最新版本的私钥运行 Decrypt 算法来解密需要访问的数据文件。具体的用户撤销过程见图 2.3。

在该方案中,为了减轻用户和数据拥有者的计算负担,把用户的私钥更新和密文更新委托给云服务器,而云服务器不是完全可信的,因此需要考虑用户私钥的保密性。为此,引入了 dummy 属性 ATT_D 这一概念,云服务器存储了 SK 中除 ATT_D 的其他私钥组件,这样的设计使得云服务器在更新这些私钥组件时仍不知道 ATT_D,从而部分隐藏了用户私钥中的访问策略,因此云服务器不能正确解密密文,但同时也需要知道,密文中必须包含 ATT_D。该方案的加解密复杂度和属性数量相关,而不是取决于用户数量,因而可以进行扩展。该方案在标准模型下是可证明安全的。

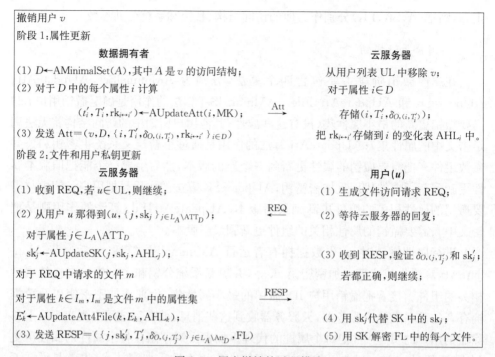

图 2.3　用户撤销的过程描述

虽然 KP-ABE 能够应用于云存储系统,但普遍认为 CP-ABE 更适合云存储的需求。因为在 CP-ABE 方案中,文件是和访问策略相关的,数据拥有者可以通过制定访问策略来实现对文件的直接控制和管理。

2.3.3　基于 CP-ABE 的方案

Yang 等[26]提出了一个基于 CP-ABE 机制的细粒度云存储访问控制方案,与前面介绍的基于 KP-ABE 机制的云存储方案相比,该方案在系统中加入了权威。其中权威分担了数据拥有者的部分工作,为系统中的用户分发属性密钥,实现了用户和数据拥有者之间非交互关系,数据拥有者不需要知道用户的身份,只负责加密密文和制定密文的访问策略,大大减轻了数据拥有者的负担。但是由于数据拥有者把密钥分发和撤销的工作交由权威来执行,这就要求权威是完全可信的。

该方案基于标准的 CP-ABE 机制,密文中的访问策略采用了更具表达性的 LSSS,并且通过为每个属性分配一个版本号来实现用户属性撤销。为了提高效率,该方案引入了代理重加密技术,把密文的更新工作委托给云服务器。下面介绍该方案的运行过程。

(1) 初始化算法:$\mathrm{Setup}(\lambda, U) \rightarrow (\mathrm{MSK}, \mathrm{PP}, \{\mathrm{PK}_x\}, \{\mathrm{VK}_x\})$。输入安全参数 λ,输出主密钥 MSK、公共参数 PP、公共属性密钥 $\{\mathrm{PK}_x\}$ 和属性版本号 $\{\mathrm{VK}_x\}$。

随机选取 $\alpha, \beta, \gamma, a \in Z_p$，主密钥 MSK 为 $(\alpha, \beta, \gamma, a)$，公共参数 PP 为 $(g, g^a,$ $g^{1/\beta}, g^\beta, e(g,g)^\alpha)$。对于每个属性 x，权威选择一个随机数 $v_x \in Z_p$ 作为初始版本号 $VK_x = v_x$，然后生成公共属性密钥 PK_x 为 $(PK_{1,x} = H(x)^{v_x}, PK_{2,x} = H(x)^{v_x \gamma})$。所有公共参数 PP 和公共属性密钥 $\{PK_x\}$ 在权威的公告栏发布,这样系统中所有数据拥有者都能自由获取。

(2) 密钥生成算法：KeyGen$(MSK, S, \{VK_x\}_{x \in S}) \rightarrow (SK)$。输入主密钥 MSK、属性集 S 和相对应的属性版本密钥集 $\{VK_x\}_{x \in S}$，输出用户私钥 SK。

当用户加入该系统时,权威首先根据该用户的角色或身份为其分配一个属性集 S。然后选择随机数 $t \in Z_p$，生成用户私钥为 $SK = (K = g^{\frac{a}{\beta}} \cdot g^{\frac{at}{\beta}}, L = g^t, \forall x \in S: K_x = g^{\beta^2} \cdot H(x)^{v_x t \beta})$。然后权威通过安全通道把 SK 发给用户。

(3) 加密算法：Encrypt$(PP, \{PK_x\}, m, A) \rightarrow (CT)$。输入公共参数 PP、公共属性密钥集合 $\{PK_x\}$、一个对称加密密钥 DEK(文件 m)以及 LSSS 访问结构 $A(M, \rho)$，输出密文 CT。

在把文件 m 存储到云服务器之前,数据拥有者按照以下步骤处理文件：①首先把文件分成几个部分 $m = \{m_1, \cdots, m_n\}$；②用不同的对称加密密钥 $DEK_i (i=1, \cdots, n)$ 加密每个文件部分 m_i；③对于每个对称加密密钥 $DEK_i (i=1, \cdots, n)$，数据拥有者依据全局属性 U 定义访问结构 M，然后运行 Encrypt 算法加密 DEK_i。

该方案采用了 LSSS 作为访问结构,其中 A 是一个 $l \times n$ 矩阵,l 代表访问结构中属性的数量,函数 ρ 是矩阵 M 的每一行到每一个属性的映射。首先选择一个随机加密指数 $s \in Z_p$ 和随机向量 $v = (s, y_2, \cdots, y_n) \in Z_p^n$，其中 $y_2, \cdots, y_n$ 被用来共享秘密值 s。计算 $\lambda_i = v \cdot M_i (i=1, \cdots, l)$，$M_i$ 是 M 的第 i 行向量。然后随机选取 $r_1,$ $r_2, \cdots, r_l \in Z_p$，计算出密文 CT 为 $CT = \{C = DEK e(g,g)^{as}, C' = g^{\beta s}, C_i = g^{a\lambda_i}$ $(g^\beta)^{-r_i} H(\rho(i))^{-r_i v_{\rho(i)}}, D_{1,i} = H(\rho(i))^{v_{\rho(i)} r_i \gamma}, D_{2,i} = g^{\frac{r_i}{\beta}} (i=1, \cdots, l)\}$。

最后把密文存储到云服务器上,文件格式如图 2.4 所示。

| CT$_1$ | $E_{DEK_1}(m_1)$ | $\cdots$ | $\cdots$ | CT$_n$ | $E_{DEK_n}(m_n)$ |

图 2.4　云服务器中存储的文件格式

(4) 解密算法：Decrypt$(CT, SK, PP) \rightarrow (m)$。输入密文 CT、用户私钥 SK 和公共参数 PP,输出消息 m。

用户从服务器收到加密文件,便运行 Decrypt 算法来获得相对应的对称加密密钥 DEKs,然后使用 DEKs 来解密密文。只有用户拥有的属性满足密文 CT 中的访问结构,用户才能成功解密。拥有属性用户能够解密不同的密文组件,因此该方案能够实现文件的不同细粒度的访问控制。

下面具体介绍该方案中的 Decrypt 算法。首先输入附有访问结构 (M, ρ) 的密文 CT 和附有属性集 S 的用户私钥 SK。若 SK 中的属性集 S 满足 CT 中的访问结构,令 $I \subset \{1,2,\cdots,l\}$, $I = \{i : \rho(i) \in S\}$。如果 $\{\lambda_i\}$ 是秘密值 s 的有效的秘密共享集合,则存在恢复系数集合 $\{w_i \in Z_p\}_{i \in I}$,能够重新构建秘密值为 $s = \sum_{i \in I} w_i \lambda_i$。解密算法首先计算出

$$\frac{e(C',K)}{\prod_{i \in I} (e(C_i,L)e(D_{2,i},K_{\rho(i)}))^{w_i}} = e(g,g)^{as} \tag{2.6}$$

接着可以获取 $DEK = C/e(g,g)^{as}$,然后用户可以使用 DEK 来解密密文。

(5) 用户属性撤销。假设要撤销用户 u 的属性 x,撤销过程包括三个阶段:生成更新密钥、用户私钥更新以及密文更新。

① 生成更新密钥算法:UKeyGen(MK, VK$_x$)$\rightarrow$($\widetilde{VK}_x$, UK$_x$)。输入主密钥 MK 和撤销属性 x 以及当前版本号 VK$_x$,输出更新后的属性版本号 $\widetilde{VK}_x$ 和密钥 UK$_x$。

权威随机选择一个 $\tilde{v}_x \in Z_p (\tilde{v}_x \neq v_x)$ 来生成新属性版本号 $\widetilde{VK}_x$,接着计算出更新密钥 UK$_x$ 为 $UK_x = \left(UK_{1,x} = \frac{\tilde{v}_x}{v_x}, UK_{2,x} = \frac{v_x - \tilde{v}_x}{v_x \gamma} \right)$。然后权威通过安全信道把更新密钥 UK$_x$ 发给云服务器(密文更新)。权威也对撤销属性 x 的公共属性密钥进行更新,令 $\widetilde{PK}_x = (\widetilde{PK}_{1,x} = H(x)^{\tilde{v}_x}, \widetilde{PK}_{2,x} = H(x)^{\tilde{v}_x \gamma})$。接着权威把消息广播给所有数据拥有者,让他们更新撤销属性 x 的公共属性密钥。

② 用户私钥更新算法:SKUpdate(MSK, SK, UK$_x$)$\rightarrow$($\widetilde{SK}$)。输入主密钥 MSK、用户私钥 SK 和更新密钥 UK$_x$,输出更新后的用户私钥 $\widetilde{SK}$。

每个未撤销用户发送两个部分给权威,分别为 $L = g^t$ 和私钥 SK 中的 K_x。权威收到这些组件就运行用户私钥更新算法 SKUpdate 来计算出与撤销的属性 x 相关的新密钥组件 $\widetilde{K}_x = (K_x/L^\beta)^{UK_{1,x}} \cdot L^\beta = g^{t\beta^2} \cdot H(x)^{\tilde{v}_x t \gamma}$,然后返回 $\widetilde{K}_x$ 给未撤销用户。用户通过用 $\widetilde{K}_x$ 替换与撤销的属性 x 相关的私钥组件 K_x 来更新用户私钥,得到新私钥为 $\widetilde{SK} = (K, L, \widetilde{K}_x, \forall x \in S \backslash \{x\} : K_x)$。值得注意的是只有与撤销的属性 x 相关的私钥组件才需要更新,其他部分保持不变。

③ 密文更新算法:CTUpdate(CT, UK$_x$)$\rightarrow$($\widetilde{CT}$)。输入密文 CT 和更新密钥 UK$_x$,输出更新后的密文 $\widetilde{CT}$。

为了提高效率,作者把密文更新的工作量从数据拥有者身上转移给了云服务器,这样能够减轻数据拥有者和云服务器之间巨大的通信开销以及数据拥有者沉重的计算开销。通过使用代理重加密技术使云服务器在不需要解密密文的情况下对密文进行更新,防止文件内容的泄露。

云服务器收到更新密钥 UK_x，便运行 CTUpdate 来更新与撤销的属性 x 相关的密文组件，更新后的密文 $\widetilde{CT} = \{\widetilde{C} = C, \widetilde{C}' = C', \forall i = 1, \cdots, l; \widetilde{D}_{2,i} = D_{2,i}, \text{if } \rho(i) \neq x; \widetilde{C}_i = C_i, \widetilde{D}_{1,i} = D_{1,i}, \text{if } \rho(i) = x; \widetilde{C}_i = C_i \cdot (D_{1,i})^{UK_{2,x}}, \widetilde{D}_{1,i} = (D_{1,i})^{UK_{1,x}}\}$。

很显然，该方案只需要更新密文中那些与撤销的属性相关的密文组件，而其他部分不需要改变，可以极大地提高属性撤销的效率。

密文更新不仅能够保证属性撤销的前向安全，而且能够减少用户的存储开销（例如，所有用户只需持有最新的私钥，而不需要记录所有以前的私钥）。该方案中的云服务器是半可信的。但是，当云服务器不可信时，这意味着云服务器将不会正确更新密文，且云服务器可能会与撤销用户共谋，该方案的属性撤销方法会存在安全隐患。在该方案中加密和解密阶段的计算量与属性数量线性相关。

2.3.4 隐私问题

由于云服务器是半可信的，而在前面介绍的方案中，访问策略一般是公开的，因此，一些实际应用场景中，访问策略中会包含用户的敏感信息，如医疗记录应用中用户的社会安全号码（美国），所以用户隐私是云环境中一个亟须考虑的问题。但是对于较为丰富的访问策略，实现策略的隐藏具有很大的挑战性，而且在现有的方案中，都要求解密时输入访问策略，一旦密文中的访问策略被隐藏，用户将无法高效地解密文件，影响系统效率。因此如何在云环境中构建高效的保护用户隐私的属性加密机制是目前极具挑战性的任务。下面介绍目前已经存在的一些关于保护用户隐私的 ABE 方案。

1. 基于 KP-ABE 机制的访问策略隐藏

在 2.2.2 节中介绍的方案由于用户私钥交由半可信的云服务器来更新，所以为了保护用户的隐私和保证文件的安全性，作者在给用户分发的私钥中定义一个 dummy 属性 ATT_D，该属性由用户保管且云服务器只知道除 ATT_D 的其他私钥组件，从而隐藏了用户私钥中的访问策略，保证了加密文档不被云服务器解密。

2. 基于 CP-ABE 机制的访问策略隐藏

为了保护隐私，Lai 等[27]提出了一个部分隐藏访问策略的 CP-ABE 方案，在该方案中，作者把每个属性分成两部分，即属性名称和属性值，其中属性值是保密的，而访问结构的其他信息是公开的。如果用户私钥的属性集不满足密文的访问策略，则访问策略中的属性值是隐藏的，从而保证了访问策略中敏感信息的保密性。为了使得该方案的访问策略能够具备灵活的表达性，作者把单调的访问树结构转换成 LSSS。下面介绍该方案的结构。

（1）初始化算法：$\text{Setup}(\lambda, U) \rightarrow (\text{PK}, \text{MSK})$。输入安全参数 λ 和系统属性全集 U，输出公共参数 PK 和主密钥 MSK。

运行 Setup，系统获取 $(p_1, p_2, p_3, p_4, G, G_T, e)$，其中 $G = G_{p_1} \times G_{p_2} \times G_{p_3} \times G_{p_4}$，$G$ 和 G_T 是阶为 $N = p_1 p_2 p_3 p_4$ 的循环群，系统属性全集 $U = Z_N$。接着随机选择 $g, h, u_1, \cdots, u_n \in G_{p_1}$，$X_3 \in G_{p_3}$，$X_4, Z \in G_{p_4}$ 和 $\alpha, a \in Z_N$。公共参数 PK 为 $(N, g, g^a, e(g, g)^\alpha, u_1, \cdots, u_n, H = h \cdot Z, X_4)$，主私钥 MSK 为 (h, X_3, α)。

（2）密钥生成算法：$\text{KeyGen}(\text{PK}, \text{MSK}, S = (s_1, \cdots, s_n)) \rightarrow (\text{SK}_S)$。输入公共参数 PK、主密钥 MSK 和属性集 S，输出用户私钥 SK_S。

随机选择 $t \in Z_N$ 和 $R, R', R_1, \cdots, R_n \in G_{p_3}$。私钥 $\text{SK}_S = (S, K, K', \{K_x\}_{1 \leqslant x \leqslant n})$，其中 $K = g^\alpha g^{at} R$，$K' = g^t R'$，$K_x = (u_x^{s_x} h)^t R_x$。

（3）加密算法：$\text{Encrypt}(\text{PK}, m, A) \rightarrow (\text{CT})$。输入公共参数 PK、文件 m 和访问结构 A，输出密文 CT。M 是一个 $l \times n$ 矩阵，ρ 是 A 中每一行 M_i 到属性名称的映射，$T = (t_{\rho(1)}, \cdots, t_{\rho(l)}) \in Z_N^l$，其中 $t_{\rho(i)}$ 表示属性 $\rho(i)$ 的值。加密算法选择两个随机向量 $\vec{v}, \vec{v}' \in Z_N^n$，其中 $\vec{v} = (s, v_2, \cdots, v_n)$，$\vec{v}' = (s', v_2', \cdots, v_n')$。对于 $1 \leqslant x \leqslant l$，随机选择 $r_i, r_i' \in Z_N$ 和 $Z_{1,i}, Z_{1,i}', Z_{2,i}, Z_{2,i}' \in G_{p_4}$。密文为 $\text{CT} = \{(m, \rho), \widetilde{C}_1, C_1', \{C_{1,i}, D_{1,i}\}_{1 \leqslant i \leqslant l}, \widetilde{C}_2, C_2', \{C_{2,i}, D_{2,i}\}_{1 \leqslant i \leqslant l}\}$。其中 $\widetilde{C}_1 = M \cdot e(g, g)^{\alpha s}$，$C_1' = g^s$，$C_{1,i} = g^{aM_i \cdot v} (u_{\rho(i)}^{t_{\rho(i)}} H)^{-r_i} \cdot Z_{1,i}$，$D_{1,i} = g^{r_i} \cdot Z_{1,i}'$，$\widetilde{C}_2 = e(g, g)^{\alpha s'}$，$C_2' = g^{s'}$，$C_{2,i} = g^{aA_i \cdot v'} (u_{\rho(i)}^{t_{\rho(i)}} H)^{-r_i'} \cdot Z_{2,i}$，$D_{2,i} = g^{r_i'} \cdot Z_{2,i}'$。

密文中分为 $(\widetilde{C}_1, C_1', \{C_{1,i}, D_{1,i}\}_{1 \leqslant i \leqslant l})$ 和 $(\widetilde{C}_2, C_2', \{C_{2,i}, D_{2,i}\}_{1 \leqslant i \leqslant l})$ 两部分，第一部分是对文件 m 的加密，而第二部分是一个冗余部分，可以看成对 1 的加密。若用户的私钥满足密文中的访问结构，则对冗余部分的解密会使用户知道满足访问结构的属性集，然后用户就能利用该信息以及他的私钥来解密第一部分并得到文件 m。

（4）解密算法：$\text{Decrypt}(\text{PK}, \text{SK}_S, \text{CT}) \rightarrow (m)$。输入公共参数 PK、私钥 SK_S 和密文 CT，输出文件 m。

首先依据 (M, ρ) 计算 $I_{M,\rho}$，它表示满足 (M, ρ) 中的 $\{1, \cdots, l\}$ 的最小子集合。然后检查是否存在一个 $I \in I_{M,\rho}$，满足 $\widetilde{C}_2 = e(C_2', K) / (\prod_{i \in I} (e(C_{2,i}, K') \cdot e(D_{2,i}, K_{\rho(i)}))^{w_i})$，其中 $\sum_{i \in I} w_i M_i = (1, 0, \cdots, 0)$。如果 $I_{M,\rho}$ 中没有元素满足上述等式，输出 $\perp$。否则计算

$$e(C_1', K) / \left(\prod_{i \in I} (e(C_{1,i}, K') \cdot e(D_{1,i}, K_{\rho(i)}))^{w_i} \right)$$
$$= e(g, g)^{\alpha s} e(g, g)^{ats} / \left(\prod_{i \in I} e(g, g)^{atM_i \cdot \vec{v} \cdot w_i} \right) \tag{2.7}$$
$$= e(g, g)^{\alpha s}$$

然后由 $\widetilde{C}_1/e\,(g,g)^{as}$ 可得到 m。

　　该方案引入了对偶系统加密技术,可证明该方案在标准模型下是安全的。但是该方案只支持部分隐藏访问策略,而且该方案基于合数阶双线性群,模数比较大,这会大大增加计算量。另外方案的安全性基于一些非标准的复杂假设。因此,该方案还不能有效地应用于云环境中。在今后的研究工作中,需要在保护用户隐私的前提下,构建更为高效的基于云环境的 ABE 访问控制机制。

2.4　多权威的基于属性加密的访问控制

2.4.1　基本系统模型

　　前面主要介绍了单权威的属性加密方案在云计算环境中的应用,但是在单权威系统中,单个权威负责管理系统中所有的属性以及密钥的分发,因而系统中的权威必须完全可信。当系统中的权威宕机时,整个系统将会停滞,这会造成一定的损失。因此,在单权威的属性加密方案中,单个权威的属性将会成为系统的性能瓶颈。为了有效地解决系统瓶颈问题,Chase[28] 首次提出了多权威加密方案,为系统引入多个权威来分担单个权威的工作,这样即使一些权威宕机或被攻陷,也不会影响其他权威的正常工作,这使得系统更具健壮性。但是在该方案存在一个中心权威(central authority,CA),它能够解密密文,而且中心权威会成为系统中的性能瓶颈,这违背了引入多权威的初衷。为了解决这个问题,Chase 等[29] 提出了保护用户隐私且无中心权威的方案,Lewko 等[30] 和 Lin 等[31] 也都分别提出了一个无中心权威的多权威的属性加密方案。与单权威的属性加密方案相比,多权威的属性加密方案更适合于云环境,例如,数据拥有者加密一个文件,使用“警察 AND 研究者”这个访问策略,而在实际应用中,“警察”和“研究者”这两个属性是由不同部门分发的。多权威的属性加密机制在云环境下的基本系统模型如图 2.5 所示。一般多权威属性加密机制的基本系统模型中包括 4 个实体,分别为半可信云服务器、用户、数据拥有者以及权威。由于多权威方案是由单权威方案扩展而来的,系统中的实体功能一样,只是在多权威方案中系统属性全集被分成多个不同域并由不同的权威来管理。而且如图 2.5 所示,在一些多权威方案中,会添加一个中心权威,中心权威的功能主要是负责管理用户注册及一般权威的动态加入退出,但不参与属性管理和用户属性私钥的生成。

2.4.2　多权威云存储数据访问控制方案

　　1. 方案一

　　Yang 等[32] 提出了一个多权威云存储数据访问控制方案(data access control for multi-authority cloud storage,DAC-MACS),这是一个有效且安全的数据访问

控制方案,具有高效的解密和撤销性能。该方案基于 CP-ABE,其系统模型包括 5
个部分:中心权威、权威、云服务器、数据拥有者和用户。

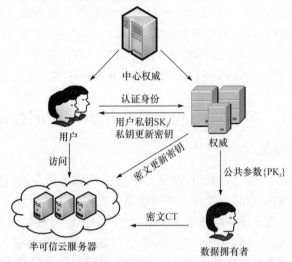

图 2.5　多权威属性加密机制在云环境下的基本系统模型

中心权威(CA)是系统可信证书权威,它设置系统并接受系统中所有用户和权
威的注册。CA 负责为系统中每个合法用户分发全局私钥和全局公钥,但是 CA
不参与任何属性管理以及和属性相关的私钥创建。

各个权威(AA)负责根据用户在域中的角色或身份来为其分发、撤销和更新
属性,然后生成一个公共属性密钥,并为用户分发属性私钥。

云服务器存储数据拥有者的数据并为用户提供数据访问服务。它通过使用由
权威分发的用户私钥来为用户生成密文的解密令牌。当撤销属性时,服务器更新
密文。

数据拥有者负责定义访问策略并基于该策略加密数据,然后发送给云服务器。

用户从中心权威得到一个系统用户身份,然后可以自由得到密文,然后使用由
权威分发的私钥以及系统身份向服务器申请密文解密令牌,接着解密密文。

该方案基于多权威的 CP-ABE 访问控制机制,加密和解密过程和 2.2.3 节中
的方案类似,不同之处在于以下几点。

(1) 把原来由单个权威分发用户属性密钥扩展为由多个权威来分发用户属性
密钥,能够缓解权威各自的负担,即使个别权威遭到攻击也不会影响整个系统,从
而提升系统的健壮性。

(2) 引入了中心权威,负责权威和用户的注册以及主密钥的分发,因此在该方
案中,允许权威的动态加入以及用户的动态加入和撤销。

（3）在解密过程时，该方案把用户解密过程中需要的大部分计算量委托给服务器，用户把 AA_k 分发的私钥 $SK_{uid,k}$ 发给云服务器，接着由云服务器生成解密密令 TK 并发送给用户，然后由用户使用中心权威分发的主私钥 GSK_{uid} 来完成最后一步解密运算，从而大大减轻了用户客户端的计算量，因此该方案能够有效地应用于移动云计算环境。下面介绍 DAC-MACS 方案的运行过程。

该方案主要包括 5 个阶段：系统初始化、密钥生成、加密、解密和用户属性撤销。

1）系统初始化

在该阶段分两步对系统进行初始化：CA Setup 和 AA Setup。

（1）CA 初始化算法：$\text{CASetup}(\lambda) \rightarrow (MSK, SP, sk_{CA}, pk_{CA})$。输入安全参数 λ，输出主密钥 MSK、系统参数 SP、CA 的一个公/私钥对 (sk_{CA}, pk_{CA})。

在该步骤中，CA 运行 CASetup。CA 选择一个随机数 $a \in Z_p$ 作为系统的主密钥 MSK 并计算系统参数 $SP = g^a$。然后，CA 生成一个私钥和公钥对 (sk_{CA}, pk_{CA})。CA 还负责管理用户注册和权威注册，其具体步骤如下。

① 用户注册。

当用户加入系统时，CA 首先认证该用户，若用户在系统中是合法的，CA 则给该用户分配一个全局唯一的用户身份 uid。之后它随机选取两个数 $u_{uid}, z_{uid} \in Z_p$ 来生成全局公钥 $GPK_{uid} = g^{u_{uid}}$ 和全局私钥 $GSK_{uid} = z_{uid}$。CA 使用它的私钥 sk_{CA} 生成签名证书 $\text{Sig}_{sk_{CA}}(uid, u_{uid}, g^{1/z_{uid}})$。然后 CA 把全局公钥 GPK_{uid}、全局私钥 GSK_{uid} 以及签名证书 $\text{Sig}_{sk_{CA}}(uid, u_{uid}, g^{1/z_{uid}})$ 发给身份为 uid 的用户。

② 权威注册。

在系统初始化阶段，每个权威在 CA 处进行注册。CA 把它的公钥 pk_{CA} 和系统参数 SP 发给系统中合法的权威。

（2）AA 初始化算法：$\text{AASetup}(SP, aid) \rightarrow (SK_{aid}, \{VK_{x_{aid}}, PK_{x_{aid}}\})$。输入系统参数 SP 和全局权威身份 aid，输出权威的一个私钥 SK_{aid} 以及每个属性的版本密钥和公共属性密钥集合 $\{VK_{x_{aid}}, PK_{x_{aid}}\}$。

权威 $AA_k (k \in S_A)$ 运行 AASetup。S_A 表示所有权威的集合，S_{A_k} 表示 AA_k 管理的所有属性。AA_k 随机选择 $\alpha_k, \beta_k, \gamma_k \in Z_p$ 作为它的私钥 $SK_k = (\alpha_k, \beta_k, \gamma_k)$。对于每个属性 $x_k \in S_{A_k}$，权威随机选择一个属性版本号 v_{x_k} 来生成一个公共属性密钥 $PK_{x_k} = (g^{v_{x_k}} H(x_k))^{\gamma_k}$，并在系统中公布全部的公共属性密钥。需要注意的是由于在算法中强调了权威的 aid，所以下标为 aid 的表达式和下标为 k 的表达式是相同的。

2）密钥生成

密钥生成算法：$\text{KeyGen}(S_{uid,aid}, SK_{aid}, \{PK_{x_{aid}}\}, SP, \text{Sig}_{sk_{CA}}(uid)) \rightarrow (PK_{aid},$

$SK_{uid,aid}$)。输入属性集合 $S_{uid,aid}$、权威私钥 SK_{aid}、公共属性密钥集合 $\{PK_{x_{aid}}\}$、系统参数 SP、用户 uid 的签名 $Sig_{sk_{CA}}$(uid),输出权威公钥 PK_{aid} 和用户私钥 $SK_{uid,aid}$。

每个权威 AA 运行 KeyGen 来生成权威公钥和用户私钥。

(1) 权威公钥的生成。

AA_k 计算出权威公钥为 $PK_k = (e(g,g)^{a_k}, g^{1/\beta_k}, g^{\gamma_k/\beta_k})$。然后数据拥有者通过组合权威公钥和公共属性密钥生成完整的公钥为 $PK = (g, g^a, \{PK_k\}_{k\in S_A}, \{PK_{x_k}\}_{x_k\in S_{A_k}}^{k\in S_A})$。

(2) 用户私钥的生成。

对于每个用户 $U_j(j\in S_U)$,其中 S_U 表示系统中所有用户的集合,$AA_k(k\in S_A)$ 通过验证用户的签名证书 $Sig_{sk_{CA}}(uid_j, u_j, g^{1/z_j})$ 来认证该用户是否合法。若用户合法,则 AA_k 根据用户的角色或身份来给他分配一个属性集 $S_{j,k}$。然后 AA_k 生成用户私钥 $SK_{j,k}$ 为 $SK_{j,k} = \{K_{j,k} = g^{\frac{a_k}{z_j}} \cdot g^{au_j} \cdot g^{\frac{a}{\beta_k}}t_{j,k}, L_{j,k} = g^{\frac{\beta_k}{z_j}}t_{j,k}, R_{j,k} = g^{at_{j,k}}, \forall x \in S_{j,k}: K_{j,x_k} = g^{\frac{\beta_k\gamma_k}{z_j}}t_{j,k} \cdot (g^{v_{x_k}} \cdot H(x_k))^{\gamma_k\beta_k u_j}\}$,其中 $j\in S_U, k\in S_A, t_{j,k}$ 随机从 Z_p 中选取。

3) 加密

加密算法:Encrypt($\{PK_k\}_{k\in I_A}, \{PK_{x_k}\}_{k\in I_A}, m, A$) → (CT)。输入权威公钥 $\{PK_k\}_{k\in I_A}$、公共属性密钥集合 $\{PK_{x_k}\}_{k\in I_A}$、文件 m 和访问结构 A,输出密文 CT。

数据拥有者运行 Encrypt,其中 I_A 表示参与加密的权威。为了提高加密效率,首先使用对称加密密钥加密数据文件组件,然后利用多权威的 CP-ABE 方案对对称加密密钥进行加密。它输入公钥 PK、对称加密密钥 DEK 和访问结构(M, ρ)(该访问结构是基于参与加密的权威集合 I_A 中的所有属性)。M 是 $l\times n$ 矩阵,l 表示所有属性的总数量,ρ 表示 M 中的每一行到属性的映射。

Encrypt 首先选择一个随机秘密值 $s\in Z_p$ 和随机向量 $v = (s, y_2, \cdots, y_n)\in Z_p^n$,其中 $y_2, \cdots, y_n$ 被用来共享秘密值 s。接着计算 $\lambda_i = v \cdot M_i, i = 1, \cdots, l, M_i$ 是 M 的第 i 行向量。然后随机选取 $r_1, r_2, \cdots, r_l\in Z_p$,计算出密文 CT 为 $CT = \{C = E_{DEK(m)}(\prod_{k\in I_A}e(g,g)^{a_k})^s, C' = g^s, \forall k\in I_A: C_k'' = g^{\frac{s}{\beta_k}}, \forall i = 1, \cdots, l: C_i = g^{a\lambda_i} \cdot ((g^{v_{\rho(i)}}H(\rho(i)))^{\gamma_k})^{-r_i}, D_{1,i} = g^{\frac{r_i}{\beta_k}}, D_{2,i} = g^{-\frac{\gamma_k}{\beta_k}r_i}, \rho(i)\in S_{A_k}\}$。

4) 解密

解密阶段分为两个步骤:服务器令牌的生成和用户解密。

(1) 服务器令牌生成算法:TKGen(CT, GPK_{uid}, $\{SK_{uid,k}\}_{k\in I_A}$) → (TK)。输入密文 CT、用户全局公钥 GPK_{uid} 和用户私钥 $\{SK_{uid,k}\}_{k\in I_A}$,输出解密密令 TK。

用户 $U_j(j\in S_U)$ 把他的私钥 $\{SK_{j,k}\}_{k\in S_A}$ 发送给云服务器,然后请求云服务器运行 TKGen 计算出密文 CT 的解密密令 TK。仅当用户 U_j 拥有的属性满足密文 CT 中的访问结构时,服务器能够成功计算出解密密令 TK。

令 I 为 $\{I_{A_k}\}_{k \in I_A}$,其中 $I_{A_k} \subset \{1,2,\cdots,l\}$ 定义为 $I_{A_k} = \{i : \rho(i) \in S_{A_k}\}$。令 $N_A = |I_A|$,表示与密文有关的权威的数量。若 $\{\lambda_i\}$ 是秘密值 s 的有效共享部分的集合,则存在恢复系数集合 $\{w_i \in Z_p\}_{i \in I}$ 能够重构秘密值 $s = \sum_{i \in I} w_i \lambda_i$。

TKGen 能够计算出解密密令 TK 为

$$
\begin{aligned}
\text{TK} &= \prod_{k \in I_A} \frac{e(C', K_{j,k}) e(R_{j,k}, C_k')^{-1}}{\prod_{i \in I_{A_k}} (e(C_i, \text{GPK}_{U_j}) \cdot e(D_{1,i}, K_{j,\rho(i)}) \cdot e(D_{2,i}, L_{j,k}))^{w_i N_A}} \\
&= \frac{e(g,g)^{a u_j s N_A} \cdot \prod_{k \in I_A} e(g,g)^{\frac{a_k}{z_j} s}}{e(g,g)^{u_j a N_A \prod_{i \in I} \lambda_i w_i}} \qquad (2.8) \\
&= \prod_{k \in I_A} e(g,g)^{\frac{a_k}{z_j} s}
\end{aligned}
$$

然后把 TK 发给用户 U_j。

（2）用户解密算法：Decrypt(CT, TK, GSK_{uid})→(m(DEK))。输入密文 CT、解密密令 TK 和用户全局私钥 GSK_{uid},输出文件 m。

用户 U_j 收到解密密令 TK 后,使用他的全局私钥 z_j 解密密文得到对称加密密钥 $\text{DEK} = \dfrac{C}{\text{TK}^{z_j}}$。

然后用户使用 DEK 来进一步解密加密的文件部分。

5）用户属性撤销

当权威 AA_k 需要撤销用户 U_j 的一个属性 $\tilde{x}_k$ 时,包括三个阶段:生成更新密钥、用户私钥更新和密文更新。

（1）生成更新密钥算法：UKeyGen(SK_k, $\{u_j\}_{j \in S_U}$, $\text{VK}_{\tilde{x}_k}$)→($\text{UUK}_{j,\tilde{x}_k}$, $\text{CUK}_{\tilde{x}_k}$)。输入权威私钥 SK_k、用户私密值 $\{u_j\}_{j \in S_U}$ 和撤销属性当前的版本号 $\text{VK}_{\tilde{x}_k}$,输出用户私钥更新密钥 $\text{UUK}_{j,\tilde{x}_k}$ 和密文更新密钥 $\text{CUK}_{\tilde{x}_k}$。

AA_k 运行 UKeyGen 来生成更新密钥,其中 $\{u_j\}$ 为用户 U_j 的私钥组件集合。该算法输入权威私钥 SK_k、当前属性版本密钥 $v_{\tilde{x}_k}$ 和用户全局公钥 GPK_{u_j},生成一个新的属性版本密钥 $v_{\tilde{x}_k}'$。首先计算属性更新密钥 $\text{AUK}_{\tilde{x}_k} = \gamma_k (v_{\tilde{x}_k}' - v_{\tilde{x}_k})$,然后利用 $\text{AUK}_{\tilde{x}_k}$ 计算密钥更新密钥 $\text{UUK}_{j,\tilde{x}_k} = g^{u_j \beta_k \cdot \text{AUK}_k}$ 和密文更新密钥 $\text{CUK}_{\tilde{x}_k} = \dfrac{\beta_k}{\gamma_k} \cdot \text{AUK}_{\tilde{x}_k}$。然后 AA_k 更新撤销属性 $\tilde{x}_k$ 的公共属性密钥 $\text{PK}_{\tilde{x}_k}' = \text{PK}_k \cdot g^{\text{AUK}_k}$,并通知所有数据拥有者撤销属性 $\tilde{x}_k$ 的公共属性密钥已经更新。然后数据拥有者从 AA_k 获取新的公共属性密钥来更新他们的公钥。

（2）用户私钥更新算法：KeyUpdate($\text{SK}_{j,k}$, $\text{UUK}_{j,\tilde{x}_k}$)→($\text{SK}'$)。输入当前用户私钥 $\text{SK}_{j,k}$ 和用户私钥更新密钥 $\text{UUK}_{j,\tilde{x}_k}$,输出新的用户私钥 SK'。

对于每个拥有属性 $\tilde{x}_k$ 的未撤销用户 $U_j (j \in S_U, j \neq a)$,$\text{AA}_k$ 把密钥更新密钥

$\mathrm{UUK}_{j,\tilde{x}_k}$ 发送给未撤销用户 U_j。未撤销用户 U_j 一收到密钥更新密钥 $\mathrm{UUK}_{j,\tilde{x}_k}$ 便运行 KeyUpdate 来更新私钥并生成新的用户私钥 $\mathrm{SK}'_{j,k}=(K'_{j,k}=K_{j,k},L'_{j,k}=L_{j,k},R'_{j,k}=R_{j,k},K'_{j,\tilde{x}_k}=K_{j,\tilde{x}_k}\cdot\mathrm{UUK}_{j,\tilde{x}_k},\forall x\in S_u,x\neq\tilde{x}:K'_{j,k}=K_{j,k})$。

由于 $\mathrm{UUK}_{j,\tilde{x}_k}$ 中存在用户的身份 u_j,所以不同的未撤销用户的 $\mathrm{UUK}_{j,\tilde{x}_k}$ 是可区分的。因此,撤销用户 U_j 不能使用任一未撤销用户的密钥更新密钥来更新自己的私钥。在用户私钥更新阶段,该方案运用了惰性加密技术,也就是说在进行属性撤销时,用户不需要实时在线,当合法用户想要访问云服务器上的文件时,可以一次性把用户的私钥更新到最新版本,从而节省了系统开销。

(3) 密文更新算法:$\mathrm{CiphertextUpdate}(\mathrm{CT},\mathrm{CUK}_{\tilde{x}_k})\rightarrow(\mathrm{CT}')$。输入密文 CT、密文更新密钥 $\mathrm{CUK}_{\tilde{x}_k}$,输出新的密文 CT'。

为了减轻数据拥有者的负担,该方案在密文更新时,也采用了代理重加密技术,把密文更新的工作交给了云服务器。AA_k 把密文更新密钥 $\mathrm{CUK}_{\tilde{x}_k}$ 发给云服务器。云服务器收到 $\mathrm{CUK}_{\tilde{x}_k}$ 后运行 CiphertextUpdate 来更新密文中与撤销的属性 $\tilde{x}_k$ 相关的密文组件。若 $\rho(i)=\tilde{x}_k$,则 $C'_i=C_i\cdot D^{\mathrm{CUK}_{\tilde{x}_k}}_{2,i}$;若 $\rho(i)\neq\tilde{x}_k$,则 C_i 不变,其中 $\rho(i)$ 为密文中的属性。新的密文 CT' 为

$$\mathrm{CT}'=\left\{\begin{array}{l}C=E_{\mathrm{DEK}(m)}\cdot\left(\prod_{k\in I_A}e\ (g,g)^{\alpha_k}\right)^s,C'=g^s,\forall k\in I_A:C'_R=g^{\frac{s}{\beta_k}},\forall i=1,\cdots,l,\\[2mm]\rho(i)\neq\tilde{x}_k:C_i=g^{\alpha_i}\cdot((g^{v_{x_k}}H(x_k))^{\gamma_k})^{-r_i},D_{1,i}=g^{\frac{r_i}{\beta_k}},D_{2,i}=g^{-\frac{\gamma_i}{\beta_i}r_i}\\[2mm]\rho(i)=\tilde{x}_k:C'_i=C_i\cdot D^{\mathrm{CUK}_{\tilde{x}_k}}_{2,i},D_{1,i}=g^{\frac{r_i}{\beta_k}},D_{2,i}=g^{\frac{\gamma_i}{\beta_i}r_i}\end{array}\right.$$

$$(2.9)$$

DAC-MACS 方案基于判决性 q-parallel BDHE 假设,在随机预言模型下是可证明安全的。而且该方案加密时的计算复杂度与密文中的属性数量呈线性关系,而解密时则与属性数量无关,是一个常量。因此,该方案能够很好地适用于云存储系统。

虽然该方案考虑了属性撤销和外包解密等实际应用中需要解决的问题,但是把该方案应用到实际环境中还会存在一些问题。例如,该方案中的加密文件的密文组件 C 与权威相关,而这会影响到 AA 的动态加入与退出,此外该方案中的属性撤销在执行时会造成较大的通信和计算开销。Xiao 等[33]的方案中着重考虑 ABE 系统中用户撤销和解密的效率,提出了一个高效的可应用于云环境中的分布式大数据访问控制方案。

2. 方案二

该方案[33]的系统模型如图 2.6 所示,包括 5 个部分:可信第三方服务器(third-party authentication server,TA)、多个属性权威(AA)、云服务器、数据拥有者和用户。

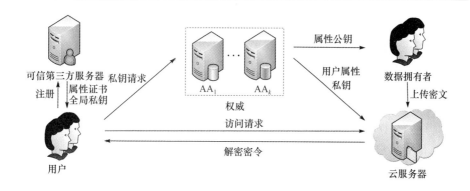

图 2.6　系统模型

TA 是可信的第三方认证服务器,它设置系统并负责系统中所有用户和权威的注册。TA 负责为系统中每个合法用户分配一个唯一的身份(global identifier, GID),并给其分发一个全局私钥/公钥对以及一个属性证书。TA 管理一个用户撤销列表,当用户撤销发生时,TA 会把该撤销用户的 GID 添加到该列表上。TA 不参与任何属性管理以及与属性相关的私钥创建。

各个 AA 负责管理和定义其域中的所有属性,并为每个属性生成一个公/私钥对,其中所有属性的私钥也可以作为每个 AA 的私钥。各个相关 AA 依据 TA 给合法用户分发的属性证书来为其分发属性私钥。

云服务器负责存储数据拥有者的数据并为用户提供数据访问服务,同时它还存储各个合法用户的属性私钥,并通过使用用户属性私钥来为用户生成密文的解密令牌。

数据拥有者负责定义访问策略并基于该策略加密数据,然后发送给云服务器。

用户从 TA 得到一个 GID,然后可以自由得到密文,然后使用属性证书向服务器申请密文解密令牌,接着结合用户全局私钥来解密密文。当发生用户撤销时,用户则需要向 TA 重新申请一个 GID 和属性证书,换句话说就是用户撤销相当于改变用户身份。

该方案包括系统初始化、密钥生成、加密、数据解密以及用户撤销等五个算法:

1) 系统初始化

(1) TA 初始化算法:TASetup(λ)→(PP,(sk_{TA},pk_{TA}))。输入安全参数 λ,输出公共参数(public parameter,PP)和 TA 的一个公/私钥对(sk_{TA},pk_{TA})。

PP 为(p,g,G,G_T),其中素数 p 是群 G 的阶,g 是群 G_T 的生成元,存在双线性映射 $e:G\times G\to G_T$。令 x 表示属性。

(2) AA 初始化算法:AASetup(PP)→({ASK_x},{APK_x})。输入公共参数 PP,输出每个属性 x 的公/私钥对(ASK_x,APK_x)。

对于每个 AA_k 独立管理的属性 x，AA_k 随机选择 $\alpha_x,\beta_x,\gamma_x \in Z_p$ 作为属性 x 的私钥 ASK_x。同时 AA_k 为每个属性 x 生成公钥 $ASK_x = \{e(g,g)^{\alpha_x},g^{1/\beta_x},g^{\gamma_x}\}$。

(3) 用户初始化算法：$UserSetup(PP,sk_{TA}) \rightarrow (GID,UGSK_{GID},ACert_{GID})$。输入公共参数 PP 和 TA 的私钥 sk_{TA}，输出用户 GID、用户全局私钥 $UGSK_{GID}$ 和用户属性证书 $ACert_{GID}$。

当一个用户加入系统时，首先需要把其身份信息发送给 TA 来进行注册。在 TA 认证完用户之后，给用户分配一个 GID 和一个用户属性列表 AL_{GID}。TA 给用户随机选取 $u_{GID} \in Z_p$ 作为用户全局私钥 $UGSK_{GID}$，同时 TA 生成用户全局公钥 $UGPK_{GID} = g^{u_{GID}}$，并使用其私钥 sk_{TA} 为用户生成一个属性证书 $ACert_{GID} = Sign_{sk_{TA}}$ $(GID,AL_{GID},UGPK_{GID})$。最后 TA 把该属性证书和用户全局私钥发送给用户。

2) 密钥生成

密钥生成算法：$KeyGen(PP,pk_{TP},ACert_{GID},\{ASK_x\}_{x \in AL_{GID}}) \rightarrow (UASK_{GID})$。输入公共参数 PP、TA 的 pk_{TP}、用户属性证书 $ACert_{GID}$ 和属性私钥集合 $\{ASK_x\}_{x \in AL_{GID}}$，输出用户属性私钥 $UASK_{GID}$。

当用户从 TP 收到属性证书 $ACert_{GID}$ 后，用户把该证书发送给相关 AA。各个 AA_k 首先判断 GID 是否属于用户撤销列表 UL，若 $GID \notin UL$，对于用户请求的每个属性 x，各个 AA_k 生成用户属性私钥 $UASK_{GID,x} = g^{\alpha_x \beta_x} g^{u_{GID} \beta_x \gamma_x}$，接着各个 AA_k 把生成的所有 $UASK_{GID,x}$ 发送给云服务器。最后由云服务器来存储用户的属性私钥 $UASK_{GID} = \{UASK_{GID,x}\}_{x \in AL_{GID}}$。由于云服务器不知道 $UGSK_{GID}$，所以即使云服务器拥有用户的属性私钥，其仍不能正确解密密文。

3) 加密

加密算法：$Encrypt(m,PP,\{APK_x\}_{x \in R_A},A) \rightarrow (CT)$。输入文件 m、公共参数 PP、属性公钥集合 $\{APK_x\}_{x \in R_A}$ 和访问矩阵 A，输出密文 CT。

在 $Encrypt$ 中，访问矩阵 $A = (M,\rho)$，其中 M 是一个 $l \times n$ 矩阵，函数 ρ 表示 M 中的每一行到属性 x 的映射，R_A 表示访问结构中属性的集合。加密算法选择一个随机秘密值 $s \in Z_p$ 和随机向量 $v = (s,v_2,\cdots,v_n) \in Z_p^n$，其中 $v_2,\cdots,v_n$ 随机从 Z_p 中选取。接着计算 $\lambda_i = M_i \cdot v,i=1,\cdots,l,M_i$ 是 M 的第 i 行向量。然后随机选取 $r_i \in Z_p$，计算出密文 $CT = (A,C_0 = me(g,g)^s,C_{1,i} = e(g,g)^{\lambda_i} e(g,g)^{\alpha_{\rho(i)} r_i},C_{2,i} = g^{r_i/\beta_{\rho(i)}},C_{3,i} = g^{\gamma_{\rho(i)} r_i} g^{\lambda_i},\forall \rho(i) \in R_A)$。

4) 数据解密

生成解密密令算法：$TKGen(UGPK_{GID},UASK_{GID},CT) \rightarrow (TK)$。输入用户全局公钥 $UGPK_{GID}$、用户属性私钥 $UASK_{GID}$ 和密文，输出解密密令 TK。

当服务器收到用户的访问请求时（用户会发送属性证书），云服务器首先验证 GID 是否属于用户撤销列表 UL，若 $GID \notin UL$，云服务器检索出用户的属性私钥 $UASK_{GID}$，当且仅当用户拥有的属性满足密文 CT 中的访问结构时，服务器能够成功计算出解密密令 TK。

令 $I \subset \{1, \cdots, l\}$ 定义为 $I = \{i : \rho(i) \in R_A\}$。若 $\{\lambda_i\}$ 是秘密值 s 的有效共享部分的集合,则存在恢复系数集合 $\{w_i \in Z_p\}_{i \in I}$ 能够重构出加密指数 $s = \sum_{i \in I} w_i \lambda_i$。因此,云服务器能够计算出解密密令 TK 为

$$
\begin{aligned}
\text{TK} &= \prod_{i \in I} \left(\frac{C_{1,i} \cdot e(g^{u_{\text{GID}}}, C_{3,i})}{e(\text{UASK}_{\text{GID}, \rho(i)}, C_{2,i})} \right)^{w_i} \\
&= \prod_{i \in I} e(g, g)^{(u_{\text{GID}}+1) \lambda_i w_i} \\
&= e(g, g)^{(u_{\text{GID}}+1)s}
\end{aligned}
\tag{2.10}
$$

然后把 TK 发给用户。

数据解密算法:Decrypt(CT, UGSK$_{\text{GID}}$, TK) → (m)。输入密文 CT、用户全局私钥 UGSK$_{\text{GID}}$ 和解密密令 TK,输出文件 m。

当用户收到解密密令 TK 后,使用他的全局私钥 UGSK$_{\text{GID}}$ 和 TK 来解密密文,最终得到文件 $m = C_0 / \text{TK}^{1/(u_{\text{GID}}+1)}$。

5)用户撤销

在该系统中,用户撤销相当于用户身份的更新。从 TA、云服务器以及 AA 的视角来看,用户撤销的发生相当于新用户的加入和老用户的退出。因此,在该系统中,用户撤销的过程非常简单并且产生较低的通信和计算开销。当一个用户 GID 发生撤销时,用户撤销过程包括两个算法,分别为用户更新算法 UUpdate 和密钥更新算法 KUpdate,其中 UUpdate 和系统初始化中的用户初始化算法一样,该算法由 TA 执行,而 KUpdate 则和密钥生成算法一样,该算法由 AA 执行。当用户撤销过程结束,撤销用户被分配一个新的身份 GID′、一个新的用户全局私钥 UGSK$_{\text{GID}′}$、一个新的属性证书 ACert$_{\text{GID}′}$ 以及新的用户属性私钥 UASK$_{\text{GID}′}$。TA 把撤销的身份 GID 添加到用户撤销列表中,云服务器用 UASK$_{\text{GID}′}$ 替换 UASK$_{\text{GID}}$,并删除旧的私钥 UASK$_{\text{GID}}$。

在该方案中,作者给出了无中心权威的多权威 CP-ABE 方案,通过在密钥中引入用户全局身份 GID,防止用户共谋,同时通过利用密钥分离技术,使得没有一个实体可以单独解密密文,保证了消息的私密性。该方案还支持高效的外包解密,可以把解密的大部分工作委托给云服务器,从而大幅减轻用户的计算负担。由于在大数据环境下,撤销用户的数量一般要远少于未撤销用户以及密文的数量,为了使得该方案可以高效地适用于云环境中大数据的可加密访问控制,作者设计了一个用户撤销方法,使得用户撤销过程仅与撤销用户的数量相关。最后作者证明了该方案在一般群模型下是可证明安全的。

2.4.3　用户隐私保护

在 2.4.2 节介绍的多权威属性加密方案中,为了防止用户共谋,在系统中用户

使用唯一全局身份 GID,并将用户密钥与 GID 绑定,这就会给用户的隐私带来隐患。因为权威可以获取用户的 GID,它们可以追踪用户并分析用户的数据,然后通过合作来获取用户的全部属性信息。在一些应用场景中,如医疗信息,用户的一些属性会涉及公共身份或者社会安全号码等隐私信息,所以为了保护用户的隐私,需要隐藏用户的 GID。

1. 方案一

为了解决上述问题,Chase 等[29]提出了一个无中心权威且能保护用户隐私的多权威 ABE 方案。在方案中,为了有效解决用户隐私和匿名验证问题,作者基于 Naor 等[34]的分布式伪随机函数(pseudorandom function,PRF)技术设计了一个匿名密钥分发协议,该协议如图 2.7 所示。在密钥分发阶段使用该协议,用户可以在不告诉权威其 GID 的情况下获得与 GID 相关的私钥,同时权威保证用户在该过程中只能获得关于私钥的信息。图 2.7 中的 PoK 表示计算中使用的秘密值的知识证明。第一步中的 2PC 协议为一个两方协议,输入用户的 (u, ρ_1) 和权威的 β,返回 $x = (\beta + u) \rho_1 \bmod p$ 给权威。

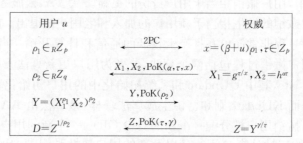

图 2.7　匿名密钥分发协议

下面介绍该方案的结构。该方案包括四个算法,分别为 Setup、KeyGen、Encrypt 以及 Decrypt。

(1) 系统初始化算法:$\text{Setup}(\lambda, N) \rightarrow (\text{params}, \{(\text{apk}_k, \text{ask}_k)\}_{k \in \{1, \cdots, N\}})$。输入安全参数 λ 和权威数量 N,输出系统参数 params 以及各个权威的公/私钥对 $(\text{apk}_k, \text{ask}_k)$。

① 系统参数。给定一个安全参数 λ 和公共随机字符串 $w \in \{0,1\}^{\text{poly}(\lambda)}$,权威运行 $\text{BDH\_Gen}(1^\lambda; w)$ 生成一个双线性群参数 $(e(\cdot, \cdot), \psi(\cdot), p, g_1, g_2, G_1, G_2, G_T)$。

② 防共谋哈希函数(collision-resistant hash function,CRHF)。权威使用 w 生成一个 CRHF $H: \{0,1\}^* \rightarrow Z_p$,输入用户全局身份 GID,用 u 表示相关输出。

由于群的素数阶为 q 并且没有隐藏的结构,该函数可以安全地由公共随机值生成,所以每个权威能够独立完成。下一步是交互协议,假设权威之间有认证信道。

③ 主公钥/私钥。每个 AA_k 选择 $v_k \in_R Z_p$，发送 $Y_k = e(g_1, g_2)^{v_k}$ 给其他权威，然后计算出 $Y = \prod_k Y_k = e(g_1, g_2)^{\sum_k v_k}$。

④ PRF Seed。每对权威进行两方密钥交换，这样 AA_k 可以和 AA_j 分享一个 $seeds_{kj} \in Z_p$，且该 seed 只被它们双方知道，定义 $s_{kj} = s_{jk}$。

⑤ PRF Base。AA_k 随机选择 $x_k \in Z_p$，计算 $y_k = g_1^{x_k}$，定义一个伪随机函数 $PRF_{kj}(\cdot)$，只能由 AA_k 和 AA_j 计算。定义 $PRF_{kj}(u) = g_1^{x_k x_j/(s_{kj}+u)}$，该式可以通过 $y_k^{x_j/(s_{kj}+u)}$ 或 $y_j^{x_k/(s_{kj}+u)}$ 计算。

以下步骤由每个权威独立执行。

⑥ 属性公钥/私钥。对于属性 $i \in \{1, \cdots, n_k\}$，AA_k 选择 $t_{k,i} \in Z_q$，计算 $T_{k,i} = g_2^{t_{k,i}}$。AA_k 安全存储 $(x_k, \{s_{kj}\}_{j \in \{1,\cdots,N\}}, \{t_{k,i}\}_{i \in \{1,\cdots,n_k\}})$。

最后公布系统参数 params 为 $Y = e(g_1, g_2)^{\sum_k v_k}$，$\{y_k, \{T_{k,i} = g_2^{t_{k,i}}\}_{i \in \{1,\cdots,n_k\}}\}_{k \in \{1,\cdots,N\}}$，其中 $\{y_k\}_{k \in \{1,\cdots,N\}}$ 只被权威使用。

（2）密钥生成算法：$KeyGen(ask_k, GID, A_k) \rightarrow (usk_k[GID, A_k])$。输入 AA_k 的私钥 ask_k、用户全局身份 GID 和属性集 A_k，输出用户私钥 $usk_k[GID, A_k]$。

① 对于 $j \in \{1, \cdots, N\} \backslash \{k\}$，用户 u 独自调用 $N-1$ 次匿名密钥分发协议，得到 $g = y_j^{x_k}, h = g_1, \alpha_k = \delta_{kj} R_{kj}, \beta_k = s_{kj}$ 和 $\gamma_k = \delta_{kj}$，其中 $R_{kj} \in Z_p$ 由 AA_k 随机选取，如果 $k > j, \delta_{kj} = 1$，否则为 -1。若 $k > j$，用户 u 收到 $D_{kj} = g_1^{R_{kj}} PRF_{kj}(u)$，否则 $D_{kj} = g_1^{R_{kj}}/PRF_{kj}(u)$。

② AA_k 随机选取 d_k 次多项式 $p_k(\cdot)$，$p_k(0) = v_k - \sum_{j \in \{1,\cdots,N\} \backslash \{k\}} R_{kj}$。

③ AA_k 为用户的各个合法属性 i 生成 $S_{k,i} = g_1^{p(i)/t_{k,i}}$。

④ 用户 u 计算 $D_u = \prod_{(k,j) \in \{1,\cdots,N\} \times (\{1,\cdots,N\} \backslash \{k\})} D_{kj} = g^{R_u}, R_u = \sum_{(k,j) \in \{1,\cdots,N\} \times \{1,\cdots,N\} \backslash \{k\}} R_{kj}$。

（3）加密算法：$Encrypt(\{A_k^C\}_{k \in \{1,\cdots,N\}}, params, m) \rightarrow (CT)$。输入属性集 $\{A_k^C\}_{k \in \{1,\cdots,N\}}$、系统参数 params 和文件 m，输出密文 CT。

加密属性集 S 为 $\{A_1^C, \cdots, A_N^C\}$ 的文件 m，选择 $s \in_R Z_q$，生成密文 CT 为 $CT = \{E_0 = mY^s, E_1 = g_2^s, \{C_{k,i} = T_{k,i}^s\}_{i \in A_k^C, \forall k \in [1,\cdots,N]}\}$。

（4）解密算法：$Decrypt(usk_k[GID, A_k]_{k \in \{1,\cdots,N\}}, CT) \rightarrow (m)$。输入用户私钥 $usk_k[GID, A_k]_{k \in \{1,\cdots,N\}}$ 和密文 CT，输出文件 m。

对于 $AA_k \in \{1, \cdots, N\}$，任何 d_k 个属性 $i \in A_k^C \cap A_k^u$，对 $S_{k,i}$ 和 $C_{k,i}$ 进行双线性对运算，计算出 $e(S_{k,i}, C_{k,i}) = e(g_1, g_2)^{sp_k(i)}$。进行多项式插值运算，插入所有的 $e(g_1, g_2)^{sp_k(i)}$，得到 $P_k = e(g_1, g_2)^{sp_k(0)} = e(g_1, g_2)^{s(v_k - \sum_{j \neq k} R_{kj})}$。

把得到的所有 P_k 相乘,得到 $Q = e(g_1, g_2)^{s(\sum v_k - R_u)} = Y^s / e(g_1^{R_u}, g_2^s)$,接着计算 $e(D_u, E_1) \cdot Q = e(g_1^{R_u}, g_2^s) \cdot Q = Y^s$。最后通过计算 E_0 / Y^s 得到文件 m。

该方案的安全性基于 DBDH 问题的困难性。由于使用了匿名密钥分发协议,该方案可以防止不大于 $N-2$ 个属性权威的共谋。而且该方案通过改进还可以支持大规模属性系统、复杂的访问策略以及可变阈值策略。

虽然该方案考虑了密钥分发阶段的用户的隐私问题,但是却没有涉及撤销时存在的用户隐私问题。在进行用户属性撤销时,用户需要和权威进行交互,若用户直接使用他的 GID 向权威证明身份来获取密钥更新密钥,这样就会使得在密钥更新阶段的隐私保护工作毫无作用。由于在基于云环境的属性加密方案中一般需要有用户属性撤销这个功能,为了保护用户隐私,防止权威通过合作来获取用户的全部属性资料。肖敏等[35]给出了一个支持属性撤销的用户隐私保护加密方案,该方案在密钥分发阶段和用户属性撤销阶段都考虑了用户隐私的保护。

2. 方案二

该属性加密系统[35]包括五部分:一个可信的第三方机构(如 CA)、属性权威 AA、数据拥有者、用户和云服务器。

CA 负责用户注册和身份管理,为用户分配全局唯一的身份标识 GID,并且 GID 是用户的私密信息。假定 CA 具有足够的计算能力,在密钥分发阶段,能够代替用户与各个 AA 交互执行匿名密钥分发协议。

AA 间相互独立,每个 AA 负责管理相应范围内的属性集。在系统初始化阶段,AA 生成自己的属性权威密钥、公钥和属性公钥,并联合生成一个系统公钥。属性权威密钥用于生成用户解密密钥。在属性撤销阶段,AA 生成并分发密文更新密钥和密钥更新密钥。

数据拥有者利用系统公钥和属性公钥生成密文,然后发送密文到云服务器。

用户将 GID 作为自己的私钥,并委托 CA 通过匿名密钥分发协议与 AA 进行交互获得与 GID 相关的密钥组件,实现密钥分发时用户身份信息的保密和减轻用户的负担。用户定义自己的伪随机函数用于生成面向不同 AA 时对应的假名,此假名通过 CA 认证后传递给 AA,使得用户能够通过发送假名给对应的 AA 获取解密密钥。另外,用户负责数据的解密和密钥的更新。

云服务器负责存储和维护数据拥有者的数据并处理用户的数据访问请求。在属性撤销阶段,云服务器负责密文的更新,以减轻数据拥有者的负担。

该方案包括系统初始化、密钥生成、数据加密、数据解密以及属性撤销等五个算法。

(1) 系统初始化算法:$\text{Setup}(\lambda, N) \rightarrow (\text{params}, \{(\text{apk}_k, \text{ask}_k)\}_{k \in \{1, \cdots, N\}})$。输入安全参数 λ 和权威数量 N,输出系统参数 params 以及各个权威的公/私钥对

$(\mathrm{apk}_k, \mathrm{ask}_k)$。

给定一个安全参数 λ 和公共随机字符串 $\theta \in \{0,1\}^{\mathrm{poly}(\lambda)}$，权威运行 BDH_Gen $(1^\lambda; \theta)$ 生成一个双线性群参数 $(e(\cdot,\cdot), \psi(\cdot), p, g, G_T)$。接着输入用户全局身份 GID，输出为 u。S_{A_k} 表示 AA_k 管理的所有属性的集合。AA_k 的私钥 $\mathrm{ASK}_k = (t_k, x_k, \varphi_k, w_k, t_{k,1}, \cdots, t_{k,n_k})$，其中 $t_k, x_k, \varphi_k, w_k, t_{k,1}, \cdots, t_{k,n_k}$ 是随机从 Z_p 选取的。AA_k 把 $Y_k = e(g,g)^{t_k}$ 和 $y_k = g^{x_k}$ 发送给其他 AA，各 AA_k 独立计算 $Y = \prod_k Y_k = e(g,g)^{\sum_k t_k}$。$\mathrm{AA}_k$ 可以和 AA_j 分享 $\mathrm{seeds}_{kj} = s_{jk} \in Z_p$，且该 seed 只被它们双方知道。然后定义一个伪随机函数 $\mathrm{PRF}_{kj}(u) = g_1^{t_k x_j / (s_{kj} + u)}$，则该式可以通过 $y_k^{x_j / (s_{kj}+u)}$ 或 $y_j^{x_k / (s_{kj}+u)}$ 由 AA_k 或者 AA_j 计算。对于每个属性 $i \in S_{A_k}$，AA_k 生成一个公共属性密钥 $\mathrm{PK}_{i_k} = g^{v_{i_k} w_k}$，其中 v_{i_k} 是属性 i_k 的版本密钥。AA_k 计算出公钥 $\mathrm{PK}_k = g^{w_k}$。最后可得到系统公共参数 params 为 $(Y, \{y_k\}_{k \in \langle 1,\cdots,N \rangle}, \{\mathrm{PK}_k\}_{k \in \langle 1,\cdots,N \rangle}, \{\mathrm{PK}_{i_k}\}_{k \in \langle 1,\cdots,N \rangle, i_k \in S_{A_k}})$。

（2）密钥生成算法：$\mathrm{KeyGen}(\mathrm{ask}_k, \mathrm{GID}, a_{u,k}, A_k^u) \to (\mathrm{usk}_{u,k}, \mathrm{SK}_{u,k})$。输入 AA_k 的私钥 ask_k、用户全局身份 GID、用户假名 $a_{u,k}$ 和属性集 A_k^u，输出用户密钥 $\mathrm{usk}_{u,k}$ 和用户属性密钥 $\mathrm{SK}_{u,k}$。

① 生成用户密钥组件。如图 2.8 所示，为了减少用户的负担，通过 CA 的用户管理权限，委托 CA 与各个 AA_k 分别执行匿名密钥分发协议，其中 $l = y_j^{x_k}$，$h = g$，$\alpha_k = \delta_{kj} R_{kj}$，$\beta_k = s_{kj}$ 和 $\gamma_k = \delta_{kj}$，其中 $R_{kj} \in Z_p$ 是由 AA_k 和 AA_j 共同选取的随机值，如果 $k > j$，$\delta_{kj} = 1$，CA 得到 $D_{kj} = g_1^{R_{kj}} \mathrm{PRF}_{kj}(u)$；否则 $\delta_{kj} = -1$，CA 得到 $D_{kj} = g_1^{R_{kj}} / \mathrm{PRF}_{kj}(u)$。CA 再将用户 u 对应的所有 D_{kj} 相乘得到 $D_u = \prod_{(k,j) \in \langle 1,\cdots,N \rangle \times \langle 1,\cdots,N \rangle \backslash \langle k \rangle} D_{kj} = g^{R_u}$，并发送给用户 u，其中 $R_u = \sum_{(k,j) \in \langle 1,\cdots,N \rangle \times \langle 1,\cdots,N \rangle \backslash \langle k \rangle} R_{kj}$。

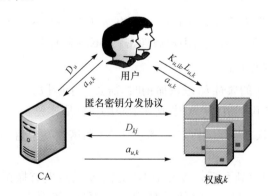

图 2.8　用户、第三方信任机构和权威 k 之间的关系

② 生成用户属性密钥。设 A_k^u 表示用户 u 所拥有的由 AA_k 管理的属性集合。用户 u 用假名 $a_{u,k}$ 向 AA_k 请求属性集合 A_k^u 中每个属性 i_k 对应的密钥。

AA_k 随机选择一个 d_k-1 阶多项式 $p_k(\cdot)$，且 $p_k(0)=t_k-\sum\limits_{j\in\{1,\cdots,N\}\setminus\{k\}}R_{kj}$，生成用户属性密钥 $SK_{u,k}=(L_{u,k}=g^{a_{u,k}\varphi_k+\omega_k},K_{u,i_k}=g^{p_k(i_k)/t_{k,i_k}}g^{(a_{u,k}\omega_k\varphi_k+\omega_k^2)v_{i_k}},\forall\,i_k\in A_k^u),k\in\{1,\cdots,N\}$。

(3) 数据加密算法：$\text{Encrypt}(\{A_k^C\}_{k\in\{1,\cdots,N\}},\text{params},m)\to(CT)$。输入属性集 $\{A_k^C\}_{k\in\{1,\cdots,N\}}$、系统参数 params 和文件 m，输出密文 CT。

A_k^C 表示密文中包含的由 AA_k 管理的属性集合，密文属性集 $S_C=\{i_k^C\}$，$k\in\{1,\cdots,N\}$，属性公钥为 $\text{PK}_{i_k^C}(i_k^C\in S_c)$，然后选取随机数 $s\in Z_p$，可以计算出密文 $CT=(C_0=mY^s=me\,(g,g)^{s\sum\limits_k t_k},C_1=g^s,C_2=g^{st_{k,i_k^C}},C_3=g^{-st_{k,i_k^C}\omega_k v_{i_k^C}},i_k^C\in A_k^C,\forall\,k\in\{1,\cdots,N\})$。

(4) 数据解密算法：$\text{Decrypt}(\{usk_{u,k},SK_{u,k}\}_{k\in\{1,\cdots,N\}},CT)\to(m)$。输入用户密钥和用户属性密钥 $\{usk_{u,k},SK_{u,k}\}_{k\in\{1,\cdots,N\}}$ 以及密文 CT，输出文件 m。

系统中的合法用户都可以从云服务器上下载加密文件。但是只有当用户私钥中的访问结构满足密文中的属性集时，才能解密文件。

对于 $AA_k\in\{1,\cdots,N\}$：

① 对于任何 d_k 个属性 $i_k\in A_k^C\bigcap A_k^u$，可计算 $e(C_2,K_{u,i_k})e(C_3,L_{u,k})=e\,(g,g)^{sp_k(i_k)}$。

② 对于所有的 $e\,(g,g)^{sp_k(i_k)}(i_k\in A_k^C\bigcap A_k^u)$ 进行多项式插值运算，得 $P_k=e\,(g,g)^{sp_k(0)}=e\,(g,g)^{s(t_k-\sum\limits_{k\neq j}R_{kj})}$。

③ 所有 P_k 相乘得到 $Q=e\,(g,g)^{s(\sum t_k-R_u)}=Y^s/e(D_u,C_1)$。

④ 计算 $e(g^{R_u},C_1)\cdot Q=Y^s$。

⑤ 最后通过计算 C/Y^s 得到 m。

(5) 属性撤销算法：$\text{Update}(ask_k,v_{i_k},SK_{u,k},CT)\to(\widetilde{SK}_{u,k},CT')$。输入权威私钥 ask_k、属性当前的版本号 v_{i_k}、用户属性密钥 $SK_{u,k}$ 和密文 CT，输出更新后的用户属性密钥 $\widetilde{SK}_{u,k}$ 和密文 CT'。

当 AA_k 对用户 u 的属性 $\tilde{i}_k$ 进行撤销时，需要三个阶段。

① AA_k 生成更新密钥。AA_k 生成一个新的属性版本密钥 v'_{i_k}，然后计算出用户的密钥更新密钥 $KUK_{u,\tilde{i}_k}=g^{(v'_{i_k}-v_{i_k})(a_{u,k}\omega_k\varphi_k+\omega_k^2)}$ 和密文更新密钥 $CUK_{\tilde{i}_k}=(v'_{\tilde{i}_k}-v_{i_k})\omega_k$。

② 未撤销用户更新私钥。AA_k 把 $KUK_{u,\tilde{i}}$ 发送给拥有撤销属性 $\tilde{i}_k$ 的未撤销用户，然后用户使用 $KUK_{u,\tilde{i}_k}$ 对他的私钥进行更新，其中 $L_{u,k}$ 不变，若 $i_k=\tilde{i}_k$，则 $K'_{u,\tilde{i}_k}=K_{u,\tilde{i}_k}\cdot KUK_{u,\tilde{i}_k}$，若 $i_k\neq\tilde{i}_k$，则 $K'_{u,i_k}=K_{u,i_k}$。更新后用户属性密钥变为 $\widetilde{SK}_{u,k}=$

$(L'_{u,k}=L_{u,k}, K'_{u,\tilde{i}_k}=K_{u,\tilde{i}_k} \cdot \text{KUK}_{u,\tilde{i}_k}, \forall i_k \in A_k^u, i_k \neq \tilde{i}_k, K'_{u,i_k}=K_{u,i_k}), k \in \{1,\cdots,N\}$。

③ 云服务器更新密文。AA_k 把 $\text{CUK}_{\tilde{i}_k}$ 发送给云服务器,然后云服务器使用 $\text{CUK}_{\tilde{i}_k}$ 对密文进行更新。云服务器只对密文中与撤销的属性 $\tilde{i}_k$ 相关的密文组件进行更新,其他部分不更新,得到新的密文 CT' 为

$$\text{CT}' = \begin{cases} C'_0=C_0, C'_1=C_1, C'_2=C_2, \\ \forall i_k^C \in A_k^C, k \in \{1,\cdots,N\} \begin{cases} i_k^C=\tilde{i}_k, C'_3=C_3 \cdot (C_2)^{\text{CUK}_{\tilde{i}_k}} \\ i_k^C \neq \tilde{i}_k, C'_3=C_3 \end{cases} \end{cases} \qquad (2.11)$$

在该方案中,作者给出了一个实现云存储数据的细粒度访问控制方案。该方案基于多授权中心的属性加密机制,支持用户属性撤销。通过在密钥中引入用户全局身份信息,防止用户共谋,同时通过匿名密钥分发协议和用户假名,防止 AA 间的共谋,实现用户私密身份信息的保护。为减少用户和数据拥有者的负担,密钥生成阶段的主要计算任务委托给可信第三方 CA,属性撤销阶段的密文更新工作委托给了云服务器。最后证明了该方案在 DBDH 假设下是选择属性安全的。

2.4.4　多权威属性加密在个人医疗记录中的应用

多权威的属性加密方案有许多实际应用场景,不仅可以应用于社交网络、云存储系统,还可以应用于电子医疗记录等场景。为了实现对个人健康记录(personal health record,PHR)的细粒度和可扩展的数据访问控制,Li 等[36]利用了 ABE 技术提出了一个以患者为中心的方案,方案系统模型如图 2.9 所示。

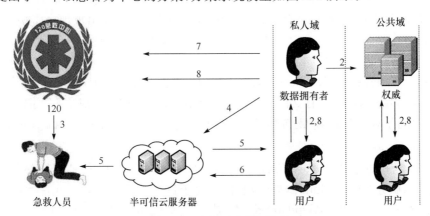

图 2.9　医疗记录系统模型

1. 获取密钥;2. 提供写密钥;3. 提供读密钥;4. 存储加密的 PHR;
5. 读取 PHR;6. 写 PHR;7. 委托;8. 撤销

在该方案中,PHR 存储在半可信的云服务器,系统中的用户分为两个域:私人域(PSD)和公共域(PUD)。在 PSD 中,作者直接采用了 Yu 等[25]的方案来管理密钥和用户的访问权限,在此不详细介绍。

在 PUD 中,作者利用 Chase 等[29]的 MA-ABE 方案来实现加密和访问控制功能。为了实现用户属性撤销的功能,作者借鉴了已有文献[25,37]中属性撤销的方法,提出了一个可撤销的多权威属性加密方案,同时利用代理重加密技术把密文更新和用户私钥更新的任务委托给云服务器,减轻了用户和数据拥有者的负担。该方案在密文、用户私钥、代理重加密密钥以及权威的公钥和私钥中加入版本号,从而实现有效的按需用户属性撤销。下面详细介绍 PUD 中的访问控制方案。

(1) 系统初始化算法:和已有文献[29]中的 Setup 一样,另外,每个权威 AA_k 定义一个额外的 dummy 属性 A_k^*,初始设置 ver 为 1,权威 AA_k 公布 (ver, PK_k),并安全保存 (ver, MK_k)。

(2) 密钥生成算法:和已有文献[29]中的 KeyGen 一样,另外,每个用户的密钥策略 A^u 必须由 $A_1^*, \cdots, AA_{N-1}^*$ 进行 AND 运算来获得,用户收到 (ver, SK_u)。

(3) 加密算法:和已有文献[29]中的 Encrypt 一样,另外,A_k^* 必须是 $A_{AA_k}^C$ 的一部分,输出 $CT = (ver, E_0 = M \cdot Y^s, E_1 = g_2^s, \{C_{k,i} = T_{k,i}^s\}_{i \in A_{PUD_k}^C, k \in \{1, \cdots, N\}})$,加密者存储秘密值 s。

(4) 解密算法:和已有文献[29]中的 Decrypt 一样,另外,在 PK 和 SK_u 中加入版本号 ver。

(5) 最小属性集合算法:$MinimalSet(A^u) \to (\gamma_k)$。$AA_k$ 运行已有文献[25]中的算法 $AMinimalSet$,然后计算 $k_{min} \gets \arg \min_k \{|\gamma_k|\}$,输出 $\gamma_{k_{min}}$。

(6) 重加密密钥生成算法:$ReKeyGen(g, MK_k) \to (rk_k)$。由 AA_k 执行,AA_k 给定属性集 γ,对于 $i \in \gamma$,运行已有文献[25]中的 $AUpdateAtt$,输出重加密密钥 $rk_k = (ver, \{rk_{k,i \to i'}\}_{i \in U_k})$,其中 U_k 是 AA_k 管理的属性。全局重加密密钥 $rk = \{rk_k\}_{1 \leqslant k \leqslant U}$。更新一次版本号,ver 的值加 1。

(7) 重加密算法:$ReEnc(CT, rk) \to (CT')$。由云服务器执行,对于每个 $1 \leqslant k \leqslant N, i \in A_{PUD_{k'}}^C$,运行已有文献[25]中的 $AUpdateAtt4File$,生成 $C'_{k,i}$。把密文组件 $C_{k,i}$ 中的 ver 更新到最新版本。输出密文 $CT' = (ver + 1, A_{PUD}^C, E_0, E_1, \{C'_{k,i}\}_{i \in A_{PUD_k}^C, k \in \{1, \cdots, N\}})$。

(8) 密钥更新算法:$KeyUpdate(SK_u, rk) \to (SK'_u)$。用户 u 把 SK_u 部分组件发送给云服务器(除了dummy属性组件)。对于每个 $1 \leqslant k \leqslant N, i \in A_{PUD_k}^C$,运行已有文献[25]中的 $AUpdateSK$,生成 $D'_{k,i}$,输出 $SK'_u = (ver + 1, D_u, \{D'_{k,i}\}_{i \in A_{PUD_k}^C, k \in \{1, \cdots, N\}})$。

(9) 策略更新算法:$PolicyUpdate(\widetilde{A}_{PUD}^C, CT, s) \to (\widetilde{CT})$。输入新策略 $\widetilde{A}_{PUD}^C$、密文 $CT = (ver, A_{PUD}^C, E_0, E_1, \{C_{k,i}\}_{i \in A_{PUD}^C, k \in \{1, \cdots, N\}})$ 和随机数 s,输出包含新策略的密文 $\widetilde{CT}$。对于每个 $i \in \{\widetilde{A}_{PUD}^C - A_{PUD}^C\}$,计算 $C_{k,i} = T_{k,i}^s$,对于每个 $i \in \{A_{PUD}^C - \widetilde{A}_{PUD}^C\}$,删除 $C_{k,i}$,输出更新后的密文 $(ver, \widetilde{A}_{PUD}^C, E_0, E_1, \{C_{k,i}\}_{i \in \widetilde{A}_{PUD_k}^C, k \in \{1, \cdots, N\}})$。

　　在该方案中,作者利用合取范式(conjunctive normal form,CNF)文件策略改进 Chase-Chow MA-ABE 方案(CC MA-ABE 是基于 KP-ABE 的),使得改进后的 MA-ABE 方案功能和 CP-ABE 类似,同时还利用析取范式(disjunction normal form,DNF)使得文件访问策略变得更加丰富。在 PUD 中,每个权威管理互不相交的属性集,用户可以通过从权威 k 获得不同的属性来访问文件。该方案利用哈希链和签名技术来控制时间,从而有效地实现写访问控制。并且可以通过在数据拥有者的本地计算机存储秘密值 s 来实现动态改变策略的功能,但是会存在一定的安全隐患。同时在该方案中,作者还给出了解决紧急情况时的越级访问,通过在 PSD 中定义一个超级权限属性,如 emergency,生成一个紧急密钥 sk_{EM},并把该密钥存放到急救部门,当患者也就是数据拥有者出现紧急情况时,医护人员从急救部门获取该密钥来访问患者的 PHR。等患者恢复后,可以生成 rk_{EM} 来更新 sk_{EM} 和密文。

　　该方案可以有效防止 $N-2$ 个权威共谋,且在基于属性的选择集模型下是可证明安全的。

2.5　本章小结

　　在本章中,主要介绍了属性加密机制在云数据访问控制中应用。属性加密机制有许多良好的特性,能够有效地实现非交互式的细粒度访问控制机制,因而可以满足云数据访问控制机制的要求。虽然目前属性加密机制的理论研究已经取得较多的成果,但是由于存在开销较大以及效率较低等问题,在云数据访问控制领域中并未得到广泛的应用。因此,属性加密机制在用户属性的撤销、访问策略的隐藏以及更为高效的属性加密方案等方面仍需要进一步深入研究。对属性加密机制感兴趣的读者可参阅参考文献中的相关文献。

参 考 文 献

[1] Boneh D, Franklin M. Identity-Based Encryption from the Weil Pairing. Berlin: Springer, 2001:213-229.

[2] Shamir A. Identity-Based Cryptosystems and Signature Schemes. Berlin: Springer, 1985, 47-53.

[3] Sahai A, Waters B. Fuzzy Identity Based Encryption. Berlin:Springer,2005:457-473.

[4] 冯登国,陈成. 属性加密学研究. 密码学报,2014,1:1-12.

[5] Beimel A. Secure Schemes for Secret Sharing and Key Distribution. Technion: Israel Institute of Technology,1996.

[6] Shamir A. How to share a secret. Communications of the ACM,1979,22:612-613.

[7] Blakley G R. Safeguarding cryptographic keys. National Computer Conference, 1979: 313-317.

［8］ Benaloh J,Leichter J. Generalized secret sharing and monotone functions. Proceedings of Advances in Cryptology,1988,403:27-35.

［9］ Goyal V,Pandey O,Sahai A,et al. Attribute-based encryption for fine-grained access control of encrypted data. Proceedings of the 13th ACM Conference on Computer and Communications Security,2006:89-98.

［10］ Bethencourt J,Sahai A,Waters B. Ciphertext-policy attribute-based encryption. Proceedings of IEEE Symposium on Security and Privacy,2007:321-334.

［11］ Waters B. Ciphertext-Policy Attribute-Based Encryption: An Expressive, Efficient, and Provably Secure Realization. Berlin:Springer,2011:53-70.

［12］ 苏金树,曹丹,王小峰,等. 属性基加密机制. 软件学报,2011,22:1299-1315.

［13］ Attrapadung N,Imai H. Attribute-Based Encryption Supporting Direct/Indirect Revocation Modes. Berlin:Springer,2009:278-300.

［14］ Ostrovsky R,Sahai A,Waters B. Attribute-based encryption with non-monotonic access structures. Proceedings of the 14th ACM Conference on Computer and Communications Security,2007:195-203.

［15］ Attrapadung N,Imai H. Conjunctive Broadcast and Attribute-Based Encryption. Berlin:Springer,2009:248-265.

［16］ 王鹏翩,冯登国,张立武. 一种支持完全细粒度属性撤销的 CP-ABE 方案. 软件学报,2012,23:2805-2816.

［17］ Pirretti M,Traynor P,Mcdaniel P,et al. Secure attribute-based systems. Journal of Computer Security,2010,18:799-837.

［18］ Sahai A,Seyalioglu H,Waters B. Dynamic Credentials and Ciphertext Delegation for Attribute-Based Encryption. Berlin:Springer,2012:199-217.

［19］ Boldyreva A,Goyal V,Kumar V. Identity-based encryption with efficient revocation. Proceedings of the 15th ACM Conference on Computer and Communications Security,2008:417-426.

［20］ Ibraimi L,Petkovic M,Nikova S,et al. Mediated Ciphertext-Policy Attribute-Based Encryption and Its Application. Berlin:Springer,2009:309-323.

［21］ Blaze M,Bleumer G,StraussM. Divertible Protocols and Atomic Proxy Cryptography. Berlin:Springer,1998:127-144.

［22］ Li J,Ren K,Kim K. A²BE: Accountable Attribute-Based Encryption for Abuse Free Access Control. http://eprint. iacr. org/2009/118. pdf［2015-4-20］.

［23］ Li J,Ren K,Zhu B,et al. Privacy-Aware Attribute-Based Encryption with User Accountability. Berlin:Springer,2009:347-362.

［24］ Yu S,Ren K,Lou W,et al. Defending Against Key Abuse Attacks in KP-ABE Enabled Broadcast Systems. Berlin:Springer,2009:311-329.

［25］ Yu S,Wang C,Ren K,et al. Achieving secure, scalable, and fine-grained data access control in cloud computing. Proceedings of 29th IEEE International Conference on Computer Communications,2010:1-9.

［26］ Yang K,Jia X,Ren K. Attribute-based fine-grained access control with efficient revocation in cloud storage systems. Proceedings of the 8th ACM SIGSAC Symposium on Information, Computer and Communications Security, 2013:523-528.

[27] Lai J, Deng R H, Li Y. Expressive CP-ABE with partially hidden access structures. Proceedings of the 7th ACM Symposium on Information, Computer and Communications Security, 2012:18-19.

[28] Chase M. Multi-authority Attribute Based Encryption. Berlin: Springer, 2007:515-534.

[29] Chase M, Chow S S. Improving privacy and security in multi-authority attribute-based encryption. Proceedings of the 16th ACM Conference on Computer and Communications Security, 2009:121-130.

[30] Lewko A, Waters B. Decentralizing Attribute-Based Encryption. Berlin: Springer, 2011: 568-588.

[31] Lin H, Cao Z, Liang X, et al. Secure Threshold Multi Authority Attribute Based Encryption without a Central Authority. Berlin: Springer, 2008:426-436.

[32] Yang K, Jia X, Ren K. DAC-MACS effective data access control for multi-authority cloud storage systems. Proceedings of 32nd IEEE International Conference on Computer Communications, 2013:2895-2903.

[33] Xiao M, Wang M, Liu X, et al. Efficient distributed access control for big data in clouds. Proceedings of the Third International Workshop on Security and Privacy in Big Data, 2015: 202-207.

[34] Naor M, Pinkas B, Reingold O. Distributed Pseudo-Random Functions and KDCs. Berlin: Springer, 1999:327-346.

[35] 肖敏, 王春蕾, 周由胜. 云存储系统中支持用户隐私保护的细粒度访问控制. 通信学报, 2014, 35:42-47.

[36] Li M, Yu S, Zheng Y, et al. Scalable and secure sharing of personal health records in cloud computing using attribute-based encryption. IEEE Transactions on Parallel and Distribution Systems, 2013, 24:131-143.

[37] Yu S, Wang C, Ren K, et al. Attribute based data sharing with attribute revocation. Proceedings of the 5th ACM Symposium on Information, Computer and Communications Security, 2010:261-270.

第 3 章　云计算环境的可搜索数据加密

可搜索加密是一种通信协议,使用这种协议的双方按通信规则执行其中的算法,实现对数据快捷、安全的访问。本章介绍可搜索数据加密的主要研究内容,具有代表性的是对称可搜索加密方案、非对称可搜索加密方案、支持模糊检索的可搜索加密方案。

3.1　可搜索数据加密介绍

云存储环境与传统网络环境下密文检索的区别在于云存储环境下的加密数据存储在云存储服务器端,用户在本地不会保留数据的副本,否则就失去了将数据存储到云存储服务器上的意义。也就是说,在云存储环境下用户失去了对数据的控制,数据拥有者本身也只能确定其需要的数据的内容,而不能确切地知道数据的位置,因为在云存储服务器上的数据存储结构并不由用户决定。在传统网络环境下,加密数据存储在本地,用户保存着一切与加密数据相关的信息,只需要为加密数据生成一个哈希表就能够检索加密数据,而不需要用到可搜索加密技术。所以,在云存储环境下,当用户需要从云存储服务器端取回数据时,需要用到可搜索加密技术。

3.1.1　对称可搜索加密的研究进展

用户在远程邮件服务器或者 FTP 服务器上存储数据时,为减少安全隐患,需要对存储的文件加密,这通常也意味着用户需要放弃对数据的任意操作的某些权限。当用户检索包含某关键字的文档时,通常希望在不泄露数据机密性的情况下,使存储数据的服务器为其执行检索请求,并返回正确的查询结果。

对称可搜索加密(symmetric searchable encryption,SSE)是作为上述问题的解决方案被提出的。SSE 可提供以下两个方面的安全保证:第一,没有合法陷门时,除了数据长度,服务器无法了解任何其他的与数据内容相关的信息;第二,给定某个关键字的陷门,服务器可以知道哪些文档包含该关键字,但是无法猜测出关键字本身。

Song 等[1]在 2000 年首次提出了可搜索加密的概念,也是最早的对称密钥可搜索加密概念,并构造了第一个实际的方案。分别在 2003 年和 2005 年,Goh 等[2]

和 Chang 等[3]构造了高效的对称加密搜索方案,方案中花费了大量的计算开销来构造加密索引,这确实可以提高搜索效率,却增加了存储成本。2007 年,Boneh 等[4]的方案将流密码、伪随机函数、伪随机置换等技术应用于对称可搜索加密方案,他们的方案只需要 $O(n)$ 次流密码或块密码操作,仅需一轮计算即可进行加密搜索。2005 年,Abdalla 等[5]对 SSE 的安全性给出了新定义,给出更高效的方案,并提出了适应性抵抗选择关键字攻击的语义安全性定义[3]和基于模拟游戏的安全定义,文献中通过使用简单的线性数据结构来提高效率。

与 Goh 等[2]和 Chang 等[3]提出的方案相比,Boneh 等[4]所提出的方案在安全性上有所降低。因为该方案允许服务器通过协议的执行过程得知用户的访问模式。当然,整个过程不直接涉及对明文的操作,数据内容对服务器仍然是保密的,相对于之前的方案[1-3],效率较高。然而,Boneh 等[4]方案的计算量与文档长度呈线性关系,而且会暴露明文统计信息,这让服务器或其他恶意攻击者有迹可循。

作为更一般的加密搜索研究,Golle 等[6]在 2004 年提出了为关键字建立安全索引的概念,通过对每个文件生成一个索引,搜索时不再对所有文件的内容进行检索,而是对索引进行操作。从效率上来看,它在进行检索时所执行的操作是一个常量,与 Boneh 等[4]方案中的 $O(n)$ 相比,效率更高。更早的研究可以追溯到 1996 年 Goldreich 等的论文[7],该文提出了安全检索数据的解决方案,为了达到隐藏访问模式的目的,用户与服务器之间需要交互的次数与多项式中最高次数同数量级,这无论对服务器还是对用户都是不小的开销,因此传输成本非常高。Golle 等[6]的加密检索方案用到了布隆过滤器,由于布隆过滤器的特性决定了该技术的明显缺陷,即搜索出的文件可能比正确匹配的文件多。Bellare 等[8]用基于字典的方式建立索引,与 Golle 等[6]的方案比较,发现 Golle 等[6]方案有出现误识的可能性。因为布隆过滤器中非"0"项的数量会泄露陷门的数目,即泄露一些访问模式之外的信息,这些信息可能与数据内容相关,因此,Golle 等[6]的方案在安全方面存在隐患。与 Golle 等[6]的方案相比,Bellare 等[8]方案的计算成本与存储开销都比较大。但是,方案通过填充冗余数据的方法来对陷门数目保密。

对称可搜索加密的主要优势是效率,大多数对称可搜索模式的加密原语基于分组密码和伪随机函数,所以加密是有效的。典型的对称可搜索方案是将数据进行预处理,然后存储在高效的数据结构中,因此搜索也是有效的。

对称可搜索加密适用的环境有较大局限性,该类方案只适用于数据发送方与检索方为同一用户,或者检索方被授予了合法查询私钥,这类似于存储文件系统中的单写单读(single writer single reader,SWSR)模式。

3.1.2　公钥可搜索加密的研究进展

考虑下面的一种应用场景,医生希望将医疗数据记录存储在个人健康记录(PHR)服务器端,他希望与患者共享治疗信息,若使用对称可搜索加密,医生必须与患者共享密钥。然而,共享了密钥,也就意味着其他患者的隐私无法得到保护。

几乎已有的公钥可搜索加密方案[8-13]都可解决上述问题。在公钥可搜索加密模式下,医生的操作流程如下:首先,他使用患者的公钥对病历加密,加密时用到两种不同的算法,分别对记录的内容和关键字加密;然后,将加密的信息发送到个人健康记录服务器端。在可搜索公钥加密模式中,任何人都可以使用公钥加密数据,而仅仅只有相应私钥的拥有者可以生成正确的陷门,执行检索操作并解密密文,用户也可将私钥委托给受信任的人。

在上面的流程中,医生使用公钥加密信息,患者使用私钥搜索,服务器返回正确的文档集合。算法实施过程中,患者使用自己的私钥即可请求服务器端查询出正确的医疗记录,服务器无需解密数据即可执行搜索操作,不会泄露患者的隐私。

图 3.1 给出了上述存储和查询信息流的过程。首先,患者通过运行密钥生成算法生成公钥 pk 和私钥 sk,医生使用 pk 来构造医疗记录中关键字的索引;然后,患者使用私钥 sk 生成陷门,将陷门发送给个人健康记录;最后,个人健康记录运行测试算法为患者检索正确的记录,并将正确结果返回给患者。

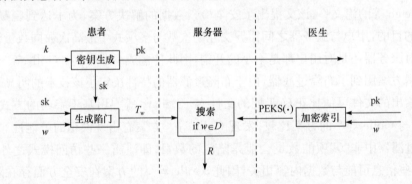

图 3.1　可搜索公钥加密应用的信息流

公钥可搜索加密方案可看成多写单读(many writer single reader,MWSR)模式,该方案对存储在远程服务器端的加密文档进行搜索,不会泄露用户隐私给无关的人。在这种模式下,任何人可以使用公钥加密数据,仅仅只有私钥拥有者能够生成正确陷门并解密密文。

使用公钥可搜索加密模式,索引的加密方式需满足两个最基本要求。首先,给定一个关键字的陷门,用户可以检索加密文件的指针,该指针指向包含关键字的文件;其次,在没有陷门的情况下,索引被隐藏;陷门仅由私钥和关键字相关的信息产生,检索过程中,服务器除了能够了解某文档包含关键字,不会泄露与文件内容相关的信息给第三方。因此,非对称可搜索加密(asymmetric searchable encryption, ASE)所提供的安全保证为:第一,在没有得到关键字的陷门时,服务器除了数据的长度,无法了解其他与数据内容相关的信息;第二,给定某个关键字的陷门,服务器可以查询出哪些加密文档包含该关键字。这个安全保证较弱,服务器可以通过统计对陷门的字典攻击,并指出用户正在搜索哪个关键字,然后服务器可以通过陷门进行搜索,并指出哪些文档包含该关键字。

2004 年,Boneh 等[9]首次提出公钥可搜索加密,文献中所描述的是邮件路由分发的场景,将不同邮件分发于不同的设备中。公钥可搜索加密为其提供了一种机制,允许邮件服务器根据用户所提供的陷门,对不同关键字的邮件分别选择分发路由,不会暴露邮件内容给服务器端。系统的安全性基于决策性 DH 置换,安全性在随机预言模型中进行了证明。

Boneh 等所提出的公钥可搜索加密方案在安全和效率方面存在不足,该方案要求用户在发送陷门给服务器之前先建立一个安全信道,并且这种方式代价较高,而且在使用该方式时,用户无法避免服务器记录搜索的陷门以猜测其他有用信息。因此,Baek 等[10]基于双线性 Diffie-Hellman 困难性问题构造了更有效和安全的可搜索加密方案,该方案给出了 ASE 改进的定义,并支持多个关键字的检索。

Bellare 等[11]提出了高效公钥可搜索加密方案,该方案可提高普通公钥可搜索加密方案的效率,也可归纳于 MWSR 模式。该文献中构造了决策性可搜索加密方案,使用到哈希函数这类简单密码学技术。该方案能够保留明文的长度,在带宽有限时,短密文结构更高效。为了提高方案效率,在安全性方面有所降低,该方案容易受到字典攻击,即攻击者可以直接对加密索引进行攻击。

传统的公钥密码算法对明文加密以后,从密文中很难发现明文的结构,因为经过公钥密码加密的文本在加密后会呈现一种随机状态。对于无法获取私钥的攻击者,这些密文完全是随机的,这是传统公钥密码算法安全保证的基础,即可以抵抗选择明文攻击与选择密文攻击。ASE 涉及更复杂的技术,如有限域、高指数等需要大量计算的算法,已有的大多数非对称可搜索加密方案还需要用到椭圆曲线上的双线性对计算,这相比哈希函数和块密码的加密方式,速度更慢,计算代价更高。在非对称可搜索加密的典型应用方案中,由于数据不能存储在高效的数据结构中,所以存储效率较低。

ASE 方案的安全保证实际上比 SSE 更弱,对 ASE 进行多次搜索之后,服务器可以通过对用户搜索模式做一些假设猜测出所搜索的关键字,由此推断某份文档包含哪些关键字,这样会泄露用户有用的信息。然而,即使搜索确实泄露了信息,泄露的内容也是服务器从返回给用户的正确文件中了解到的,这些文件包含某些常见的关键字。换言之,泄露给服务器的信息不是加密原语所泄露的,而是正在使用的加密搜索方式所泄露的,即这种泄露是云存储服务所固有的。

非对称可搜索加密具有较高的实用价值,但在效率和安全方面仍存在缺陷,因此,如何提高安全性和搜索效率还是亟待解决的问题。

3.1.3　多关键字可搜索加密的研究进展

考虑下面这一场景,用户希望搜索某好友在云服务器上共享的加密邮件,该邮件的标志位为"紧急"。若将发送者与邮件标志位都作为关键字,服务器在搜索时将需要进行一些额外的操作才能返回正确结果。可搜索加密方案如果仅考虑单关键字搜索会非常低效,因此,支持联合查询、范围查询、布尔查询等复杂搜索模式的可搜索加密方案,可能得到更好的应用[14-17]。

对多关键字搜索时,用户为每个关键字生成陷门。在搜索时,则需要服务器对查询结果做复杂的计算,或者在服务器上存储额外信息,前者会泄露关键字,后者花费的存储开销几乎呈指数级数增长。已知的对称可搜索加密方案中,处理关键字的连接操作是基于椭圆曲线上的对计算,这样便和非对称可搜索加密一样,存在效率较低的问题。

2005 年,Park 等[14]首次提出支持多关键字可搜索公钥加密的方案,文献中利用决策双线性 DH 困难性问题设计了支持多关键字检索的公钥可搜索加密方案,并利用决策逆双线性 DH 构造了另一种方案。Ballard 等[15]提出的可搜索加密方案也可实现多关键字的检索,该文献中提出了两个方案:一个方案基于决策 DH 困难性问题,该方案搜索每个文件都需要计算两次求余,陷门长度与文档数目呈线性增长,且该方案要求用户预先估算搜索次数。然而,在实际应用中这是相当困难的。该文献中另一个方案基于双线性对和数学困难问题,文献中给出了方案的安全性证明,该方案的陷门大小固定,但查询单个文件都需要多次对计算,对云存储中的海量数据,计算成本太高。Park 等[14]方案的陷门长度固定,比 Ballard 等[15]所提出方案的效率要高。

2007 年,Boneh 和 Waters[4]所提出的方案也可支持多个关键字的检索,在他们的方案中,陷门大小与关键字数量呈线性增长,密文长度也较长。Boneh 和 Waters[4]也分析了多关键字可搜索公钥加密方案的安全性,给出了 Park 等[14]方案的安全性进行攻击的方法,该方案中关键字的加密索引比较短,而且占用的存储开销比较少。文献中最后将多关键字可搜索加密扩展到了多用户环境下,并对其安全性进行了定义。

3.1.4　多用户可搜索加密的研究进展

将可搜索加密方案限制于单用户环境下,仅允许写入数据的用户执行检索操作是非常不实际的。数据共享在信息技术领域已经不可缺少,因此,对多用户可搜索加密方案进行研究有着十分重要的意义。公钥加密方案的应用场景更多是基于多用户的,可以将这种可搜索加密方案看成多用户之间信息的安全共享[17-22]。

2006 年,Curtmola 等[23]首次提出多用户加密信息共享的概念,他们构造的多用户方案是直接将单用户方案扩展到多用户环境下,文献中通过在所有用户之间共享密钥的方式实现多用户搜索。该方案中陷门长度与关键字所在文件的数目呈线性关系,在海量数据存储时,陷门增长速度很快。该方案中,用户撤销是基于广播加密的方式,是一种对称加密模式,因此,一旦有用户的密钥丢失或泄露,就意味着其他用户的查询密钥也泄露了。当新用户注册或老用户注销时,需要重新计算广播加密,修改用于加密的参数,保证新注册的用户具有相关的检索权限,而撤销的用户无法进行有效操作。这种方案中,单个用户的注册或注销会影响同组的所有其他用户,若系统注册用户量很大或用户权限不固定,整个系统需要在管理权限上耗费极大的开销。因此,直接将单用户方案扩展来实现多用户检索是很不明智的。Curtmola 方案的安全性也不高,广播加密模式中所有用户都使用数据拥有者的密钥进行查询,这也意味着难以判定是由谁发起该查询的,系统收费或警务人员要求提取证据时这种方案就不够智能化。此外,该方案虽然支持多个用户的搜索操作,但仅允许单用户向数据库中写入,而实际应用要求数据库支持多个用户的写入和搜索操作,即多写多读(many writer many reader,MWMR)的模式[17,18,20-22]。

2004 年,Brinkman 等[21]提出的方案允许一组用户向加密数据库中写入记录,每个用户拥有不同私钥,用户无需共享私钥,组中的每个人都可以向数据库中插入加密数据。用户权限回收无需重新分发密钥,无需更新加密数据库的索引,撤销的用户也无法对数据库执行搜索操作,即撤销过程对组中的非撤销用户是透明的。方案支持用户动态注册,不会影响其余用户。该方案具有查询不可伪造性,除非用户的私钥泄露,否则不诚实的用户和服务器无法代表其他用户产生合法有效的查询。文献中构造的多用户方案基于双线性短签名,方案的加密和检索过程都用到了辅助密钥,该密钥存储在服务器上。因此,在该方案中,组中的用户在非信任的数据库服务器帮助下,可以搜索包含所选择关键字的所有记录,毫无疑问,该方案也不太安全。该方案中存在的问题有:第一,用户使用管理员产生的私钥加密记录,辅助密钥用于查询,但该密钥被服务器所知,因此这两个密钥都没有得到保护;第二,由于管理员和服务器必须分别维护用户的密钥列表,所以该方案必须负担额外的存储和计算开销;第三,索引的生成和写入操作需要在用户和服务器之间交互,即服务器的存储开销和计算费用都会增加。若用方案的复杂性评估效率,用敌手隐藏明文和关键字的能力来评估方案的安全性,则该方案的安全和效率方面都无法完全达到。

2007年，Hwang和Lee[22]将多用户与多关键字相结合提出了新的方案，文中引入了多用户多关键字可搜索加密的概念，该方案指出了之前多关键字方案的缺陷。方案中指出若将关键字的连接操作交由服务器执行，会泄露单个关键字的信息，而存储元数据则需要指数级的存储空间，且搜索时间与关键字的数目成正比。因此，该方案为了减少服务器和用户的存储费用，首先构造了简单得多关键字可搜索加密，方案中所构造的密文非常短，且基于双线性映射操作，而不是双线性对操作，因此降低了计算量，提高了计算效率。由于仅需用户存储私钥，也减少了服务器和用户的存储费用。该文献中也为多用户提供了有效的检索方案，在随机预言模型下基于决策线性DH假设证明了多用户多关键字可搜索加密方案在特定应用下的安全性。若将该方案应用于加密文件共享系统中，用户信息的安全性可以得到保证，并且服务器和用户的存储空间能达到最优，即该方案的计算成本少，并且传输费用低。

3.1.5 结构化可搜索加密的研究进展

加密算法通过隐藏与明文相关的信息来保证数据的机密性，由于数据经过加密后很难保持原有结构，这也是加密数据能保密的重要原因之一。然而，这种方式会使具有某种结构特征的数据在加密后难以被检索，数据的可用性大大降低，即用户失去了便捷操作数据的能力。在某些环境下，用户可能更希望加密方案能够允许自己执行特殊操作。

若能在保证数据安全的情况下保持原有信息的结构，这种加密会更实用，搜索的效率也会提高。举个简单例子，在远程存储环境下，数据拥有者希望将结构化数据存储在不受信任的服务器上，如存放许多Web页面，而在本地仅仅保留了少量的相关信息，通常为一些常量值，为了保证数据的机密性，数据拥有者会对数据加密。但是，这种方法往往令人非常失望，因为加密的数据失去其原有的结构，用户也失去了有效查询的能力。

在前面的可搜索加密方案中，只考虑了对文本数据的加密搜索。而在现实应用中，用户可能存储得更多的是结构化的数据，如HTML页面、XML文件、具有图结构或者网状结构的数据（如朋友网中用户之间的关系列表）。当用户将具有某些结构特征的数据存储在云服务器上时，也需要加密。这就使得通常针对文本的加密方式无法满足需求，因为文本加密会破坏数据之间的结构化特征。上述方案虽然在逐步改进，但是仍旧不能很好地满足结构化数据的检索。

在2005年，Ballard等[15]的研究把关注点转向了非文本数据[15,24]，确实，许多大规模的数据集，如图片集合、社交网络数据、位置信息地图等都属于非文本数据，因此，迫切地需要使用可搜索加密来处理结构数据。

2005 年,Ballard 等考虑了这一问题,他们所提出的方案中用户可以用私钥生成特定的查询陷门来检索加密的结构化数据,查询过程不会泄露用户信息。文献中利用多项式来表示 XML 结构类型的数据,既对数据内容加密,保证了数据的安全性,也能够在某种程度上保持数据的结构特性。然而,文中所提出的方案需要数据拥有者存储一些原始数据,这就使得用户数据的外包不够彻底。

2010 年,Chase 等[24]明确地提出了结构化加密的概念,结构加密应该允许用户对数据加密,而不失去有效检索的能力。文中的方案可以加密结构数据(如 Web 中的图,或者社交网络的数据),用户能够有效地查询并保护自己的隐私。文献中扩展了基于索引的对称可搜索加密到复杂结构化数据的加密,并且给出了对二维矩阵、标签数据、图等一些常见数据的结构加密方案。方案中将这些数据分解为文本内容与文本结构,然后分别进行加密,并将加密的数据存储在第三方服务器上。这些方案使用了随机置换、伪随机函数等对称加密算法,方案的效率较高。该文献中,首先,提出对两种简单的结构数据类型执行检索操作的方案,即对矩阵结构数据的查询和标签数据的搜索,如给出矩阵的坐标、返回存储在该坐标的值,或者给定标签项集合和关键字,查找包含该关键字的标签;然后,该文献为图结构数据的加密构造了有效的方案,如允许对图结构加密数据的邻接点查询,给定一个图和某节点,返回该节点的所有邻接点,或者对图结构加密数据的邻接边查询,给定一个图和节点,返回该节点的所有邻接边;最后,文献中考虑了一种复杂的标签图数据,如 Web 图,分析了如何对这种结构的数据加密,为了查询 Web 图的某个子图,用到了几种 Web 搜索算法。方案的结构基于标签数据和基本的图加密方案,将基本图加密方案与几种简单的算法结合,对更复杂查询生成有效的方案。文献中还对可搜索对称加密方案进行了总结,应用于对结构数据的加密中,并使方案应用于云存储环境下。文献中还扩展了适应性的安全性定义到结构化加密的环境下,为各种结构数据构造了适应性安全的结构加密方案,并对结构加密数据的安全性给出了详细定义。

Chase 等[24]还引入了另一个应用,即可控的暴露。在这类应用中,数据拥有者仅希望将大量数据集中的一部分的访问权限授予其他人。这种应用中,用户将数据存放在远程服务器上,希望服务器对某些数据执行计算,为了让服务器能够为自己执行任务,用户实际上愿意泄露一些信息,但也不想服务器知道太多的信息。例如,用户将大规模的社交网络数据存储在远程服务器上,需要服务器返回网络中符合某种条件的部分数据,类似于图结构中的子图查询。若社交网络使用的是经典的可搜索加密方案,用户需要泄露整个网络。但用户此时的需求是数据加密后,暴露一部分数据给服务器,让其为自己处理搜索请求。数据需要在大量的数据集上执行,需要安全的解决方案,是一种对安全、效率和实用性三者之间折中的处理机制。

结构化加密数据用到了安全两方计算、全同态加密等技术。Ballard 等的方案是非交互性的,也是最优的。最坏情况下,查询时间与数据项的数量呈线性关系。然而,Ballard 等的文献中所提到的数据类型只是很少的一部分,而且这个方案不支持用户修改存放在第三方服务器上的加密数据。因此,结构化数据的加密搜索仍需大力研究。

对于结构化加密数据的主要问题是服务器执行查询操作的效率,实际上,云存储环境下所处理的是大量数据集,即使搜索操作时间的增长为线性,方案的可行性也不是很高。

3.2　对称可搜索加密

对称可搜索加密机制是指一些基于对称密码学算法的 SE 机制,主要使用一些伪随机函数生成器、伪随机数生成器、哈希算法和对称密码算法构建而成,适合于单用户创建数据,单用户使用或者与多用户共享密钥的应用场景。当用户需要搜索某个关键字时,可以对该关键字进行随机化处理生成搜索凭证,然后服务器端对搜索凭证按照方案所预设的计算方式进行关键字的匹配,如果计算结果符合特定格式,说明该文件包含要检索的关键字。最后,云端服务器将所有符合特定格式的密文发给用户,用户只需要对返回的文件进行解密即可。

密文的检索通常有两种方法,即基于安全索引的方法和基于密文扫描的方法,第一种方法是对密文关键词建立安全索引,对安全索引进行检索以确定待检索的关键词是否存在,进而确定数据是否应该被返回给用户;第二种方法是通过对密文中的每个词进行比对以确定待检索的关键词是否存在于密文中。

图 3.2 为典型的可搜索加密框架:用户可能是一个人或者多个人,首先用户把文档进行预处理如建立索引,此时文档用公认的对称加密算法进行加密,而索引用可搜索加密技术进行加密。加密之后的密文分为两部分:加密的索引 I 和加密的文档 F。然后密文上传到服务器,当需要搜索时,用户根据私钥生成一个陷门 T_w,利用该陷门信息,服务器即可以对服务器中存储的保密数据进行关键词搜索操作。

3.2.1　基于为随机数的可搜索加密方案

2000 年,Song 等[1]使用流密码,利用伪随机函数、伪随机置换等快速的函数构造了两种设计方案:一种是使用类似流密码的方法进行加密,通过线性扫描来查找特定关键词;另外一种是建立索引。

本节介绍基于 Song 等基于线性扫描设计的方案。

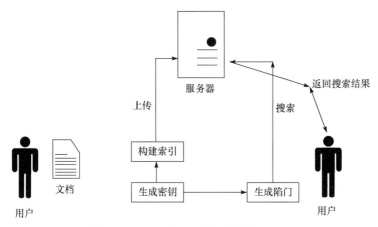

图 3.2　基于安全索引的可搜索加密框架

用户的预备计算工作。首先,将待加密的文本内容拆分成以空格隔开的单词,然后用对称加密算法对每个单词 W_i 进行加密。$E(W_i)$ 分为两部分 $<L_i, R_i>$,L_i 表示前 $n-m$ 比特,R_i 表示后 m 比特。第二步,利用伪随机发生器 G 生成 L 个 $n-m$ 比特的随机值 $S_1, S_2, \cdots, S_L$。第三步,利用 L_i 来产生伪随机函数 F 的密钥 $K_i = f_{k'}(L_i)k'$ 是用户选的随机数。第四步,使用 G 生成 $n-m$ 比特随机值 S_i,使用 $F_{K_i}(S_i)$ 生成后 m 比特的随机值。第五步,令 $T_i = <S_i, F_{K_i}(S_i)>$,计算出密文 $C_i = X_i \oplus T_i, X_i = E(W_i)$。对整个文档加密完毕后,发送给云存储服务器。

搜索过程。如果用户希望服务器能对关键词 W_i 进行搜索,那么只需要把 X_i 和 K_i 发送给服务器。服务器便可以使用 X_i 与密文异或得到 S_i,并使用 K_i 和 S_i,利用伪随机函数 F 检查结果的后 m 比特是否相同,若相同,则表明文档包含所搜索的关键词;否则,和下一个密文进行计算。直至结束,将检索到的所有带关键词的加密文档发给用户。

解密过程。当需要对密文进行解密时,用户可以使用伪随机生成器产生 S_i,然后将 S_i 与 C_i 的前 $n-m$ 比特进行异或操作,如此便可恢复出前 $n-m$ 比特 L_i。用户可通过 L_i 来计算出 K_i,由 K_i 可计算出后 m 比特 $F_{K_i}(S_i)$,可以得到 $T_i = <S_i, F_{K_i}(S_i)>$,于是就能恢复整个密文。

基于线性扫描的最终方案框架如图 3.3 所示。

方案的安全性简析。因为 W_i 经过预加密,两个 W_i 有相同的 L_i 概率就可忽略不计。事实上,假设 E 是伪随机置换排列,那么基于生日悖论,在加密一个词后,至少发生一次碰撞的概率最多为 $l(l-1)/2^{(n-m+1)}$。

方案存在的缺陷。云端服务器需要对每个文件的内容进行扫描,看密文内容是否存在与所需的关键字的密文形式相匹配的内容。计算开销与文件的大小呈线性关系,在大数据的情况下,这种方法的效率不高;同时,服务器可以根据统计攻击的方法获得一些额外信息。

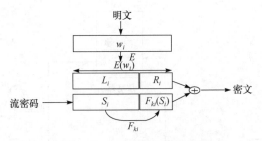

图 3.3　Song 方案的 SSE 框架图

3.2.2　基于布隆过滤器的可搜索加密方案

安全索引的概念由 Goh 在 2003 年[2]提出,实现对海量密文数据的搜索。这种搜索机制建立在布隆过滤器(Bloom filter,BF)之上。

基本思路。布隆过滤器用 r 个哈希函数 h 来计算 n 个文件的标志位。$h_i : \{0, 1\}^* \rightarrow [1, m]$。对每个文件 $s \in S$,计算 $h_1(s), \cdots, h_r(s)$ 的值,并让 $h_1(s), \cdots, h_r(s)$ 位置的值设为 1。一个位置可以多次被设为 1,但只有第一次有效。检索元素 a 是否属于 S,首先计算 $h_1(a), \cdots, h_r(a)$,如果所计算的 r 个标志位都为 1,则说明元素 a 可能属于集合 S。

在此方案中,在文件加密之前,需要对文件中的关键字使用私钥加密,再使用哈希函数映射到过滤器之上并记录,最后,将映射后的过滤器和文件的密文上传到服务器中。当用户需要进行密文搜索时,需要将关键字的密文发送给云端服务器,再由云端服务器使用每个文件的哈希函数进行关键字到过滤器的映射。如果映射到的位置之前都有记录的痕迹,则说明这个关键字有很大的概率是在该文件中,最后,云端服务器将得到的匹配文件发给用户。采用布隆过滤器技术的优势在于使得攻击者很难通过解密的方式从索引获知关键字的明文信息。Goh 的方案对于"非自适应选择关键字攻击"是语义安全的(IND-CKA),即若一个索引是 IND-CKA 安全的,表示两个大小相等的加密文档的索引应该看起来有着相同数目的关键字。Goh 方案的安全性已经足够抵御 CKA 攻击,加上布隆过滤器使得搜索效率更高,再配合伪随机函数(pseudo-random functions,PRF)生成了它的最终方案 Z-IDX。

Z-IDX 方案主要包括以下 4 个算法。

密钥生成算法:KeyGen(s)→(K_{priv})。给定一个安全参数 s,选择一个伪随机函数 $f : \{0, 1\}^n \times \{0, 1\}^s \rightarrow \{0, 1\}^s$,生成主密钥 $K_{priv} = (k_1, \cdots, k_r) \leftarrow \{0, 1\}^{sr}$。

陷门生成算法:Trapdoor(K_{priv}, w)→(T_w)。输入主密钥 K_{priv} 和单词 w 的查询单射函数 $T_w = (f(w, k_1), \cdots, f(w, k_r)) \in \{0, 1\}^{sr}$。

索引生成算法:BuildIndex(D, K_{priv})。输入由唯一标识符 $D_{id} \in \{0, 1\}^n$ 及单词 $(w_0, \cdots, w_t) \in \{0, 1\}^{mt}$ 组成的文档 D 和 $K_{priv} = (k_1, \cdots, k_r) \leftarrow \{0, 1\}^{sr}$。

对每一个唯一单词 w_i, $i \in [0,t]$,计算 $T_w = (f(w_i, k_1), \cdots, f(w_i, k_r)) \in \{0, 1\}^{sr}$, w_i 在 D_{id} 中的 codeword 为 $(y_1 = f(D_{id}, x_1), \cdots, y_r = f(D_{id}, x_r)) \in \{0, 1\}^{sr}$。

将 $y_1, \cdots, y_r$ 插入文档 D_{id} 的布隆过滤器中。

计算文档 D 中的单词数上限值 u。例如, u 的极值可以假定为文档 D 中字节的个数(加密后)。

令 v 表示在 $(w_0, \cdots, w_t)$ 单词集合中所有出现的单词数目(重复出现的只记一次),然后将 $(u-v)r$ 个 1 均匀随机地插入布隆过滤器内。这相当于在索引中加入 $u-v$ 个随机单词,且不需要进行任何伪随机函数计算。

输出 D_{id} 的索引 $\mathrm{ID}_{id} = (D_{id}, \mathrm{BF})$。

搜索索引算法:SearchIndex$(T_w, \mathrm{ID}_{id}) \rightarrow (\mathrm{codeword})$。输入单词 w 的查询单射函数 $T_w = (x_1, \cdots, x_r) \in \{0, 1\}^{sr}$ 和文档 D_{id} 的索引 $\mathrm{ID}_{id} = (D_{id}, \mathrm{BF})$。

计算 D_{id} 内 w_i 的 codeword: $(y_1 = f(D_{id}, x_1), \cdots, y_r = f(D_{id}, x_r)) \in \{0, 1\}^{sr}$。

检测 $y_1, \cdots, y_r$ 所表示的 r 个位置在 BF 内是否全为 1。如果全为 1,输出 1;否则,输出 0。

方案的不足。布隆过滤器虽然高效,却存在一定的正向误检(positive false),如图 3.4 所示。

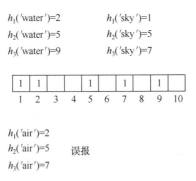

图 3.4 布隆过滤器的正向误检

因为布隆过滤器存在这种正向误检概率,所以 Goh 的方案不适用于"零错误"情况。于是 Chang 等提出了 IND2-CKA 方案:没有引入公钥加密体系,只用到了启发式伪随机函数。该方案不但可以避免 Goh 方案的正向误检情况,而且抗选择关键字攻击能力也比 Goh 方案强,可以抗"自适应选择关键字攻击",即使攻击者知道以前的搜索信息也无法获知查询函数。

3.2.3 基于字典的可搜索加密方案

Chang 等在 2005 年利用关键字索引的概念构造了对远程加密数据隐私保护的搜索方案,该方案中,用伪随机位表示基于字典的关键字索引,用户生成短的种子来帮助服务器恢复所选择的部分索引,而索引的其他部分仍为随机的。方案需占用少量带宽和存储空间,由于索引部分的加密与文件内容的加密是独立的,所以该方案也适用于压缩文件和多媒体文件。Chang 考虑了两种应用场景,分别是当用户拥有足够的空间存储生成关键字的字典以及当用户所拥有的存储空间无法存放字典的情况,所谓的字典就是用来表示所含关键字的 d 的二元组合 (i,w_i),其中 $i \in 2^d$,d 为安全常数。在第一种情况中,用户需要为每个文件建立二进制位串索引,并使用伪随机函数将该文件包含的每个关键字的 id 使用伪随机置换函数进行置换,并将置换结果所在的位置置"1",并使用另一个随机位串进行异或运算,隐藏其中每一位的值。

第一种情况:让字典能够存储在用户的移动设备上。

伪随机函数:$F_k(x):\{0,1\}^d \rightarrow \{0,1\}^t$;$G_k(x):[n] \rightarrow \{0,1\}^t$。

伪随机置换:$P_k(x):\{0,1\}^d \rightarrow \{0,1\}^d$。

字典为二元组合 (i,w_i),其中 $i \in 2^d$。

用户首先随机选择 $s,r \in \{0,1\}^t$,然后为每个文件 m_j 建立一个 2^d 位的索引 I_j。如果 m_j 含有关键字 w_i,那么在索引 I_j 中,$I_j[P_s(i)]$ 设置为 1,否则 $I_j[P_s(i)]$ 为 0。

加密索引:用户先计算出 $r_i = F_r(i)$,对每个文件的索引 I_j,计算加密索引 M_j:$M_j[i] = I_j[i] \oplus G_{r_i}(j)$;$s,r \in \{0,1\}^t$ 为用户的私钥,用户把加密的索引和密文上传到服务器 S。

查询:用户要查询含有关键字 w_λ 的文件,发送 $\text{Trapdoor} = (p,f) = ((P_s(\lambda), F_r(p))$ 给服务器 S;服务器 S 计算 $I_j[p] = M_j[p] \oplus G_f(j)$,如果 $I_j[p] = 1$,则说明文件 m_j 含有关键字 w_λ。

第二种情况:在第二种情况中,用户将字典用伪随机置换函数随机化后存储在服务器端。当需要进行关键字的搜索时,则需要与服务器端进行两轮的交互,第一轮是从服务器中取出想要搜索关键字的二进制串表示,第二轮则是计算出关键字的陷门并发给服务器端。

3.2.4　多关键字可搜索加密方案

由于支持单个关键字的 SE 机制只允许用户一次只能查询一个关键字,这和实际生活中人们的需求相悖。对于多个关键词与/或关系(conjunctive/disjunctive)的可搜索加密方案,以前的解决方案都是通过两种方式来解决多个关键词与/或关系搜索。①可以通过对检索结果集合做交集得到相应结果,这样会暴露某个文档关键词的信息。②为所有关键词的所有可能的与关系组合(conjunctive keyword)建立索引(meta-keyword),这样的组合最多可能有 2^n 个(n 是关键词的数量),这种解决方案的存储代价太大。Golle[6] 在 2004 年提出了支持多个关键词与或关系的可搜索加密方案,这种方案给每篇文档建立 capability,这个 capability 可以用来验证每个关系。

方案思想:该方案分为 4 个流程,分别为系统参数和密钥产生、加密文档、生成capability、用 capability 来验证。在这一方案中,每个文件都有固定数量的关键字域,每个域中都有特定的关键字来表征这些文件的特性。例如,在邮件中具有关键字域"主题、发送方、接收方",而在"主题"域中可能具有关键字"会议"等。第一种方案能够达到固定的在线网络开销,所谓固定指的是用户数据所有者进行在线交互的网络开销依赖于每个文件中的关键字域数量,在这个方案中,用户需要发送两个部分的搜索凭证:第一部分可以在高速网络中离线发送到服务器端,称为"原型凭证(proto-capability)",其大小与存储在服务器端的文件数量线性相关;第二部分称为"查询部分(query-part)",需要用户与数据所有者进行在线交互而得到。当用户将查询部分发给服务器端时,服务器端会将其与原型凭证整合成完整的搜索凭证,并进行搜索。该机制的安全性建立在 DDH 问题的复杂性之上。

方案步骤如下。

(1) 系统参数和密钥产生:系统参数 $\rho=(G,g,f(\cdot,\cdot),h(\cdot))\leftarrow$Param$(1)^k$,其中 g 为 G 的生成元;$f:\{0,1\}^k\times\{0,1\}^*\rightarrow Z_q^*$;$h$ 是哈希函数;密钥产生 $K\in\{0,1\}^k\leftarrow$KeyGen。

(2) 加密文档 Enc(ρ,K,D_i):文件 $D_i=(W_{i,1},\cdots,W_{i,m})$代表文件 i 含有的关键字集合。$V_{i,j}=f_K(W_{i,j})$,a_i是在 Z_q^* 选的随机数。

$$\text{Enc}(\rho,K,D_i)=(g^{a_i},g^{a_iV_{i,1}},g^{a_iV_{i,2}}\cdots,g^{a_iV_{i,m}})$$

(3) 生成 capability:Cap$=$GenCap$(\rho,K,j_1,\cdots,j_t,W_{j_1},W_{j_t})$。这是原型凭证(proto-capability),在网络中离线发送到服务器端。s 是在 Z_q^* 选的随机数。原型凭证表示为

$$Q=(h(g^{a_1s}),h(g^{a_2s}),\cdots,h(g^{a_ns}))$$

原型凭证和文件的个数呈线性关系。

用户的查询部分为 $C=s+\sum_{w=1}^{t}f_K(W_{j_w})$。

(4) 用 capability 来验证。服务器计算 $R_i=g^{a_i^C}\cdot g^{-a_i(\sum_{w=1}^{t}V_{i,j_w})}$。如果 $h(R_i)=h(g^{a_is})$,返回 true,否则返回 false。之后返回所有满足条件的文件 D_i。

Golle 多关键字查询如图 3.5 所示。

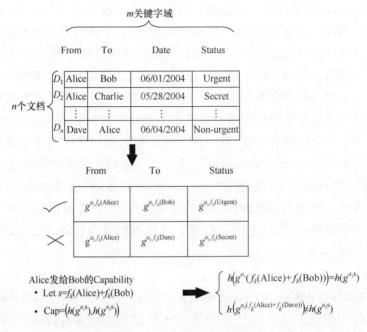

图 3.5　Golle 多关键字查询

3.2.5　Curtmola 的两个可搜索加密安全方案

2006 年,Curtmola[23]分析了之前的安全性定义的漏洞,由之前的方案提出了适应性的不可区分性安全性定义、适应性的基于模拟的安全性定义,设计出两种方案 SSE-1 和 SSE-2。

在具有代表性的非自适应的 SSE 方案 SSE-1 的实现中,用户的文档集合 D 中的所有文档都是使用对称加密方案加密的,其索引 I 主要由以下两个数据结构组成:数组 A、查找表 T。

数组 A:令 $D(w)$ 表示包含关键词 w 的所有文档的 ID 的一个列表。该数据中保存了所有关键词的 $D(w)$ 的加密形式。

查找表 T:用于查找任意关键词 w 对应的文档列表在数组 A 中的位置。

该方案中索引的构建过程如下。

首先,初始时系统对文档集合内的所有文档进行分词,抽取了所有唯一关键词 $w_i(1 \leqslant i \leqslant |\Delta'|$,$|\Delta'|$ 为文档集合去重之后关键词的个数,Δ' 为去重之后的关键字集合),并建立了一系列的链表 L_i。链表 L_i 中存储了包含关键词 w_i 的所有文档的 ID。把 L_i 的所有元素存储到数组 A 中,对存储位置随机做一个置换,并使用随机生成的密钥进行加密。未加密时,L_i 的第 j 个元素包含了 L_i 中下一个元素在 A 中的位置和解密该元素的密钥。因此,只需要提供某个链表 L_i 的第一个元素在 A 中的

位置和解密密钥,服务器即可解密整个链表 L_i。

　　然后,建立一个查找表 T,用于查找链表 L_i 的头节点的位置并将其解密。T 中每项元素代表一个关键词 w,T 的元素组成为<地址,值>的形式。其中"值"被一个伪随机函数生成的密钥加密,它包含了 L_i 的头节点在 A 中的位置和解密密钥。而"地址"则仅用于查找 T 中元素的位置,显然,T 使用的是间接寻址(indirect addressing)的方式。

　　SSE-1 方案的搜索与解密:索引建立完成后,用户把它和加密的文档一起发送给服务器。当用户想要搜索关键词 w_i 时,首先计算出它在 T 中对应的位置的解密密钥,然后发送给服务器。服务器则利用该密钥解密 T 中对应的元素,获取了 A 中的头节点位置和解密密钥,接下来服务器可以解密整个链表,并返回所有对应的 ID。SSE-1 对每次询问仅仅需要一轮交互和常数级别的通信代价,显然是非常高效的。在安全性方面,SSE-1 属于非自适应性安全的方案。

　　SSE-2 方案介绍:在 SSE-2 方案中,不用链表 L_i 存放包含关键字 w_i 的所有文件的 ID,而是用 family 来表示含有关键字 w_i 的所有文件。$F_w = \{w \parallel j\}$,例如,关键字 coin 存在于三个文件中,$F_w = \{\text{coin1}, \text{coin2}, \text{coin3}\}$。然后,建立一个二元关系查找表 T,T 的元素组成为<地址,值>。地址是由伪随机置换函数计算的,而值就是指文件的 ID。

　　π 为伪随机置换:$\pi: \{0,1\}^k \times \{0,1\}^p \rightarrow \{0,1\}^p$。

　　查找表 T 格式为:$T[\pi_s(w_i \parallel j)] = \text{value}, \text{value} = \text{id}(D_{i,j})$,$\text{id}(D_{i,j})$ 是含有关键字 W_i 的组合 $D(W_i)$ 中第 j 个文件的 ID。

　　Trapdoor(w):$T_w = (T_{w1}, T_{w2}, \cdots, T_{w\max}) = (\pi_s(w \parallel 1), \cdots, \pi_s(w \parallel \max)$,$\max$ 为含有关键字的最多文件的个数。

　　Search(I, T_w):文件的 id$= T[T_{wi}]$。

　　SSE-2 方案是自适应的 SSE 安全方案。用户的存储和计算开销都是 $O(1)$,服务器的开销是 $O(|D(W)|)$,$|D(W)|$ 是含有关键字 W 的文件的个数。

3.2.6　支持动态更新的 Kamara 方案

　　已有的 SSE 方案几乎都是搜索静态存储的数据,Kamara[25]等在 2012 年正式提出了动态 SSE 的概念,该方案解决了目前所有 SSE 方案都不能同时满足的 3 个重要性质:搜索时间要尽可能地短;能够抗自适应选择关键字攻击;能够对索引进行动态的更新,即能够高效地增加和删除文件。该方案基于倒排索引的数据结构,是 SSE-1 的扩展。该方案根据倒排索引分别生成搜索表 T_s、删除表 T_d、搜索数组 A_s 和删除数组 A_d。搜索和删除数组里的每一位存储的是一对值,分别表示关键字和关键字对应的文档编号,在搜索数组里,根据倒排索引生成对应的指针,将出现相同关键字的文档连接起来,在删除数组里,根据正排索引将所有相同编号的文档用指针连接起来。数组里的指针用伪随机函数进行了加密。搜索表存储的是各关键字在 A_s 中的起始位置,删除表存储的是各文档在 A_d 中的起始位置,同样用伪随机函数(与加密指针的不同)进行了加密。查找时,先从 T_s 中解密得到关键字 w 在 A_s 里的起始位置,然后到 A_s 中根据指针指向,把对应的所有包含关键字 w 的文档搜索出来。增加新文档时,先在 A_s 中找到空闲位,将新的对值放入空闲位,并生成新的指针指向包含相同关键字的文档。删除文档 F 时,先从 T_d 中找到 F 在 A_d 中的起始位置,然后从起始位置开始将指针连接的相同编号 F 的位置置"0",然后在 A_s 中将包含 F 的对应位置设置为"free",并且重新调整 A_s 中的指针指向。

3.2.7　基于 kNN 计算的可搜索加密方案

2009 年,Wong[26]等提出了一种在加密数据库上实现安全 kNN 计算的方案,非对称标量积加密方案(asymmetric scalar-product-preserving, ASPE),支持对加密数据库进行 kNN(k-nearest neighbor)查询计算。kNN 查询基于特征的相似搜索,是数据库管理系统中代表性的查询方式之一,它将 k 个与查询点最接近的对象作为查询结果返回。采用保距变换(distance-preserving transformation, DPT)的方法来加密数据,加密之后的数据和加密之前的数据距离一样,这样就能进行 kNN 查询。但是,因为保距变换不能对抗统计攻击和已知密文和一些明文的攻击,所以在这里采用一种非对称标量积加密方案,是一种距离不可恢复加密方案。在此方案中,只需比较出 p_1 和 p_2 哪个离 q 点的距离较近,就能实现 kNN 查询。p_1 和 p_2 为 d 维的文件向量。即如果文件 F 含有 w_1, w_2, w_3,那么文件 F 的文件向量就为 $(1,1,1,0,0,\cdots)^\mathrm{T}$;$q$ 为查询向量,即如果要查询 w_1, w_2, w_3,查询向量为 $(1,1,1,0,0,\cdots)^\mathrm{T}$。

非对称标量积加密方案基本步骤如下。

(1) 产生一个可逆的矩阵 M, M 为 $d \times d$ 的矩阵。

(2) 加密文件向量 $p: p' = E_T(p, K) = M^\mathrm{T} p$。

(3) 加密查询向量 $q: q' = E_Q(p, K) = M^{-1} q$。

可以验证:$p'^\mathrm{T} q' = p^\mathrm{T} M M^{-1} q = p^\mathrm{T} q$。

在 kNN 算法中,数据库记录 p,和查询向量 q 的欧几里得距离用来进行相似性排序。在 Wong 的设计方案中,为了进行安全的计算,需要建立安全密钥。安全密钥由一个分裂向量 S 和两个可逆矩阵 $\{M_1, M_2\}$ 组成,其中 S 是 $(d+1)$ 维,M_1 和 M_2 是 $d \times d$ 维矩阵, d 是 p_i 中的域数目。

Wong 方案的具体步骤如下。

首先,将记录向量 p_i 和查询向量 q 扩展为 $(d+1)$ 维,记为 P_i 和 Q,其中第 $(d+1)$ 维域值相应地设为 $-0.5 \parallel p_i \parallel^2$ 和 1。并且,需要将查询向量 Q 乘以一个随机数 r,最终表示为 (rq, r)。

其次,使用分裂函数 S 将 P_i 和 Q 分裂为随机向量 $\{P_{i1}, P_{i2}\}$ 和 $\{Q_1, Q_2\}$。

分裂器 S 的说明:如果在 S 向量中第 j 位为 0,那么 $P_{i1}[j]$ 和 $P_{i2}[j]$ 的值与 P_i 的一样,而 Q_1 和 Q_2 的值需要被设为两个随机数,这两个数的和与 Q 相等;如果第 j 位是 1,那么分裂过程与上述过程相似,只是对 P_i 和 Q 的操作调换顺序。分裂后的向量 $\{P_{i1}, P_{i2}\}$ 最终被加密为 $\{M_1^{\mathrm{T}} P_{i1}, M_2^{\mathrm{T}} P_{i2}\}$;查询向量被加密为 $\{M_1^{-1} Q_1, M_2^{-1} Q_2\}$。

在查询阶段,数据向量与查询向量的积,即 $-0.5r(\|p_i\|^2 - 2p_i \cdot q)$,能查出与向量最近的点。如果不知道安全密钥,那么在对数据向量和查询向量进行上述一系列步骤后,就不能通过对密文的分析将它们还原出来。

3.2.8　top-*k* 问题讨论

目前密文搜索着重关注的都是单一关键字或 Boolean 关键字的搜索,很少涉及对密文搜索结果进行有效排序,因此返回的无差别的密文搜索结果质量不高,用户仍需要在大量的搜索结果中再次进行搜索,找出自己想要的内容。而基于安全排序多关键字搜索可以更精确且更有效、快速地找到用户需要搜索的内容,因此现实中用户更倾向于使用多个关键字而不是单一关键字进行搜索。Wang 等已经注意到了安全排序多关键字的密文搜索问题,他们利用词频信息能够将最符合搜索要求的而不是无差别的结果返回给用户,但是仍然只给出了在密文中基于单一关键字的安全排序搜索的解决方法。Cao 等进一步提出了云计算环境中对于密文的基于隐私保护的多关键字排序搜索的一种解决方法。首先用"坐标匹配"方法在搜索关键字与文档之间建立联系,接下来用"内积相似性"来计算每个文档与搜索关键字之间的相似权重,最后用"k 近邻"算法对相关度进行排序,将排名靠前的 k 个搜索结果返回给用户。

2011 年,Cao 等[27]提出了一种多关键字安全排序的方案,能够让服务器对用户所请求搜索的多个关键字,根据每个文件对于所请求关键字的得分排序,并将排名最高的 k 个文件返回给用户,服务器端将无法获得用户搜索的关键字信息、文件是否包含某个关键字信息以及最后每个文件的得分信息。其核心思想是:采用 kNN 的思想,首先生成两个二进制位串,分别称为文件的数据向量(data vector)和用户的查询向量(query vector)。这两个向量中的每个位都分别与关键字进行一一对应,并以该位的值来表示该文件以及用户的查询请求是否包含某个关键字,然后使用两个互逆的矩阵分别对这两个位串加密,保证文件包含关键字的信息和用户查询语句对云端服务器不可见。在计算得分的时候,还需要对两个位串的乘积通过加入随机数来进行随机化处理。这种方法与前面的连接关键字搜索的不同之处在于:普通的连接关键字搜索是返回的文件需要保证包含每个域上的关键字;而在这里的多词搜索中,即使某个文件没有全部包含所请求的关键字,但只要其得分位列于前 k 中,依然可以被返回。另外,随机数的引入也导致了最终得分的不精确性,当引入随机变量的正态分布标准差 $\delta=1$ 时,最后结果的不准确度最高可达到 20%。

Cao 的方案对文件向量 D_i 扩展为 $(D_i, \varepsilon_i, 1)$,查询向量 q 扩展为 (rQ, r, t)。在给定 $T_{\tilde{w}}$ 进行查询时,服务器 S 做以下运算:$I_i \times T_{\tilde{w}} = r(D_i \times Q + \varepsilon_i) + t$。为了实现 top-$k$ 问题,运用 TF×IDF 的原理,采用公式(3.1)对文件进行打分

$$\text{Score}(F_i, Q) = \frac{1}{|F_i|} \sum_{W_j \in \tilde{w}} (1 + \ln f_{i,j}) \ln\left(1 + \frac{m}{f_j}\right) \tag{3.1}$$

所以在多关键字安全排序的方案中,其最终文件得分的计算方式为

$$\begin{aligned}
I_i \times T_{\tilde{w}} &= r(D_i \times Q + \varepsilon_i) + t \\
&= r\left(\sum_{W_j \in} \frac{1 + \ln f_{i,j}}{|F_i|} \ln\left(1 + \frac{m}{f_j}\right) + \varepsilon_i\right) + t \\
&= r(\text{Score}(F_i, Q) + \varepsilon_i) + t
\end{aligned} \tag{3.2}$$

因为引入的随机数 ε_i 服从正态分布 $N(\mu, \delta^2)$,导致了一定的误差。

3.3 公钥可搜索加密

3.3.1 公钥可搜索加密简介

对称可搜索加密只允许由持有私钥的用户对数据进行加密,也只能由持有私钥的用户对数据进行搜索,是一种单写单读的模式,相当于一个加密的个人存储系统。在数据交流频繁的现在,这种应用模式显然不能完全满足用户的需求。考虑下面的一种应用场景,医生希望将医疗数据记录存储在个人健康记录服务器端,他希望与患者共享治疗信息,若使用对称可搜索加密,医生必须与患者共享密钥。然而,密钥被共享了也意味着其他患者的隐私无法得到保护。

几乎已有公钥可搜索加密模式都可解决上述问题。在公钥可搜索加密模式下,医生的操作流程如下:首先,他使用患者的公钥对病历加密,加密时用到两种不同的算法,分别对记录的内容和关键字加密;然后,将加密的信息发送到个人健康记录服务器端。

在可搜索公钥加密模式中,任何人可以使用公钥加密数据,而仅仅相应私钥的拥有者可以生成正确的陷门,执行检索操作并解密密文,用户也可将私钥委托给受信任的人。在上面流程中,医生使用公钥加密信息,患者使用私钥搜索,服务器返回正确的文档集合。算法实施过程中,患者使用自己的私钥即可请求服务器端查询出正确的医疗记录,服务器无需解密数据即可执行搜索操作,不会泄露患者的

隐私。

公钥可搜索加密方案可看成多写单读模式,该方案对存储在远程服务器端的加密文档进行搜索,不会泄露用户隐私给无关的人。在这种模式下,任何人可以使用公钥加密数据,仅仅只有私钥拥有者能够生成正确陷门并解密密文。

使用公钥可搜索加密模式,索引的加密方式需满足两个最基本要求:首先,给定一个关键字的陷门,用户可以检索加密文件的指针,该指针指向包含关键字的文件;其次,在没有陷门的情况下,索引被隐藏;再次,陷门仅由私钥和关键字相关的信息产生,检索过程中,服务器除了能够了解某文档包含关键字,不会泄露与文件内容相关的信息给第三方。因此,非对称可搜索加密所提供的安全保证为:第一,在没有得到关键字的陷门时,服务器除了数据的长度,无法了解其他与数据内容相关的信息;第二,给定某个关键字的陷门,服务器可以查询出哪些加密文档包含该关键字。这个安全保证较弱,服务器可以通过统计对陷门的字典攻击,并指出用户正在搜索哪个关键字,然后服务器可以通过陷门进行搜索,并指出哪些文档包含该关键字。

公钥可搜索加密具有较高的实用价值,但在效率和安全方面仍存在缺陷,因此,如何提高安全性和搜索效率还是亟待解决的问题。

下面具体介绍一些公钥可搜索加密的方案。

3.3.2　基于双线性对的可搜索加密方案

2004 年,Boneh 等提出了第一个公钥可搜索加密方案[9]。文献中考虑如下场景:假设爱丽丝是一个银行经理,现在她出去度假,为了防止错过一些重要的邮件,爱丽丝随身携带了一部可以阅读邮件的手机。由于有一些邮件涉及公司的机密,所以发送给爱丽丝的邮件都是经过加密的。在度假期间,爱丽丝只希望阅读一些紧急的邮件而不是所有邮件,由于所有邮件都是经过加密的,所以爱丽丝必须给邮件服务器一些令牌以让服务器对邮件进行转发。简单地说,公钥可搜索加密提供了一种机制,这种机制允许邮件服务器根据爱丽丝所提供的陷门对邮件进行分发,但不会暴露邮件内容。Boneh 等在其方案中提出了两个公钥可搜索加密的方案。其中一个是基于身份的加密[9]构造了第一个公钥可搜索加密方案,该方案运用了双线性对技术构建了与文献[28]中的基于身份的加密安全性相等的可搜索加密方案,并基于 BDH 难题证明其方案的安全性。同时在文献中也对可搜索加密方案与基于身份加密的安全性进行了比较,并证明了他们的一致性。文献中的另一个方案是基于陷门置换的,但是该方案具有一定局限性,并且效率比较低。

在介绍具体方案之前,首先介绍 PEKS 方案中应该包含的几个实体。

数据的发送者(sender):可以是任何人,使用数据的接收者的公钥来加密数据和建立索引。

数据的接收者(receiver)：实际上是数据的拥有者，也是搜索过程的发起者。只有数据的接收者发送正确的陷门信息，服务器才能正确地进行搜索。

服务器(server)：数据的存储者，存储数据发送者发送来的数据。同时服务器还能利用数据接收者发来的关键字陷门信息，来完成搜索过程。

Boneh 等提出的公钥可搜索加密方案 PEKS 主要是由以下几个部分构成。

(1) 密钥生成函数：Keygen(p)→(pk, sk)。p 是用来挑选安全参数的质数，它决定了群 G_0 和群 G_1 的空间的大小。然后随机挑选随机数 $\alpha \in Z_q^*$ 和 G_0 的生成元 g。输出 $pk=[pk_0, pk_1]=[g, g^\alpha]$ 作为公钥，$sk=\alpha$ 作为私钥。

(2) 加密函数：PEKS(pk, W)→(C)。首先挑选出随机数 $r \in Z_q^*$，然后计算密文 $C=[A, B]=[g^r, H_1(e(H_0(W), pk_1^r))]$ 作为输出，其中 W 是关键词。

(3) 陷门函数：Trapdoor(sk, W)→(T_w)。计算陷门 $T_w=H_0(W)^{sk}$ 作为输出。

(4) 测试函数：Test(pk, C, T_w)→(TRUE/FALSE)。检查 $H_0(e(T_w, A))==B$ 是否成立。若成立，则表示存在该关键词返回 TRUE，否则返回 FALSE。

作者在最后基于 BDH 假设证明了该方案的安全性。下面给出常见的 PEKS 系统的安全证明的模型。通常情况下 PEKS 的安全性定义为 PEKS 对选择性攻击是语义安全的，即用上述算法 PEKS 加密的两个不同关键词 W_0 和 W_1 是不可区分的，除非是获得了相应的陷门的信息。

PEKS 的安全性定义如下。

第一步：挑战者(challenger)使用 Keygen(p)产生公私钥对 pk, sk，并把公钥提供给攻击者。

第二步：攻击者可以向挑战者询问自己选择的关键字的陷门信息 T_w。

第三步：攻击者选择两个不同的关键字 W_0 和 W_1，攻击者将这两个关键字发送给挑战者。挑战者随机选择一个比特 $b \in \{0,1\}$，然后对关键字 W_b 加密，并将 PEKS(pk, W_b)发送给攻击者。

第四步：攻击者可以持续向挑战者询问关键字 W 的陷门信息，但 W 不能是 W_0 和 W_1。攻击者返回 b'，若 $b=b'$，那么攻击者获胜。

然而，在文献[10]中 Baek 等指出文献[9]中的公钥可搜索加密方案还存在一些效率与安全性方面的问题，如文献[9]中的公钥可搜索加密方案，要求用户向服务器发送陷门时需要建立安全信道，而建立安全信道的代价往往比较昂贵。文献[10]中利用双线性 Diffie-Hellman 问题的困难性构造了方案，该方案能够良好地支持多关键字查询。

3.3.3　基于关键词更新的公钥可搜索加密方案

Boneh 提出了第一个公钥可搜索加密方案，因为其方案在用户与服务器之间用到了安全信道,然而在实际的应用中搭建安全信道的代价是很高的,因此 Baek 等[10]提出了公钥加密的关键字检索方案,其方案去掉了安全信道。与此同时, Boneh 的方案中并未讨论查询多关键字与如何高效地生成多关键字的密文。在实际的应用中总是重复的检索一些关键字,为了防止服务器私自存储接收到的陷门信息,如果不重复使用陷门信息会使得实际的效率有所下降。因此为了解决这个问题,该方案还提出了"refreshing keywords(关键词更新)"这个概念。这个概念是指为这些高频的关键词增加上一些时间信息。例如,检索者发布了某个高频的关键字的陷门信息并且这个关键字被加上的时间信息是 5 个小时,那么在这 5 个小时之内服务器即使没有收到相关的陷门信息也可以检索与这个关键字相关的信息。因此 Baek 等的方案的三个特点分别是"refreshing keywords""remove security channel(远程安全信道)""multiple keywords(多态关键词)"。下面对 Baek 的方案进行具体的介绍。

Baek 方案的几个部分构成如下。

(1) 全局参数生成算法:$\text{KeyGen}_{\text{Param}}(k) \rightarrow (\text{cp})$。选择两个群 g_1, g_2,它们的素数阶是 q。双线性映射 $e: g_1 \times g_1 \rightarrow g_2$,哈希函数 H_1 和 H_2,其中 $H_1: \{0,1\}^* \rightarrow g_1^*$, $H_2: g_2 \rightarrow \{0,1\}^k$。该算法返回全局参数 $\text{cp} = (q, g_1, g_2, P, H_1, H_2, d_w)$。其中 d_w 代表关键字的空间。

服务器密钥生成算法:$\text{KeyGen}_{\text{Server}}(\text{cp}) \rightarrow (\text{pk}_s, \text{sk}_s)$。选择一个随机数 $x \in Z_q^*$, 并计算 $X = xP$。选择一个随机数 $Q \in g_1^*$,返回 $\text{pk}_s = (\text{cp}, Q, X)$, $\text{sk}_s = (\text{cp}, x)$ 作为服务器的公钥和私钥。

检索者密钥生成算法:$\text{KeyGen}_{\text{Receiver}}(\text{cp}) \rightarrow (\text{pk}_r, \text{sk}_r)$。选择一个随机数 $y \in Z_q^*$, 并计算 $Y = yP$,返回 $\text{pk}_r = (\text{pk}_s, Y)$, $\text{sk}_r = (\text{pk}_r, y)$ 作为检索者的公钥和私钥。

(2) 密文生成算法:$\text{SCF-PEKS}(\text{cp}, \text{pk}_s, \text{pk}_r, w) \rightarrow S$。选择一个随机数 $r \in Z_q^*$, 并计算 $S = (U, V), (U, V) = (rP, H_2(K))$,其中 $K = (e(Q, X)e(H_1(w), Y))^r$。

(3) 陷门生成算法:$\text{Trapdoor}(\text{cp}, \text{sk}_r, w) \rightarrow T_w$。计算 $T_w = yH_1(w)$,返回 T_w 作为关键字 w 的陷门。

(4) 判断:$\text{Test}(\text{cp}, T_w, \text{sk}_s, S) \rightarrow \text{TRUE/FALSE}$。计算 $H_2(e(xQ + T_w, rP)) = V$ 是否成立,如果等式成立返回 TRUE,否则返回 FALSE。

在实际的应用中,进行多关键字检索的情况比较多。为了使方案能够支持多关键字检索,作者又进一步扩展提出了一个支持多关键字的方案。

支持多关键字的方案如下。

(1) 密钥生成算法:$\text{KeyGen}_{\text{Receiver}}(\text{cp}) \rightarrow (\text{pk}_r, \text{sk}_r)$。选择两个群 g_1, g_2,素数阶都是 q。双线性映射 $e: g_1 \times g_1 \rightarrow g_2$,哈希函数 H_1 和 H_2,其中 $H_1: \{0,1\}^* \rightarrow g_1^*$, $H_2: g_2 \rightarrow \{0,1\}^k$。选择一个随机数 $y \in Z_q^*$,并计算 $Y = yP$。返回 $\text{pk}_r = (q, g_1, g_2, e, P, Y, H_1, H_2)$, $\text{sk}_r = (q, g_1, g_2, e, P, y, H_1, H_2)$ 作为数据接收者的公钥和私钥。

（2）密文生成算法：MPEKS(pk,w)→S。其中 $w=(w_1,\cdots,w_n)$，选择一个随机数 $r\in Z_q^*$，并且计算 $S=(U,V_1,\cdots,V_n)$，其中 $U=rP,V_1=H_2(e(H_1(w_1),Y)^r),\cdots,$ $V_n=H_2(e(H_1(w_n),Y)^r)$。返回 S 作为密文。

（3）陷门生成算法：Trapdoor(sk,w)→T_w。计算 $T_w=yH_1(w)$。返回 T_w 作为关键字 w 的陷门。

（4）判断：Test(T_w,(U,V_i)→TRUE/FALSE。对于 $i\in\{1,\cdots,n\}$，检查 $H_2(e(T_w,U))=V_i$ 是否成立，如果等式成立，返回 TRUE，否则返回 FALSE。

最后，作者基于 BDH 难题，对其安全性进行了分析。

3.3.4　基于身份的公钥可搜索加密方案

在 Khader[12] 看来，利用基于身份加密所构造的公钥可搜索加密方案的安全性存在漏洞。Khader 认为基于身份加密的安全性都是在随机预言模式下证明的，在普通模式下并没有完整的证明，所以利用基于身份加密所构造的公钥可搜索加密方案的安全性存在限制和隐患。而基于 Boneh 等提出的基于身份加密方案的安全性主要基于双线性 Deffi-Hellman 困难问题，所以 Khader 提出了基于 K-Resilient[12] 的公钥可搜索加密方案，该方案的安全性可以在普通模式下得到证明，并不用双线性对技术。Park、Rhee 等提出了对基于身份加密的公钥可搜索加密方案的关键字猜测攻击[29]，在文献中他们指出在基于身份加密的公钥可搜索加密方案中的关键字的信息熵很小而且选择的空间也很小。之后，Yang 等指出基于对运算的公钥可搜索加密方案容易被离线关键字猜测攻击攻破[30]。在 2011 年 Yang 等根据 Khader 的方案提出了一个不用双线性对的公钥可搜索加密方案，该方案比 Khader 的方案更有效率而且完善了 Khader 方案存在的一些缺陷。然而，Yang 方案也存在一些缺陷，其方案的计算复杂度与关键字的个数成正比。

为了近一步提高存储数据的安全性，学者提出了指定服务器的公钥可搜索加密方案。通过指定服务器进一步提高了安全性，通过使用服务器的公钥来加密关键字起到指定的效果，只有被指定的服务器才能进行相关关键字的查询，近一步提高了安全性。现存的指定服务器的方案有很多，这里以 Rhee 等[31] 的方案为例，对其进行说明。

Rhee 方案[31] 主要构成部分如下。

（1）全局参数生成算法：GlobalSetup(λ)→(gp)。G 和 G_T 的阶为素数 p 的群，λ 为安全参数。这个算法首先选择一个随机数生成元 $g\in G$，和两个随机数 u,v $\in G$。$H:\{0,1\}^*\to G,H_1:\{0,1\}^*\to G,H_2:G_T\to\{0,1\}^\lambda$ 分别是三个哈希函数。这个算法返回全局参数 $gp=(p,G,G_T,e,H(\cdot)H_1(\cdot)H_2(\cdot),g,u,v)$。

（2）服务器密钥生成算法：$\text{KeyGen}_{\text{Server}}(gp) \rightarrow (\text{pk}_s, \text{sk}_s)$。选择一个随机数 $\alpha \in Z_p$，并且令 $\text{sk}_s = \alpha$，并且计算 $\text{pk}_s = (\text{pk}_{s,1}, \text{pk}_{s,2}) = (g^\alpha, u^{1/\alpha})$。

（3）检索者密钥生成算法：$\text{KeyGen}_{\text{Rceiver}}(gp) \rightarrow (\text{pk}_r, \text{sk}_r)$。选择一个随机数 $\beta \in Z_p$，并且令 $\text{sk}_r = \beta$，并计算 $\text{pk}_r = (\text{pk}_{r,1}, \text{pk}_{r,2}) = (g^\beta, v^\beta)$。

（4）密文生成算法：$\text{dPEKS}(gp, \text{pk}_r, \text{pk}_s, w) \rightarrow C$。选择一个随机数 $r \in Z_p$，并且令 $A = \text{pk}_{r,1}^r$，$B = H_2(e(\text{pk}_{s,1}, H_1(w))^r)$，并返回 $C = [A, B] = [\text{pk}_{r,1}^r, H_2(e(\text{pk}_{s,1}, H_1(w))^r)]$ 作为密文。

（5）陷门生成算法：$\text{dTrapdoor}(gp, \text{pk}_s, \text{sk}_r, w) \rightarrow T_w$。选择一个随机数 $r' \in Z_p$，并且计算 $T_1 = g^{r'}$，$T_2 = H_1(w)^{1/\beta} \cdot H(\text{pk}_{s,1}^{r'})$，并且返回 $T_w = [T_1, T_2] = [g^{r'}, H_1(w)^{1/\beta} \cdot H(\text{pk}_{s,1}^{r'})]$ 作为关键字 w 的陷门。

（6）匹配算法：$\text{dTest}(gp, C, \text{sk}_s, T_w) \rightarrow (\text{TRUE/FALSE})$。该算法计算 $m = T_2/H(T_1^\alpha)$，并且检查 $B = H_2(e(A, (m)^\alpha))$ 是否成立。如果公式成立则输出 TRUE，否则输出 FALSE。

方案最后作者基于 1-BDHI 难题与 HDH 难题对方案的安全性进行了分析与证明。

3.3.5　基于 SDH 假设的公钥加密搜索方案

大部分的公钥可搜索加密方案是基于双线性对的，但是双线性对的计算相对复杂，耗时较高。在实际的应用中，由于用户的带宽有限，所以这类复杂操作对于用户来讲难以承担。下面介绍一种基于 SDH 假设的公钥可搜索加密方案[32]，该方案只涉及少量的双线性对的计算，大大降低了用户的计算负担，与其他方案相比，效率也有所提高。

公钥可搜索加密方案作为信息保护的一种有效手段，已经得到大量研究。现有的很多 ASE 方案都需要计算多次双线性对，该类方案虽然能满足加密信息共享的需求，但是，双线性对计算复杂，耗时较高，从用户的角度看，由于带宽有限，难以承担这类复杂操作，而从云服务提供商的角度来看，由于云存储中处理的是海量数据，所以将所有的计算任务都交由服务器来为用户实现也不实际。该方案基于 SDH 假设构造了一种新的可搜索公钥加密方案（public key encryption with keyword search，PEKS）。该方案的操作更多是基于指数运算和哈希函数，仅涉及少量的双线性对操作，通过对比发现本方案在效率上有所提高。作者在最后对该方案进行了可行性与安全性分析，结果表明本方案应用于云存储环境下是可行的。其中该方案的安全性证明有一部分基于 Boneh-Boyen 短签名方案的证明过程。

该方案的主要结构：基于关键字检索的公钥可搜索加密方案是一种新型保密技术，该技术不仅不会泄露加密文档的内容给非信任的服务器，而且用户可以检索指定的关键字。使用该类方案,任何人可以使用公钥对数据加密,将密文发送到远程服务器端,仅仅只有私钥持有者能够生成陷门信息 T_w,并进行搜索。服务器端收到陷门之后,需要为用户执行测试算法来定位包含关键字 w 的所有文档,并将相关文档返回给用户。在此过程中,除了给定的陷门,服务器端不会得到任何其他与明文相关的信息。在已有的可搜索加密方案中,将这种协议称为非交互的公钥可搜索加密,也简称为可搜索公钥加密。

基于 SDH 假设的公钥可搜索加密方案由以下四个算法组成,分别用于生成密钥对、加密关键字、生成陷门和测试。

(1) 密钥生成(λ):给定安全参数 λ,算法产生两个素数阶群 G_1 和 G_2,q 为 G_1 和 G_2 的阶。算法随机选择生成元 $g \in G_1$,随机选择 $s \in Z_p^*$,计算 $u=g^s \in G_1$,$z=(g, g) \in G_2$,算法输出公钥 pk$=(g,u,z)$,私钥 sk$=s$。系统将公钥公开,私钥保留为私密的。

(2) 可搜索密文(pk,w):给定一个关键字 $w \in Z_p^*$,随机选择 $r \in Z_p^*$,计算 $S=(u \cdot g^w)^r \in G_1$ 和 $Z=z^r$,则 PEKS(pk,w)$=[S,Z]$ 为可搜索的密文,用户将其发送到云存储服务器端存储。

(3) 生成陷门(sk,w):给定用户的私钥 $s \in Z_p^*$ 和关键字 $w \in Z_p^*$,输出陷门 $T_w=g^{1/(s+w)}$。此处为了算法的统一,将 $1/(s+w)$ 定义为模 p 的运算,$1/0$ 定义为 0。在不可能事件 $s+m=0$ 发生时,可以得到 $T_w=1$。然后,用户将所生成的陷门发送给服务器端。

(4) 测试(pk,PEKS,T_w):给定公钥 pk$=(g,u,z)$、加密的关键字 PEKS($\cdot$)和陷门 T_w,服务器端将可搜索的密文分为 S 和 Z,服务器端测试公式 $e(S,T_w)=Z$是否成立。若等式成立,测试结果为 TRUE,如果 $S=1$ 且 $T_w=1$,输出 TRUE,否则,测试结果为 FALSE。最后,服务器端将测试结果为 TRUE 的文档返回给用户。

3.3.6　一种基于强 RSA 的多用户可搜索加密方案

接下来考虑如下的应用场景:一个医疗保健机构打算建立一个医药数据库,以供医生和研究人员共享实验和研究数据,为了降低数据管理的成本,该机构将数据库外包给存储服务提供商,为了保护患者的隐私,该数据库在外包之前就经过了加密。在这个场景中,之前的单用户可搜索加密方案很难满足用户的需求。在实际的应用当中,多用户进行信息交互与数据共享需求愈加迫切,单个用户的读写已经无法满足现在的需求。所以为了解决对多用户迫切需求的现状,顺理成章,多用户可搜索加密也就作为一个公开问题在文献[23]中被提出。之后众多基于多用户的方案相继提出,接下来介绍一种基于强 RSA 的多用户可搜索加密方案[33]。

云存储环境下用户数量庞大，面对信息技术的飞速发展，用户进行信息共享的需求愈加迫切，仅允许单个用户的写入或读取操作已经无法满足需求，多用户之间的交互操作，即 MWMR 模式已经成为研究热点，因此，多用户可搜索加密方案的研究具有重要意义。现有的很多 ASE 方案都基于双线性对操作，该类方案虽然能够满足部分需求，但是由于双线性对计算相对复杂，耗时较高，从用户的角度看，由于带宽有限，是难以承担的。该方案基于强 RSA 困难性假设，构造了一种新的公钥可搜索加密方案，并将该方案扩展到多用户环境下。并且该方案不涉及复杂的双线性对操作，因此方案的效率得到了显著的提高。作者在最后给出了多用户可搜索加密方案的安全定义和安全性证明。并对所构造的方案进行性能分析，通过仿真的方式展现了所构造的方案性能有所提高，并且能够应用于云存储环境下。

书中先后提出了基于强 RSA 的单用户可搜索加密方案与基于强 RSA 的多用户可搜索加密方案。下面给出基于强 RSA 的多用户可搜索加密方案的具体构造。

基于强 RSA 的多用户公钥可搜索加密方案由下面四个算法构成。

(1) 参数初始化(k)：首先，算法随机选择安全参数和 m 个 RSA 模数 N_j 初始化系统（j 的取值从 1 到 m）每个模数 N_j 都是两个大素数 p_j 和 q_j 的乘积，k 表示模数 N_j 的二进制位长度，一般为 512 比特或者 1024 比特，k 的值决定了系统的安全性。然后，选取随机值 $x_j \in Z_N^*$ 和 $r_j \in Z_N^*$，其中 x_j 为公开参数，r_j 为私钥中的参数，选择随机的 k 和 $c \in \{0,1\}^l$，l 是从 k 中得到的另一个安全参数，计算哈希函数 H 使其形如 $H:\{0,1\}^* \rightarrow \{0,1\}$，函数 $H_{k,c}(\cdot)$ 由输入的 k 和 c 决定。对于有 m 个用户的系统，系统会生成 m 对公钥、私钥对；最后，系统计算的公钥为 $\mathrm{pk}_j = (N_j, x_j, k, c, H)$，任何人可以从公开参数中得到的 k 和 c 来计算 $H_{\lambda,c}(\cdot)$，私钥是 r_j 和 N_j 的因子，即 $\mathrm{sk}_j = (r_j, p_j, q_j)$。

(2) 多用户加密索引$(\mathrm{pk}_1, \cdots, \mathrm{pk}_m, w)$：为了给多个用户生成文档中关键字 w 的加密索引，用 $w^{(i)}$ 表示关键字 w 的前 i 位，即 w 第 i 位之前的前缀，n 表示关键字 w 的长度，m 表示多用户系统中的用户数。首先，用抵抗冲突的哈希函数 H 对关键字 w 计算，i 的取值从 1 到 n，分别计算 $e_i = H_{k,c}(w^{(i)})$；然后，j 的取值从 1 到 m，计算 $S_j = \mathrm{PEKS}(\mathrm{pk}_j, w) = x_j^{\prod\limits_{j=1}^{n} e_i}$；最后，将多个用户的加密索引作拼接，得到多用户可搜索的索引，即 $S = (S_1, \cdots, S_m)$，发送方将索引 S 附加在加密文档的前面，将其一起发送到第三方云存储服务器端。

(3) 生成陷门(sk_j, w)：若多用户系统中的某用户需要检索包含关键字 w 的陷门时，该用户需要执行生成陷门算法来计算 w 的陷门。首先，从私钥中取出 p_j 和 q_j，计算 $\varphi(N_j) = (p_j - 1) \cdot (q_j - 1)$，其中 $2^l < \varphi(N_j) < 2^{l+2}$，$l$ 是从安全参数 1^k 中得出的，计算 $e_i = H_{k,c}(w^{(i)})$ 和 d_i，其中，任何的一对数 $<e_i, d_j>$ 都满足 $d_i = e_i^{-1} \mathrm{mod} \varphi(N_j)$；然后，算法按如下方式计算中间参数，将 i 从 1 到 n 取值，从私钥中取

出 $r_j \in Z_N^*$,计算 $A_j = r_j \cdot \prod\limits_{i=1}^{n} d_j, B_j = x_j^{r_j}$;最后,用户将 $T_j = (A_j, B_j)$ 作为陷门发送到云存储服务器端用于检索。

(4) 测试(pk_j, S, T_w):当需要为第 j 个用户检索包含某关键字 w 的密文时,首先,需要将该用户的陷门分成两部分 $T_j = (U_j, V_j)$;然后,将多用户的加密索引 S 分成 m 部分,即 $S = (S_1, \cdots, S_m)$,从中取出第 j 部分的索引;最后,测试是否 $S_j^{U_j} = V_j$ 成立,若该式成立,说明该文档包含所搜索的关键字,输出 TRUE,云服务器将文档返回给搜索方,若不成立,输出 FALSE,云服务器继续对下一个文档测试。若所有的文档测试结果都为 FALSE,则对该用户的搜索失败。

3.3.7　一种基于大数分解困难问题的可搜索加密方案

大部分公钥可搜索加密方案都构建在 Boneh 的基于身份的加密方案之上。然而最新研究指出在利用基于身份加密构建的公钥可搜索加密方案中,关键字的信息熵很小,并且其关键字的选择空间比传统的密码选择空间要小很多,所以容易被离线关键字猜测攻击所攻破。有学者提出了不基于双线性对的公钥可搜索加密方案,在令牌及数据加密的过程之中加入更多的随机因子会使得方案更加安全。下面介绍一种基于大数分解的困难问题的公钥可搜索加密方案[34]。

在现有的公钥可搜索加密方案的基础之上,该方案首先利用大整数分解困难问题构造了一个云存储环境下的公钥可搜索加密方案。与此同时作者对本方案的安全性及效率进行了分析,通过分析可以发现本方案的安全性可以在传统模式下得到证明,而且方案的复杂度与关键字的个数没有直接联系。本方案的加密索引不具有不可区分性,但这并不影响方案总体的安全性。在该方案中作者假设云存储服务器是诚实但好奇的,即云存储服务方不会主动破坏用户的数据且不会与用户合谋攻击,但云存储服务方会主动地分析用户的搜索关键词及相关信息以分析用户在进行的搜索内容。

在基于大整数分解困难问题的公钥可搜索加密方案中有以下几个算法。

(1) 初始化(λ):由用户选定一个系统安全参数 λ,得到两个随机素数 P 和 Q(512 比特或者更长,根据用户的安全参数决定),将模数 N 设为 $N = P \cdot Q$,设置 $\varphi(N) = (P-1)(Q-1)$ 之后随机选择 $s \in Z_N^*$,选择一个抗强碰撞的哈希函数 H,选择一个与 $\varphi(N)$ 互素的正整数 e,并计算 d 根据 $e \cdot d = 1 \bmod \varphi(N)$。数据拥有者将 $[N, s, H, e]$ 作为系统参数公布,将 $[P, Q, \varphi(N), d]$ 作为私钥保留。

(2) 公钥可搜索加密(K_{pub}, w):在发送以 w 为关键字的加密数据 m 之前,首先计算 $H(w)$,并计算 $S = s^{H(w)} \bmod N$,将数据 m 加密 $M = m^e$。之后将 $[S, M]$ 发送到云服务器端。

（3）生成令牌(K_{pri}, w)：如果用户希望检索关键字为 w' 的数据，就需要计算 $A = H(W)^{-1} \mathrm{mod} \varphi(N)$，$B = r \cdot A \mathrm{mod} \varphi(N)$，其中 r 是一个随机选择的整数，计算 $C = s^r \mathrm{mod} N$，最后用户将 $T_{w'} = [B, C]$ 发送给云服务器端。

（4）搜索加密数据$(S, T_{w'})$：当云服务器接收到用户发送的令牌 T_w，云服务器将该令牌解析为两部分 $[B, C]$，并计算 S^B 是否与 C 相等，若相等，则将该数据项加入返回给用户的数据队列中，若不相等，则忽略该数据项继续搜索下一个数据项。

文章的最后作者对方案的安全性进行了分析。首先作者分析了索引加密时的安全性。由于对数据本身进行加密，其安全性基于对称加密算法的安全性，所以不再详细讨论。因此主要对关键字的加密方法的安全性以及令牌的安全性进行分析。该方案按照 $S = s^{H(w)} \mathrm{mod} N$ 生成加密索引，首先计算关键字的哈希函数，之后用其哈希值根据公共参数计算加密索引以供用户进行搜索。

在该方案中，模数 N 应当至少选择为 1024 位的大数或者更大，满足离散对数问题中对于安全参数的要求。在不知道 s 和 S 的前提下，是很难推断出 $H(w)$ 的。其计算的难度与攻破离散对数问题的困难性一致。所以，该方案中的索引加密方式是安全的。

3.3.8　一种基于布隆过滤器的多用户可搜索加密方案

多用户可搜索加密方案允许一组用户将加密之后的数据存储在一个云存储服务器上，之后用户可以有选择地对加密数据进行检索。在云存储中多用户可搜索加密方案中，每个用户在系统中的地位是相同的，也就是说每个用户都可以对数据进行加密和检索，不同于一些方案中，只有拥有私钥的用户才能对文件进行检索，而其他用户只能对数据进行加密。在最新的多用户可搜索加密方案中，使用了重加密技术来构造方案。考虑到现有的可搜索加密方案中存在如下情况：每一次对关键字检索的复杂度与服务器上数据项的个数呈线性关系。人们希望有一种多用户可搜索加密方案，用户希望搜索的关键字是否存在于服务器上只通过一次计算就可以得知；当用户搜索的关键字存在于服务器上时，服务器也能够快速地匹配出与该关键字相对应的数据。在用户对加密数据不熟悉的情况下，方案也能够节省很多不必要的计算。使用布隆过滤器构造的可搜索加密方案会存在一定的误识，但通过适当地选择布隆过滤器的参数，误识率可以被控制在用户可以接受的范围之内。接下来介绍一种基于布隆过滤器的多用户可搜索加密方案[35]。

　　在现有的可搜索加密方案之中普遍都会存在一个问题,由于关键字的加密使关键字丧失了明文的可直接检索性,所以当用户希望检索一个关键字时,都需要对所有的数据项进行比较。重加密的特性就是允许服务器对加密数据进行重加密,但是在此过程中服务器不会获得密文之外的其他信息。所以将索引的建立过程移植到服务器端,这样会使得服务器对加密数据的检索更加方便,而且不会暴露数据的内容与关键字。该方案的数据流图如图3.6所示。

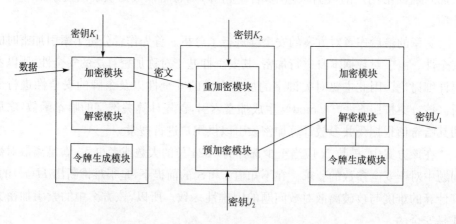

图 3.6　基于重加密的多用户可搜索加密方案

　　(1) 系统初始化:DO 读取安全参数 1^k,输出 $(p,q,N=p \cdot q,\varphi(N),e,d,H,E)$,其中,$H$ 是一个抗强碰撞的哈希函数,E 是一个以 s 为密钥的安全对称加密算法。$\text{pk}=(N,H,E)$,$\text{sk}=(p,q,\varphi(N),e,d)$。将 pk 公开,sk 保持私有。

　　(2) 分发用户密钥:DO 为用户身份为 $u \in U$,计算 $e_{u_1} \cdot e_{u_2}=e\bmod\varphi(N)$,$d_{u_1} \cdot d_{u_2}=d\bmod\varphi(N)$。将 (e_{u_1},d_{u_1}) 作为用户密钥发送给用户 u,将 (e_{u_2},d_{u_2}) 作为用户 u 的辅助密钥存储在云服务器端。其中要求选择的 e_{u_1} 和 d_{u_1} 与 $\varphi(N)$ 互素。

　　(3) 数据加密算法:用户 u 计算 $E'(d)=\{s^{e_{u_1}},E(d)\}$,其中 s 为对称加密算法的密钥,对于关键字 $d_i \cdot w$,计算 $I(d_i \cdot w)=(H(d_i \cdot w))^{e_{u_1}}$,然后将 $d'=\{E'(d),I(d_i \cdot w)\}$ 发送到 CS 端进行存储。

　　(4) 重加密:当收到来自用户 u 的数据组时,CS 首先寻找与 u 相关的辅助密钥 e_{u_2},保存数据组 d'',$d''=\{s^{e_u \cdot e_{u_2}},E(d)\}=\{s^e,E(d)\}$,$I=I(d_i \cdot w)^{e_{u_2}}$,将 I 插入布隆过滤器中,服务器端生成布隆过滤器的过程可以参考图3.7,按照图3.7中所示的树形结构方式生成布隆过滤器的集合会有利于服务器对关键字是否存在于服务器上的判断,但是会增加额外的存储开销。

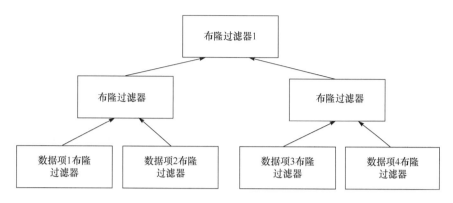

图 3.7　布隆过滤器的生成

（5）令牌生成：用户 u 计算 $T_u(w') = (H(w'))^{e_{u_1}}$。将 $T_u(w')$ 发送到 CS 端进行数据检索。

（6）搜索加密数据：当收到用户 u 的搜索请求时，找到与用户 u 相对应的辅助密钥 e_{u_2} 并计算 $T_u(w') = (H(w'))^{e_{u_1} \cdot e_{u_2}} = (H(w'))^e$。然后计算 $h_1(T_u(w'))$，$h_2(T_u(w')), \cdots, h_r(T_u(w'))$ 以判断用户所需求的数据是否存在于布隆过滤器中。若存在，则返回；若不存在，则返回空。

（7）预解密：当有数据将被返回给用户时，服务器找到用户的预解密密钥 d_{u_2}，计算预解密密文为 $\{s^{e \cdot d_{u_2}}, E(d)\}$。

（8）数据解密：当用户接收到服务器发送回的数据时，可以按照下面的方式解密。首先计算 $s^{e \cdot d_{u_2} \cdot d_{u_1}} = s^{e \cdot d} = s \bmod N$，根据计算出的 s 为密钥，可以解密对称加密算法加密的数据。

（9）用户权限回收：若需要回收某个用户的搜索权限，只需要云存储服务器端删除用户的辅助密钥。

3.4　支持模糊处理的可搜索加密

在一般的实际应用中，数据的使用者在输入查询关键词的时候可能会出现输入错误或者格式不匹配的情况。在明文环境中，对于这种错误已经有了很好的容忍方法，即模糊检索功能，搜索引擎会返回可能的搜索结果，并返回给用户一些修改提示。而在密文环境中，由于对安全性考虑，无法直接使用明文环境中的模糊检索方案，为了使密文环境下的检索方案支持模糊检索，一些支持模糊检索的可搜索加密方案被提出。

3.4.1　模糊处理问题分析

支持模糊检索的可搜索加密方案(fuzzy search over encrypted data)是指使用该方案时,如果数据使用者在关键词输入过程中发生较小的输入错误或者输入的查询关键词和索引项中的关键词格式不匹配时,服务器仍然能够在保证隐私信息安全的前提下,将可能的检索结果返回给用户。例如,数据使用者希望检索包含关键词"fuzzy search"的文档,在关键词输入过程中发生输入错误,提交了关键词"fuzzy swarch",此时服务器会返回与关键词"fuzzy swarch"相似的索引项对应的文档,返回结果与具体方案有关,将在 3.4.2 节进行分析。

关于支持模糊检索的可搜索加密方案的研究,主要包括基于等值比较的密文模糊检索方案和基于内积加密的模糊检索方案。在基于等值比较的密文模糊检索方案中,Li 和 Wang 等最先提出了加密数据的模糊检索方案[36],该方案在通配符扩展的基础上,使用编辑距离来衡量两个关键词的相似度。Kuzu[37] 等提出了一种基于局部敏感哈希的相似性检索方案。Chuah 等在 Zhang[38] 等提出的基于 B+树的模糊检索方案的基础上,提出相应的密文模糊检索方案[39]。Moataz[40] 在 stemming 词干提取算法的基础上,提出了一个密文语义检索方案,在检索过程中只支持具有相同词干关键词的相似性查找。

由于基于等值比较的密文模糊检索方案无法对检索结果进行相似度的比较,所以只能将所有可能的检索结果都返回给用户,返回的结果数量较多。为了解决该问题,基于内积加密的密文模糊检索方案被提出,Wong[26] 等在内积加密的基础上提出一种安全 kNN 算法,该算法可以通过关键词和索引项之间的相似度对检索结果进行排序,只返回相似度最高的若干个结果。该方案将关键词映射到欧几里得空间,使用欧几里得距离来衡量关键词之间的相似度,因此只能对长度相近的关键词进行检索,不能很好地支持多关键词检索。因此,Cao[17] 等在内积加密方案的基础上提出 MRSE 方案和 MRSE_II 方案,后者是对前者的安全性增强。该方案虽然避免了关键词长度对搜索的影响,但是将每个关键词映射为 n 维向量中的一维,当关键词集合较大的时候会导致计算量较大。

3.4.2　基础概念

1. 编辑距离

编辑距离(edit distance)在很多领域中被用于计算两个字符串的相似度,其核心算法是计算将一个字符串转换成另一个字符串所需的最少操作次数,每次操作包括插入一个字符,删除一个字符,将一个字符转换为另一个字符。例如,str_1 = encrypt ion,str_2 = encrypt ed,则 str_1 与 str_2 的编辑距离等于 3。

2. 局部敏感哈希

局部敏感哈希(LSH)在聚类分析中有着很多的应用,该哈希算法的基本原理是两个关键词越相似则哈希值相等的概率越大。局部敏感哈希的定义如下。

假设 r_1,r_2 为两个预设的距离值,且 $r_1 < r_2$; p_1,p_2 为两个预设的概率值,且 $p_1 > p_2$; s_1,s_2 为任意两个字符串,其编辑距离为 $d(s_1,s_2)$。如果哈希函数 h 满足条件:

如果 $d(s_1,s_2) < r_1$,则 $h(s_1) = h(s_2)$ 的概率大于 p_1;

如果 $d(s_1,s_2) > r_1$,则 $h(s_1) = h(s_2)$ 的概率小于 p_2。

则 h 对于预设值 (r_1,r_2,p_1,p_2) 是局部敏感哈希函数。

3. 通配符

通配符是指在字符串的某个位置,使用指定的字符代替一个或者多个字符,在查询过程中可以起到模糊查询的作用。例如,"encr♯♯tion"代表以"encr"开头,以"tion"结尾,并且二者之间有两个字符的所有字符串。被引入到密文模糊检索方案中后,根据编辑距离的大小来确定通配符的个数,对关键词的每一位都使用通配符,生成插入通配符后的关键词集合。例如,"encrypt",在编辑距离为 1 的情况下,生成的关键词集合为{♯encrypt,♯ncrypt,e♯ncrypt,e♯crypt,en♯crypt,en♯rypt,enc♯rypt,enc♯ypt,encr♯ypt,encr♯pt,encry♯t,encryp♯t,encryp♯,encrypt♯}。

4. n-gram

n-gram 是一个给定的字符串中连续的长度为 n 的子串,由于 n-gram 算法的简单性和可扩展性,n-gram 在自然语言处理、数据压缩等领域内有着广泛的应用。例如,对于字符串"encrypt"提取 2-gram 集合,则得到{♯e,en,nc,cr,ry,yp,pt,t♯}。通过将字符串转换为 n-gram 集合,可以将其嵌入向量空间中去,进而比较两个字符串的相似度。

5. 汉明距离

在明文环境中,对两个字符串相似度的度量方式有许多种,例如,Jaccard 系数、欧氏距离、汉明距离等。汉明距离是使用两个字符串中不相同的字符个数来度量两个字符串之间的相似度。汉明距离越大,代表两个字符串的相似度越低,反之则两个字符串相似度越高。对于二进制字符串,在明文环境下可以使用异或运算来计算两个字符串的汉明距离。但是在密文环境下,无法直接进行异或运算。本书中通过以下方法来计算两个二进制字符串之间的相似度。假设 b_1,b_2 为两个二进制字符串，$\parallel b_1 \parallel$，$\parallel b_2 \parallel$ 分别为 b_1, b_2 中 1 的个数。将二进制字符串 b_1, b_2 转换为两个向量 V_{b1}, V_{b2}，向量的每一维为二进制字符串中的相应元素。

计算两个向量的内积 $G = V_{b1} \cdot V_{b2}$。

两个二进制字符串的汉明距离为 $H = \parallel b_1 \parallel + \parallel b_2 \parallel - 2G$。

6. 相似哈希

相似哈希（simhash）算法由 Charikar[41] 提出，主要用于相似文本的识别。Manku[42] 将其进行扩展，并用于海量网页的去重。

传统的哈希算法，要保证很低的碰撞率，而且两个相似内容的传统哈希值不具有任何联系。相似哈希的主要目的是让相似内容的哈希值也相似，使得哈希值具有可比较性。如果两个文档相同，则对应的相似哈希必然相同；如果不相同，则文档越相似，对应的相似哈希越相近。相似哈希算法的本质是使用一个指定维度的比特向量 a 来表示某个文档。a 中第 n 位的值是通过对文档中每个关键词计算普通哈希值，并对相应每个关键词第 n 位进行统计得出。如果某篇文章中第 n 位为 1 的关键词数量大于第 n 位为 0 的关键词数量，则该文档的相似哈希值第 n 位为 1，反之则为 0。

3.4.3 基于通配符的密文模糊检索方案

1. 具体方案

基于通配符的密文检索方案中[43]，通过将所有关键词和查询关键词分别转换为相应的通配符集合，然后通过比较两个通配符集合之间的相似度来确定查询结果。

在索引生成阶段，数据拥有方使用通配符算法，根据指定的编辑距离对每个关键词生成通配符集合，例如，关键词 gram，编辑距离为 1 时的通配符集合为｛gram，♯gram，♯ram，g♯ram，g♯am，gr♯m，gra♯m，gra♯，gram♯｝，然后使用现有的对称加密算法对通配符集合中的每一个关键词进行加密，然后将加密后的关键词发送给服务器端，为了保证安全性，数据拥有方在发送之前会在通配符集合中加入一些随机的单词作为干扰项。

在数据检索阶段，数据使用方同样会进行生成通配符集合，插入干扰关键词，然后对通配符集合进行加密，将加密后的关键词集合发送给服务器。服务器在收到数据检索方提交的关键词后，首先使用未经过通配符扩展的关键词进行精确匹配，如果匹配成功则返回匹配的结果；如果精确匹配失败，则进行模糊匹配。对于用户提交的每一个加密后的通配符，在索引中匹配相同的索引项，然后把符合要求的结果返回给用户。在文献[43]中作者在基于通配符检索方案的基础上通过基于树结构来优化检索效率。

2. 安全性分析

在通配符模型中,索引项的计算和检索的计算是相同的,因此只需要证明索引的安全性。假设本书提出的可搜索加密模型在选择密文攻击环境下,无法保证索引的安全性,也就是说存在一个攻击者 A 可以从索引中获得关键词的基本信息。假定一个算法 B,使用 B 来判断是否存在伪随机函数函数 f_1,使得 $f_1(\cdot)$ 等价于索引生成函数 f。攻击者随机生成两个具有相同长度和编辑距离的关键词 w_0 和 w_1。B 生成一个随机数 $i \in \{0,1\}$,然后将 w_i 发送给挑战者,然后 B 收到一个返回值 x,x 是通过 $f(\mathrm{sk},x)$ 或者随机函数计算得到的。B 将 x 返回给 A,假设 A 能够猜对 i 的概率是不可忽略的,也就是说 x 的值不是随机计算的。B 确定 f_1 不是伪随机函数。最后,在对伪随机函数和一些真正的随机函数的假设的基础上,A 猜对 b 的概率最大是 $1/2$,因此可以保证搜索的安全性。

3. 方案优缺点分析

该类方案的优点在于首次提出并且实现了支持模糊检索的可搜索加密方案,缺点在于,首先在进行通配符扩展的时候,每个关键词会产生较大的通配符扩展集合,例如,当编辑距离为 1 的时候,通配符集合中关键词的个数为 $2L+1+1$(L 为关键词的长度)[43]。扩充后的通配符集合不仅在发送的过程中占用大量的带宽资源,而且增加了服务器在索引项中进行查找的次数,增大了服务器的负载。而且,通配符方法在进行模糊检索的时候,会返回大量的不相关结果。

3.4.4　基于 LSH 的密文模糊检索方案

Kuzu[37] 等利用 LSH 的原理来实现容错,由于发生输入错误或者格式不匹配的关键词与索引项中的关键词之间的编辑距离不会很大,使用局部敏感哈希使得发生输入错误或者格式不匹配的关键词的局部敏感哈希值与正确关键词的局部敏感哈希值相等。

1. 具体方案

索引建立阶段,数据拥有方计算所有关键词的 LSH 值,将具有相同 LSH 值的关键词对应的文档存放在同一个索引项对应的节点中,以该 LSH 值作为索引项的关键词。

在数据检索阶段,数据检索方对查询关键词同样计算 LSH 值,当服务器端收到数据检索方发送的 LSH 值后,在索引中进行相等匹配,将匹配成功的索引项对应的结果返回给数据使用方。数据使用方在收到服务器返回的数据后,对其进行加密后在本地查找符合自己要求的文档,然后向服务器请求对应的文档。服务器在收到用户发送的请求后,根据文档 ID 返回相应的文档。

在进一步的扩展方案中,Kuzu 进一步提出一种双服务器的方案,使得该方案可以对检索结果进行排序。

2. 安全性分析

本书提出的方案可能被攻击者所掌握的信息如下。

Search Pattern(Sp):攻击者通过截取数据包,从多次连续的查询过程中寻找相同的查询。通过该信息,攻击者可以掌握某个关键词的查询频率等信息。

Access Pattern(Ap):攻击者通过截取服务器返回的信息,可以知道每个 trapdoor 所对应的查询结果。

Similarity Pattern(Si):攻击者截取多次查询的关键词向量,通过子向量间的比较来确定两次查询关键词的相似度。

History(Hn):攻击者通过截取数据包,收集多次查询的关键词。

Trace(Tr):攻击者能够掌握的最大信息{密文标识号,密文的长度,Si,Ap}。

View(Vi):正常情况下可以被任何人获得的信息{密文标识号,加密后的文档,安全索引,每次查询使用的 trapdoor}。

如果一个模拟攻击者在概率型多项式时间内从 Trace 中获得真实攻击者能够获得的所有 view 的概率近似接近于 1,则说明该方面符合适应性语义安全。换句话说,如果该方案满足适应性语义安全,则该方案除了数据拥有者愿意公开的信息,不会泄露任何其他信息。

假设模拟攻击者为 S,对于 n 次连续查询的历史记录 H_n,正常情况下允许攻击者可以知道的信息为

$$v_R(H_n) = \{(\mathrm{id}(C_1), \cdots, \mathrm{id}(C_l), (C_1, \cdots, C_l), I, (T_{f_1}, \cdots, T_{f_n}))\}$$

攻击者最多可以知道的信息为

$$\mathrm{Tr}(H_n) = \{(\mathrm{id}(C_1), \cdots, \mathrm{id}(C_l)), (|C_1|, \cdots, |C_l|), S_p(H_n), A_p(H_n)\}$$

模拟攻击者生成可获得的模拟信息为

$$\mathrm{Vs}(H_n) = \{(\mathrm{id}(C_1)^*, \cdots, \mathrm{id}(C_l)^*, (C_1^*, \cdots, C_l^*), I^*, (T_{f_1}^*, \cdots, T_{f_n}^*))\}.$$

加密文档的安全性分析:S 生成 n 个随机值 $\{C_1^*, \cdots, C_l^*\}$,其中 C_i^* 满足条件 $|C_i^*| = |C_i|$。由于本方案采用的文档加密算法应该满足 PCPA 安全要求,所以密文 $\{C_1, \cdots, C_l\}$ 是计算上不可区分的。

安全索引的安全性分析:假设 b_{id} 和 b_{vector} 分别为桶标识符和加密的位向量的长度,max 表示用户的数据集中可能出现的最大的关键词数量,b_{td} 表示一次查询时陷门中的关键词数量。S 选择 max·b_{td} 个随机的二元组 (R_{i1},R_{i2}),其中,$|R_{i1}|=b_{id}$,$|R_{i2}|=b_{vector}$。S 新建一个索引 I^*,并将所有二元组插入索引中,假设 $(\pi_s,\sigma_{Vs})\in I$,其中 $\pi_s=\mathrm{Enc}_{Kid}(s)$,$\sigma_{Vs}=\mathrm{Enc}_{Kpayload}(V_s)$,$I$ 和 I^* 均包含 max·b_{td} 条记录,由于伪随机序列和满足 PCPA 安全要求的加密方案都是计算上不可区分的,所以 I 和 I^* 中的每一条记录均是不可区分的,从而保证了 I 和 I^* 也是计算上不可区分的。

用户查询陷门的安全性分析:S 根据相似度信息 S_i 建立模拟的陷门 $\{T_{f_1},\cdots,T_{f_n}\}$,其中 $T_{f_i}=\{\pi_{i1},\cdots,\pi_{i\lambda}\}$,$T_i[j]$ 是第 i 个陷门的第 j 个子向量,b_{id} 是加密后的桶标识符的长度。如果相似度信息中第 S_i 个陷门的第 j 个子向量与第 p 个陷门的第 r 个子向量(其中,$1\leqslant p<i$,并且 $1\leqslant j,r\leqslant\lambda$)相同,则将 $T_i[j]^*$ 的值赋值为 $T_p[r]^*$,否则,将 $T_i[j]^*$ 的值赋值为伪随机向量 R_{ij},其中 $|R_{ij}|=b_{id}$ 并且 $R_{ij}\neq T_p[r]^*$(其中,$1\leqslant p<i$,并且 $1\leqslant r\leqslant\lambda$),由于 $T_i[j]$ 是通过伪随机函数得到的,而 $T_i[j]^*$ 是随机生成的,所以 $T_i[j]$ 和 $T_i[j]^*$ 是计算上不可区分的,模拟生成的陷门和真正的陷门也是计算上不可区分的。

3. 方案小结

该方案的缺点在于仅仅使用 LSH 算法进行相似度匹配,返回结果的误差率较高,尤其在单关键词检索的时候,会返回大量的不相关结果。双服务器的引入虽然能够在返回结果的精确度上有一定的提高,但是需要服务器端进行重加密和服务器间的数据交换,这不但降低了方案的安全性,还导致了用户使用云平台的成本增大。

3.4.5　基于安全 kNN 计算的密文模糊检索方案

由于传统的支持模糊检索的可搜索加密方案只能进行等值比较,无法量化地去表示查询关键词和索引关键词之间的相似度,所以也就无法灵活地根据相似度对查询结果进行排序。为了解决这个问题,Wong[26] 提出一个支持内积计算的密文检索模型 ASPE 方案,该方案能够在不泄露隐私信息的前提下,计算出关键词和索引项之间的相似度。在索引生成阶段,数据拥有方在索引生成阶段将关键词映射到欧几里得空间中,得到一个多维向量 p。数据拥有方随机选择一个可逆矩阵 M,并计算其逆矩阵 M^{-1},使用矩阵 M 对每个文档的向量进行加密,然后将加密后的索引项发送给服务器端。在数据检索阶段,数据检索方将关键词映射到欧几里得空间中,得到多维空间向量。然后数据拥有方和数据检索方协商生成查询陷门,陷门的生成过程使用 M^{-1} 对查询向量进行加密。数据检索方将陷门发送给云服务器。云服务器收到陷门以后,对索引项和陷门进行矩阵乘法,即可得到查询向量和索引向量的内积。两个向量的内积可以构造两个向量夹角的余弦值,通过明文检索领域中的余弦定理即可量化的评估查询关键词与每个索引项之间的相似度。该方案将关键词映射到欧几里得空间,使用欧氏距离来衡量关键词之间的相似度,因此只能对长度相近的关键词进行检索,不能很好地支持多关键词检索。Cao 等在其方案的基础上提出 MRSE 方案,以及安全性增强的 MRSE_II 方案[17],MRSE_II 方案将关键词集合中的每个单词映射为一个 n 维(n 为关键词集合中关键词的数量)向量中的一位,该位为 1,则表示该关键词存在于对应的文档中,为 0 则表示该关键词不在对应的文档中,然后,使用内积加密方案对向量进行加密。

1. ASPE 方案的具体步骤

假定关键词集合 W 中的关键词个数为 d,ASPE 方案的基本算法如下。

初始化阶段:假定关键词集合中含有 d 个关键词。随机生成$(d+n+1)$阶的矩阵 M_1,M_2,计算其逆矩阵 M_1^{-1},M_2^{-1}。随机生成$(d+n+1)$维向量 S。

索引项生成阶段:数据拥有方为每个文档生成一个向量 p,$p[i]$代表关键词集合 W 中的第 i 个关键词,如果该关键词在文档中,则 $p[i]=1$,否则 $p[i]=0$。生成一个$(d+n+1)$维的向量 v_p,v_p中前 d 维为向量 p,第 $d+1$ 维为随机数 a,第 $d+2$ 维为 1,分别在 v_p 的 $d+j+1(1 \leqslant j \leqslant n)$维后插入随机数 $x^{(j)}$。将 v_p 随机划分为两个子向量 v_{pa},v_{pb},使得 $v_p = v_{pa} + v_{pb}$。最终生成加密的索引项 $I = \{M_1^T v_{pa}, M_2^T v_{pb}\}$作为该文档的索引项。

查询向量生成阶段:假设查询关键词集合中的关键词数量为 t,将查询关键词集合转换为向量 q。如果关键词集合 W 中第 i 个关键词属于用户的查询关键词集合,则 $q[i]=1$,否则 $q[i]=0$。生成一个$(d+n+1)$维的向量 v_q,生成一个随机数 r,v_q中前 d 维为向量 rp,第 $d+1$ 维为 r,第 $d+2$ 维为随机数 g,在 v_q 的第 $d+2$ 维以后,随机选取 $m(m \leqslant n)$个位置$\{k_1, \cdots, k_m\}$,对应的 $v_q[k_m]=1$。然后将向量 v_q 划分为两个子向量 v_{qa} 和 v_{qb},使得 $v_q = v_{qa} + v_{qb}$。最终生成加密的查询向量 $Q = \{M_1^{-1} v_{qa}, M_2^{-1} v_{qb}\}$。

查询处理阶段:在收到用户提交的查询向量后,服务器端计算查询向量与每个索引项的内积,最终结果 $r(p \cdot q + \sum x_u^{(j)}) + a$(其中 u 表示第 u 个索引项)作为查询向量与对应该索引项的得分。最后,服务器将得分进行排序,并将前 k 个结果返回给用户。

2. 安全性分析

根据实际应用环境,本书只考虑两种安全模型,如下所述。

唯密文模型(known ciphertext model):在该模型下,攻击者只知道加密后的数据集和索引。

已知背景信息模型(known background model):在该模型下,攻击者不仅知道加密后的数据和索引等信息,而且还知道一些历史搜索记录的统计信息。当云服务器知道一些关于加密数据的背景信息时,可能会泄露关键词的隐私信息,云服务方可以分析关键词频率等信息。

假设对于任意两个索引项与某个查询关键词之间的相似度相等的概率小于 $1/2^\omega$,其中 ω 为根据实际需求实现规定的一个值。也就是说对于每个关键词至少有 2^ω 个不同的 $\sum x_u^{(j)}$,当 $n/v = 2$ 的时候不相等的 $\sum x_u^{(j)}$ 的值的数量达到最大值,有 $\left(\dfrac{n}{j}\right)$ 个。此外,当 $n = 2\omega$ 并且 $j = \omega$ 的时候,$\left(\dfrac{n}{j}\right) \geqslant \left(\dfrac{n}{j}\right)^j = 2^j > 2^\omega$。因此,所有的关键词向量至少要插入 2ω 个干扰项,此时 MRSE_II 方案可以抵抗已知背景信息模型下的攻击。

3. 方案小结

该方案虽然避免了关键词长度对搜索的影响,但是将每个关键词映射为 n 维向量中的一维,当关键词集合较大的时候,用于加密的矩阵的阶也随之增大,导致整个方案的计算量较大。加密和查询过程中进行矩阵运算时的计算量大幅度增加,索引文件占用服务器内存过大,而且用户查询一次时占用的带宽资源也增加。在云计算环境下,要对大量的用户同时进行服务,如果降低查询时的计算量,则能够很大限度地降低服务器的负载。

3.4.6　支持同义词的密文模糊检索方案

在很多情况下,用户并不知道自己要检索的文章对应的确切关键词,而是根据自己的理解产生关键词,这在很大程度上导致了查询关键词和索引中的关键词是同义词,例如,用户输入"IEEE"来检索"Institute for Electrical and Electronic Engineers"。基于同义词的检索在明文检索领域有许多研究[44]。在现有加密搜索方案的基础上,通过对明文同义词检索算法的研究,提出一个支持同义词检索的密文模糊检索方案。本书同时对相似哈希进行改进,使其适用于少数关键词的环境,然后将改进的相似哈希引入现有方案中,提高了现有方案的检索效率。

1. 改进的相似哈希算法

相似哈希算法最初的设计目的是对文档提取特征码,用来对比两个文档是否相似。相似哈希算法在只有少数几个关键词的情况下,不能很好地反映关键词之间的相似度。本节对相似哈希算法进行改进,使其能够适用于关键词的查询。改进的相似哈希算法的基本步骤如下。

步骤 1:输入需要计算相似哈希的关键词集合 W,如 $W_1 = \{\text{computer}\}$。

步骤 2:将用户提交的关键词集合连接为一个字符串 str,每个关键词之间使用 $\sharp$ 进行分隔,在字符串的开头之前和结尾之后加入 $\sharp$。对 W_1 进行处理,即得到字符串 $\text{str}_1 = \text{"}\sharp\text{computer}\sharp\text{"}$。

步骤 3:对字符串 str 提取 n-gram 集合 s_gram。对 str_1 提取 n-gram 集合得到对应的 s_gram 为 $\{\sharp c, co, om, \cdots, er, r\sharp\}$。

步骤 4:对 s_gram 中的每个字符串计算普通哈希值,并转换为二进制。在二进制序列前面添加相应字符串的第一个字符,称为标识字符,最后所有的二进制序列及其标识字符组成 s_hash 集合,具体过程如图 3.8 所示(以 s_gram 中前 3 个元素为例)。

步骤 5:初始化一个 d 维的向量 R,以 m 为单位将 R 按照长度 m 进行分段,得到 $\text{Ndiv} = d/m$ 个长度为 m 的子向量 $\{R_1, R_2, \cdots, R_{\text{Ndiv}}\}$。

步骤 6:将 26 个英文字母和 $\sharp$ 划分为 Ndiv 组,每个组对应 R 中的一个子向量。

步骤 7:对于步骤 4 中生成的 s_hash 中每个二进制序列 s,根据其标识字符对应到 R 中相应的子向量 R_i,若 s 的某个位为 1,则子向量 R_i 中相应的位加 1,若 s 的某个位为 0,则子向量 R_i 中的相应位减 1。

步骤 8:对于步骤 7 中计算得到的向量 R,如果某一维的值大于 0,则将该维度的值置为 1。如果某一维度的值小于 0,则将该维度的值置为 0。

步骤 9:步骤 8 中得到的比特向量为关键词集合 W 的相似哈希。

以关键词集合 $W = \{\text{computer}\}$ 为例,取 $m = 32, d = 96$,普通哈希的计算过程如图 3.8 所示(以 "$\sharp c$""co""om"为例),支持关键词的相似哈希计算过程如图 3.9 所示。

```
#c     #2142068033    #011111111010110101011101010000001
co     c545624844     c001000001000010110010011100001100
om     o3220027352    c101111111101101101101111111011000
  ⋮          ⋮                    ⋮
```

图 3.8 将关键词转换为普通哈希

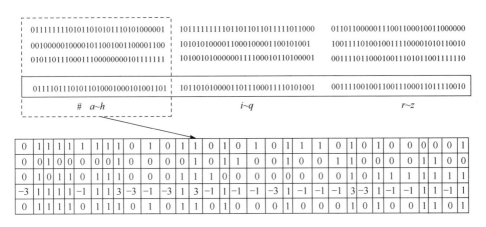

图 3.9　支持关键词的相似哈希计算过程

图 3.8 中,"♯c""co""om"的开始符号分别为"♯""c""o",因此对应的普通哈希分别以这三个符号开头,作为标记字符。

图 3.9 中箭头指向的部分对虚线框内的部分进行了详细解释,根据图 3.8 中每个二进制序列前面的标记字符,将每个序列对应到不同的分段中。图 3.9 中根据原始相似哈希的计算方法,计算得到支持关键词的相似哈希。在实际应用中可以根据安全性和性能需求确定 K 和 m 的值。

2. 基于同义词的关键词扩展方法

在明文环境下,基于同义词的模糊检索有大量的研究[45,46],数据拥有者通过现有的同义词库对关键词集合进行扩展,将扩展后的关键词加入索引中。Lu[44] 提出了基于完全扩展的关键词集合构造方法和基于选择扩展的关键词构造方法,通过同义词关系集合中存在的关系对关键词进行同义词扩展,同义词关系集合可以通过多个途径获取,如同义词挖掘算法[46]、数据拥有者事先建立的同义词集合[47]。

由于 Lu[44] 提出的选择扩展方案需要在知道查询关键词和索引关键词的前提下,对索引项和查询关键词进行选择性扩展。在密文环境下,服务器端无法知道索引项中的关键词和查询关键词,无法使用双方的关键词进行选择性扩展。因此,基于全扩展来构造适用于密文环境下的同义词扩展方案。

在索引建立阶段,数据拥有方从文档中提取关键字,作为原关键字。将原关键词集合作为一个索引项插入索引中,作为原始索引。然后,对原关键词中可以进行同义词扩展的关键词,将相应的同义词集合作为一个索引项插入索引中,作为扩展索引。每个文件集合对应的索引为两个,分别为原始索引和扩展索引。在查询过程中,同时计算查询向量与原始索引和扩展索引的汉明距离,再通过汉明距离进行排序,即可得到符合查询条件的结果。

同义词集合提取算法的步骤如下。

步骤 1:输入关键词集合,同义词关系集合中的同义词关系对为{leftTable,rightTable}。

步骤 2:对于关键词集合中的每个关键词,如果该关键词在 leftTable 中,则将其对应的 rightTable 中的关键词加入同义词集合中。

步骤 3:如果不在 leftTable 中,则查找 rightTable,如果该关键词在 rightTable 中,则将对应的 leftTable 中的关键词加入同义词集合中。

步骤 4:输出同义词集合,作为扩展索引。

在同义词关系集合 leftTable 和 rightTable 中对应之间是同义词关系,如果关键词存在于 leftTable 中,则 rightTable 为其同义词。如果关键词存在于 rightTable 中,则 leftTable 为其同义词。

3. 支持同义词检索的加密数据检索方案

本节将提出支持同义词检索的加密检索方案,在检索过程中使用汉明距离来度量查询关键词和索引关键词之间的相似程度。使用支持关键词的相似哈希来提取关键词的特征。

1) 索引建立过程

步骤 1:数据拥有者使用传统的对称加密算法对文档进行加密,将加密后的文档发送给服务器,服务器返回每个加密文档在服务器中的唯一 ID。

步骤 2:数据拥有者随机生成矩阵 M_1, M_2,生成相应的逆矩阵 M_1^{-1}, M_2^{-1}。生成随机位插入位置集合 $b=\{b_0, b_1, b_2, \cdots, b_t\}$, $h=\{h_0, h_1, \cdots, h_t\}$,其中 b_i 和 h_i 表示要插入随机数的位置,插入的随机数个数为 $2t$, t 的值可以根据安全性和性能的需求来选择。随机选择整数 x, r。

步骤 3:数据拥有者对每个文件提取关键词,对每个文件的关键词集合生成一个长度为 d 的相似哈希序列 p_1,计算相似哈希中 1 的个数 C_{p1}。建立 $(d+2t+3)$ 维向量 V_{p1},其中 V_{p1} 的前 d 维为 rp_1,第 $d+1$ 维为 r,第 $d+2$ 维为 $-0.5rC_{p1}$,第 $d+3$ 维为随机数 x。在向量 V_{p1} 的 $d+b_j+3(0 \leqslant j \leqslant t)$ 维中分别插入随机数 w_{bj},在向量 V_{p1} 的 $d+h_j+3(0 \leqslant j \leqslant t)$ 维中全部插入 $w_{hj}=r$,最后将向量 $V_{p1}=(rp_1, r, -0.5rC_{p1}, x, \{w_{bj}\}, \{w_{hj}\})$ 作为原索引向量。

步骤 4:数据拥有者对每个文件的关键词提取同义词,得到同义词集合,对同义词集合计算长度为 d 的相似哈希序列 p_2,计算相似哈希中 1 的个数 C_{p2}。建立一个 $(d+2t+3)$ 维向量 V_{p2},其中 V_{p2} 的前 d 维为 rp_2,第 $d+1$ 维为 r,第 $d+2$ 维为 $-0.5rC_{p2}$,第 $d+3$ 维为 x。在向量 V_{p2} 的 $d+b_j+3(0 \leqslant j \leqslant t)$ 维中分别插入随机数 w_{bj},在向量 V_{p2} 的 $d+h_j+3(0 \leqslant j \leqslant t)$ 维中全部插入 $w_{hj}=r$,最后将向量 $V_{p2}=(rp_2, r, -0.5rC_{p2}, x, \{w_{bj}\}, \{w_{hj}\})$ 作为同义词索引向量。

步骤 5：数据拥有者将所有索引向量 p_i（包括原索引和同义词索引）随机划分为两个子向量 p_{ia}，p_{ib}，使得 $p_i = p_{ia} + p_{ib}$。然后，对子向量进行加密，得到加密后的索引项 $S_p = \{M_1^{\mathrm{T}} p_{ia}, M_2^{\mathrm{T}} p_{ib}\}$，作为最终的索引项。

步骤 6：使用常用的对称加密算法对每个索引项所对应的文件 ID 集合 FID 进行加密。

步骤 7：数据拥有者将加密后的索引和 FID 发送给服务器。

2）查询向量建立过程

步骤 1：对用户输入的关键词生成长度为 d 的相似哈希序列 q，计算相似哈希中 1 的个数 C_q。建立一个 $(d+2t+3)$ 维向量 V_q，其中 V_q 的前 d 维为 q，第 $d+1$ 维为 $-0.5C_q$，第 $d+2$ 维为 1，第 $d+3$ 维为随机数 y。根据数据拥有者发送的随机位插入位置集合，在向量 V_q 的 $d+b_j+3(0 \leqslant j \leqslant t)$ 维中全部插入 $u_{bj} = 0$，在向量 V_q 的 $d+h_j+3(0 \leqslant j \leqslant t)$ 维中分别插入随机数 u_{hj}，最后将向量 $V_q = (q, -0.5C_q, 1, y, \{u_{bj}\}, \{u_{hj}\})$ 作为查询向量。

步骤 2：将 V_q 划分为两个子向量 q_a，q_b，使得 $V_q = q_a + q_b$，分别对 q_a，q_b 进行加密得到向量 $S_q = \{M_1^{-1} q_a, M_2^{-1} q_b\}$，$S_q$ 为最终的加密查询向量。

步骤 3：服务器收到用户提交的查询向量，使用查找处理过程在索引中进行查找，返回最符合条件的前 k 个结果，并将其他结果进行缓存。

步骤 4：用户收到服务器返回的结果，进行解密，如果得到自己所需文件的 ID，则向服务器请求对应的文件 ID。否则向服务器请求下 k 个结果，直到得到自己需要的文件。

3）查询处理阶段

服务器收到用户提交的查询向量后，对于每个索引项采用公式（3.3）计算距离 φ，即

$$\varphi = S_p^{\mathrm{T}} S_q = p_{ia}^{\mathrm{T}} M_1 M_1^{-1} q_a + p_{ib}^{\mathrm{T}} M_2 M_2^{-1} q_b = p_{ia}^{\mathrm{T}} q_a + p_{ib}^{\mathrm{T}} q_b$$

$$= p_i^{\mathrm{T}} q = -0.5r(H_{pq} - 2\sum_{j=0}^{t} u_j) + xy \tag{3.3}$$

两个任意索引项 p_1，p_2 与查询向量 q 的距离 φ_{p1}，φ_{p2} 之差：$d = \varphi_{p1} - \varphi_{p2} = -0.5r(H_{p2q} - H_{p1q})$，如果 p_1 与 q 的汉明距离 H_{p1q} 大于 p_2 与 q 的汉明距离 H_{p2q}，则 $d > 0$，$\varphi_{p1} > \varphi_{p2}$，对所有索引项与查询向量的距离 φ 进行排序，距离最小的索引项对应的文件 ID 为最符合用户要求的结果。

对于用户提交的查询关键词，如果对应的结果在索引中，那么查询关键词肯定会存在于原索引或者同义词索引，如果用户提交的查询关键词大部分出现在原索引中，则将查询向量与原索引的汉明距离作为该索引项的相似度。如果用户提交的关键词大部分出现在同义词索引中，则以查询向量与同义词之间的汉明距离作

为该索引的相似度,即总是选择原索引和扩展索引与查询向量的汉明距离 φ_1,φ_2 中最小的一个作为该索引项的相似度 φ。

4. 安全性分析

通常,假设云服务器会按照承诺的服务方式提供服务,不会故意破坏数据,但是会通过一些泄露的信息来分析存储在云端的数据信息。

内积加密方案所面临的安全威胁主要分为三种:攻击者只可以获得一部分密文的情况;攻击者可以获得一部分密文和一部分明文,但是无法确定密文和明文之间的关系;攻击者知道一部分密文和一部分明文,并且可以知道明文所对应的密文。三种威胁中,后面的威胁总是比前面的威胁严重,如果一个方案能够抵抗后面的威胁,也就同时能抵抗前面的威胁[26]。因此,只证明该方案可以抵抗第三种威胁,即攻击者掌握一部分密文及其对应的明文。

该加密方案的主要特点是加入随机位保证相同的查询进行两次时,提交的查询向量和返回的结果均不相同,防止攻击者收集用户的访问频率。对索引向量和查询向量进行了随机划分,从而增强方案的安全性,使其可以抵抗第三种威胁。

在不考虑随机数的情况下,假设 $d'=d+2$,其中 d 为向量的基本长度,为了计算汉明距离,需要将向量扩充,扩充后的向量维度为 $d+2$。对于某个明文关键词向量 $p \in W$(W 为攻击者所掌握的明文数据集合),攻击者可以获得其加密后的数据 $S = \{M_a^{\mathrm{T}} p_a, M_b^{\mathrm{T}} p_b\}$。攻击者根据自己掌握的信息来推断加密使用的矩阵或者其他加密数据的内容。由于子向量的划分方式只有数据拥有方和数据使用方知道,所以攻击者为了计算出加密所使用的矩阵 M_a 和 M_b 只能假设两个维度为 d' 的随机子向量 p_a', p_b'。攻击者可以建立公式(3.4)所示方程组关系

$$\begin{cases} M_a^{\mathrm{T}} p_a = p_a' \\ M_b^{\mathrm{T}} p_b = p_b' \end{cases} \tag{3.4}$$

式中,M_a 和 M_b 是两个 $d' \times d'$ 矩阵,用来对两个子向量进行加密。攻击者共掌握 $|W|$ 条明文数据及其对应的密文数据 S,因此攻击者只能建立 $2d'|W|$ 个等式。如果攻击者要计算出加密所使用的矩阵 M_a 和 M_b,则至少需要建立 $2d'^2 + 2d'|W|$ 个等式。由于攻击者拥有的信息不足以建立所需要数量的等式,所以无法得到加密所使用的矩阵 M_a 和 M_b,该方案可以抵抗第三种情况的攻击。

5. 方案小结

该方案为了解决支持同义词的模糊检索问题,提出一个基于同义词转换的模糊检索方案,使用户能够得到查询关键词的同义词结果。通过对相似哈希算法的改进,降低了关键词向量的维度,减少了方案的计算量。

该方案虽然在效率上提高较大,但是相比于 ASPE 方案和 MRSE 方案,在用户提交的关键词数量少于 3 个的时候,查询精确度较低。因此在以后的工作中,对支持关键词的相似哈希算法需要进行进一步的改进,使其能更好地表现关键词之间的相似度,提升查询的精确度,使用户在输入单个关键词的时候,也能将符合要求的结果集中在结果集合中的最前面。

3.4.7　其他方案简介

1. 基于 gram 的模糊检索算法

在明文检索领域中,Zhang 等提出了一个基于 B 树的模糊检索算法[38],Chuah 在其基础上提出了该方案在密文模糊检索中的应用[39]。在该方案中,数据拥有方首先根据 gram 算法计算每个关键词的 n-gram,然后根据哈希算法将所有 n-gram 映射到不同的桶中,用每个桶中的 gram 数量作为该文件的索引项。最后,生成一个基于 B 树的索引,其中叶子节点是文档的位序列和加密后的文档 ID,中间节点包含该节点下面的叶子节点的位序列范围。数据拥有方将生成的索引和加密后的文档发送给服务器端。在查询阶段,对用户输入的关键词也进行同样的操作,得到一个位序列。服务器在收到用户发送的位序列以后,首先根据位序列的范围信息在中间节点寻找符合范围的中间节点,然后在该节点的孩子节点中进行查找。

该方案的缺点在于,如果对于某个关键词进行多次查询,查询使用的位序列是固定的,这样会泄露用户的访问模式,如果服务器端搜集用户的查询信息,会得到查询向量的使用频率,然后可以通过分析得到对应的加密算法。

2. 基于全同态加密的模糊检索算法

全同态加密一直以来被认为是可以解决云计算中保密计算的最好方案。2009年 Gentry 提出了第一个全同态加密方案[48],此后全同态加密的研究成为密码学中的一个热点,IBM 也推出了一个开源的全同态算法库。全同态加密是指对加密后的数据进行加减乘除运算,其结果等于对明文数据直接进行相应的计算,然后加密结果。即全同态加密可以在不泄露隐私信息的前提下,使得密文具有可计算性。但是,全同态加密还在研究阶段,由于其效率问题,暂时不能应用在实际中。随着全同态加密的研究,密文模糊检索可以在全同态加密的基础上直接使用明文模糊检索算法进行检索。

3.4.8 研究方向

随着云计算的应用,用户数据隐私保护的需求不断增加。而对用户数据进行加密是保证隐私不被泄露的最有效办法,因此也就产生了对加密数据进行关键词检索的需求。密文检索技术将成为云计算中心和数据中心中不可或缺的组成部分,在政法、企业、医疗等方面具有广泛的应用前景。目前来说,现有的密文模糊检索方案在效率上还与实际应用有一定的差距,与现有的明文搜索引擎相比较,在功能上也有很大的差距。因此在未来还需要在保证安全性的前提下,继续在执行效率、检索精度和完善功能等方面不断地进行研究。

3.5 本章小结

本章主要介绍了可搜索加密的相关内容,即具有代表性的对称可搜索加密方案、非对称可搜索加密方案、支持模糊检索的可搜索加密方案。

参 考 文 献

[1] Song D X, Wagner D, Perrig A. Practical techniques for searches on encrypted data. IEEE Symposium on Security and Privacy, 2000: 44-55.

[2] Goh E J. Secure indexes. IACR Cryptology ePrint Archive, 2003: 216.

[3] Chang Y C, Mitzenmacher M. Privacy preserving keyword searches on remote encrypted data. Applied Cryptography and Network Security. Berlin: Springer, 2005: 442-455.

[4] Boneh D, Waters B. Conjunctive, Subset, and Range Queries on Encrypted Data. Berlin: Springer, 2007: 535-554.

[5] Abdalla M, Bellare M, Catalano D, et al. Searchable encryption revisited: consistency properties, relation to anonymous IBE, and extensions. Advances in Cryptology-Crypto 2005. Berlin: Springer, 2005: 205-222.

[6] Golle P, Staddon J, Waters B. Secure conjunctive keyword search over encrypted data. Applied Cryptography and Network Security. Berlin: Springer, 2004: 31-45.

[7] Goldreich O, Ostrovsky R. Software protection and simulation on oblivious RAMs. Journal of the ACM (JACM), 1996, 43(3): 431-473.

[8] Bellare M, Rogaway P. Optimal asymmetric encryption. Advances in Cryptology—Eurocrypt'94. Berlin: Springer, 1995: 92-111.

[9] Boneh D, Di Crescenzo G, Ostrovsky R, et al. Public key encryption with keyword search. Advances in Cryptology—Eurocrypt 2004. Berlin: Springer, 2004: 506-522.

[10] Baek J, Safavi-Naini R, Susilo W. Public key encryption with keyword search revisited. Computational Science and Its Applications—ICCSA 2008. Berlin: Springer, 2008: 1249-1259.

[11] Bellare M, Boldyreva A, O'Neill A. Deterministic and efficiently searchable encryption. Advances in Cryptology—CRYPTO 2007. Berlin: Springer, 2007: 535-552.

[12] Khader D. Public key encryption with keyword search based on K-resilient IBE. Computational Science and Its Applications—ICCSA 2006. Berlin: Springer, 2006: 298-308.

[13] Fang L, Susilo W, Ge C, et al. Public key encryption with keyword search secure against keyword guessing attacks without random oracle. Information Sciences, 2013, 238: 221-241.

[14] Park D J, Kim K, Lee P J. Public Key Encryption with Conjunctive Field Keyword Search. Berlin: Springer, 2005: 73-86.

[15] Ballard L, Kamara S, Monrose F. Achieving Efficient Conjunctive Keyword Searches Over Encrypted Data. Berlin: Springer, 2005: 414-426.

[16] Lee S H, Lee I Y. Effective Searchable Symmetric Encryption System Using Conjunctive Keyword. Netherlands: Springer, 2013: 477-483.

[17] Cao N, Wang C, Li M, et al. Privacy-preserving multi-keyword ranked search over encrypted cloud data. IEEE Transactions on Parallel and Distributed Systems, 2014, 25(1): 222-233.

[18] Bao F, Deng R H, Ding X, et al. Private Query on Encrypted Data in Multi-User Settings. Berlin: Springer, 2008: 71-85.

[19] Bellare M, Boldyreva A, Staddon J. Randomness Reuse in Multi-Recipient Encryption Schemeas. Berlin: Springer, 2002: 85-99.

[20] Fiat A, Naor M. Broadcast encryption. Advances in Cryptology—Crypto'93. Berlin: Springer, 1994: 480-491.

[21] Brinkman R, Doumen J, Jonker W. Using Secret Sharing for Searching in Encrypted Data. Berlin: Springer, 2004.

[22] Hwang Y H, Lee P J. Public Key Encryption with Conjunctive Keyword Search and Its Extension to a Multi-User System. Berlin: Springer, 2007: 2-22.

[23] Curtmola R, Garay J, Kamara S, et al. Searchable symmetric encryption: improved definitions and efficient constructions. The 13th ACM Conference on Computer and Communications Security, 2006: 79-88.

[24] Chase M, Kamara S. Structured Encryption and Controlled Disclosure. Berlin: Springer, 2010: 577-594.

[25] Kamara S, Papamanthou C, Roeder T. Dynamic searchable symmetric encryption. The 2012 ACM Conference on Computer and Communications Security, 2012: 965-976.

[26] Wong W K, Cheung D W, Kao B, et al. Secure kNN computation on encrypted databases. The 2009 ACM SIGMOD International Conference on Management of Data, 2009: 139-152.

[27] Cao N, Wang C, Li M, et al. Privacy-preserving multi-keyword ranked search over encrypted cloud data. 2011 IEEE International Conference on Computer Communications, 2011: 829-837.

[28] Boneh D, Franklin M. Identity-based encryption from the Weil pairing. Advances in Cryptology—Crypto 2001. Berlin: Springer, 2001: 213-229.

[29] Byun J W, Rhee H S, Park H A, et al. Off-Line Keyword Guessing Attacks on Recent Keyword Search Schemes Over Encrypted Data. Berlin: Springer, 2006: 75-83.

[30] Yang H M, Xu C X, Zhao H T. An efficient public key encryption with keyword scheme not using pairing. 2011 First International Conference on Instrumentation, Measurement, Computer, Communication and Control, 2011: 900-904.

[31] Rhee H S, Park J H, Susilo W, et al. Trapdoor security in a searchable public-key encryption scheme with a designated tester. Journal of Systems and Software, 2010, 83(5): 763-771.

[32] Luo W, Zhang X. Public key searchable encryption without random. Journal of Computational Information System, 2013, 9(12): 4765-4772.

[33] Luo W, Zhang X, Tan J. Searchable public key encryption based on RSA assumption and extended to multi-user setting. Advances in Information Sciences and Service Sciences, 2013, 5(8): 957-964.

[34] Luo W, Tan J. Public key encryption with keyword search based on factoring. 2012 IEEE 2nd International Conference on Cloud Computing and Intelligent Systems, 2012, 3: 1245-1247.

[35] 谭建明. 云存储中可搜索加密方案的研究与设计. 重庆: 重庆邮电大学, 2013.

[36] Li J, Wang Q, Wang C, et al. Fuzzy keyword search over encrypted data in cloud computing. 2010 IEEE International Conference on Computer Communications, 2010: 1-5.

[37] Kuzu M, Islam M S, Kantarcioglu M. Efficient similarity search over encrypted data. 2012 IEEE 28th International Conference on Data Engineering. Piscataway: IEEE, 2012: 1156-1167.

[38] Zhang Z, Hadjieleftheriou M, Ooi B C, et al. Bed-tree: an all-purpose index structure for string similarity search based on edit distance. The 2010 ACM SIGMOD International Conference on Management of Data. New York: ACM, 2010: 915-926.

[39] Chuah M, Hu W. Privacy-aware bedtree based solution for fuzzy multi-keyword search over encrypted data. The 31st International Conference on Distributed Computing Systems Workshops. Piscat-away: IEEE, 2011: 273-281.

[40] Moataz T, Shikfa A, Cuppens-Boulahia N, et al. Semantic search over encrypted data. 2013 20th International Conference on Telecommunications. Piscataway: IEEE, 2013: 1-5.

[41] Charikar M S. Similarity estimation techniques from rounding algorithms. The Thiry-Fourth Annual ACM Symposium on Theory of Computing. New York: ACM, 2002: 380-388.

[42] Manku G S, Jain A, Das Sarma A. Detecting near-duplicates for web crawling. The 16th International Conference on World Wide Web. New York: ACM, 2007: 141-150.

[43] Wang C, Ren K, Yu S, et al. Achieving usable and privacy-assured similarity search over outsourced cloud data. 2012 IEEE International Conference on Computer Communications INFOCOM. Piscataway: IEEE, 2012: 451-459.

[44] Lu J, Lin C, Wang W, et al. String similarity measures and joins with synonyms. The 2013 International Conference on Management of Data. New York: ACM, 2013: 373-384.

［45］Arasu A,Chaudhuri S,Kaushik R. Transformation-based framework for record matching. IEEE 24th International Conference on Data Engineering. Piscataway:IEEE,2008:40-49.

［46］Arasu A,Chaudhuri S,Kaushik R. Learning string transformations from examples. Proceedings of the VLDB Endowment,2009,2(1):514-525.

［47］Tsuruoka Y,McNaught J,Ananiadou S. Learning string similarity measures for gene/protein name dictionary look-up usinglogistic regression. Bioinformatics, 2007, 23 (20): 2768-2774.

［48］Gentry C. A fully homomorphic encryption scheme. http:// crypto. stanford. Edu /craig ［2015-5-20］.

第4章　云计算环境的可证明数据安全

云计算作为一种新型的计算模式,在科学计算和商业领域均发挥着越来越重要的作用,受到学术界和企业界的广泛关注。其中云存储服务是云计算环境的重要组成部分。用户对云存储数据的依赖性日益增长,越来越多的数据存储于数据中心。同时,云服务宕机事件时有发生,由于人为的利益关系也有可能产生不安全因素。

用户对云环境中存储的数据安全是否放心、双方是否有公平的约束,成为研究者关注的一个重要问题。可证明的数据安全即成为云计算环境下现实的高品质服务需求。云存储服务商和用户可以基于服务协议,云存储服务商向用户进行承诺,实现数据安全存储,提供可证明的依据,在必要时可作为证据明确责任,对最终实现数据安全具有重要的实际效用。

4.1　可证明数据安全概论

4.1.1　可证明数据安全需求

由云存储服务商实现存储并管理数据的模式导致用户无法像在本地一样直接对数据进行控制和管理。同时,服务方又并非完全可信,并且其物理存储设备与服务器也有可能出现故障,用户有理由担心数据的安全性。所以,除了服务方可以自行采取传统备份、容错等数据安全措施,为了更好地保障数据安全,还迫切需要一种可证明的约束机制:既能证明服务方确实达到了所承诺的服务质量,也约束用户方不会以数据存储服务未达到服务质量为由进行敲诈。服务方事先对收到的用户数据进行确认,保证数据真实可靠,然后返回给用户正确收到用户数据的凭证(证据)。随后,用户可不定期地对服务方存储的数据进行验证以确认数据的安全性。实现这样的安全需求就毫无疑问地提供了实现数据安全保障的有力机制。

可证明的数据安全为数据的真实性、安全性提供了额外的安全保障及信用机制。数据安全的可证明性不直接提供额外的安全性,但可证明性安全为这种需求提供了有力的、有效的解决问题的机制[1]、方法,即服务商有主观的意愿真正实现数据安全。更进一步说,第三方证明、验证结果可以为解决纠纷提供有力的电子数据证据。电子数据在我国新的法律体系中也已作为新的证据类型独立存在,预先采取技术手段预防纠纷或在必要时提供电子数据证据成为广泛的实际需求。可证明的数据安全机制支持用户或第三方对数据安全,即完整性与可用性以及数据存储可靠性(容错性)等进行验证以确认数据的安全。

4.1.2　数据安全证明模型

数据安全证明模型:服务方存储用户数据文件及关联性标签数据,验证者通过询问服务方获得服务方响应得到回复结果,通过用户数据和关联性数据之间的联系判断数据是否具有约定的安全性。数据安全证明模型主要有传统的完整性检验及安全审计模型、云环境下的数据持有性证明[2](provable data possession,PDP)模型和数据可检索性证明[3](proof of retrievability,POR)模型。

1. 传统的完整性检验及安全审计模型

传统的完整性检验一般采用哈希对比检验。用户方自己存储数据文件的哈希数据,当需要完整性检验时,下载回原有数据文件,自行重新计算数据文件的哈希值,与用户自行存储的哈希数据进行比较。若两者相同,则数据具有完整性;否则,数据已有变化,不具有完整性。

消息认证码(message authentication code,MAC),也称带密钥的哈希函数。针对云存储服务器(远程)上数据完整性的问题,进行前述哈希对比检验方法需要在知道密钥的情况下才能计算出正确的哈希值。所以,完整性验证需要的 MAC 值存储任务或者 MAC 值计算任务中的一项可由服务方承担。

1) 简单 MAC 方案

一个简单的方案是:数据的拥有者计算整个文件的消息认证码(MAC),然后再将文件外包,存储到云服务器。用户方自己存储数据文件的 MAC 值。当用户需要检查数据的完整性时,发送一个请求来取回文件,重新计算整个文件的 MAC,并将重新计算得到的 MAC 与先前存储的值比较。若两者相同,则数据具有完整性;否则,数据已有变化,不具有完整性。另一种选择是用户可以不取回文件,用户发送密钥给服务方,服务方计算得到 MAC 值传回给用户,用户继续比较,得到相应结论。显然,用户自己不取回文件、不计算 MAC 值,则该方案只能验证一次。之后,由于服务方知道了密钥,也已知道了 MAC 值,用户自行存储 MAC 的办法已无法约束服务方的行为。

2) 多 MAC 方案

为了克服上述困难,用户可使用不同密钥计算多个 MAC,每次验证时提交一个密钥,由服务方计算,发回 MAC,用户进行比较验证。显然,用户需要存储多个 MAC 值,并且一个密钥只能使用一次,验证次数很有限。

3) 分块的 MAC 方案

为了避免取回整个数据文件,可对文件进行分块,并根据需要验证指定的文件块,或者随机选择一些数据块进行验证。用户不再计算整个文件的 MAC,而是将数据文件 F 分成若干数据块 $\{d_1, d_2, \cdots, d_n\}$,计算每个数据块 d_i 的 MAC 值 σ_i: $\sigma_i = \mathrm{MAC}_{sk}(i \parallel d_i)$, $i = 1, 2, \cdots, n$。用户方将数据文件 F 和所有 MAC 值 $\{\sigma_i\}_{1 \leqslant i \leqslant n}$ 发送到云服务端进行存储。用户方删除文件的本地副本,并且只存储密钥 sk。在验证过程中,验证者请求一组随机选择的块和它们的相应的 MAC,使用密钥 sk 重新计算每个取回块的 MAC,并将重新计算 MAC 与从服务器端取回的值进行比较。此方法的合理性是提供某种需要的概率来认可数据的完整性、正确性,验证文件的一部分远远比验证整个文件更容易。此时的通信数据量与查询数据块大小及验证次数呈线性增长,当可用带宽非常有限时,则此方案不切实际。对于简单的应用场景,可以采用上述方案。由于分块的 MAC 方案适用场合的限制,云计算环境的数据完整性验证一般不采用该方案。

2. 数据持有性证明模型

数据持有性证明模型采用挑战(质询)-响应的模式要求服务方提供证明确认服务方持有该数据[1,2],即数据正确地在服务方存储。该模型方案也可以采用 MAC。由于 MAC 需要私有密钥,MAC 数据的计算任务和 MAC 数据的存储任务服务方不能同时承担。所以,云计算环境的数据持有性证明模型一般采用公钥体系中的数字签名作为关联性标签数据。数字签名具有确认是否与相对应的数据匹配的作用。如果出现不匹配,PDP 机制即可以检测出存储在云计算服务器上的数据文件受到了损坏、产生了变化或者遭到篡改。在一个典型的 PDP 模型中,数据拥有者(用户)会自行产生数据文件的关联性数据并和数据文件一起存储到服务方,删除文件的本地副本。数据拥有者假定云服务方(存储服务器)不可信。在必要时通过质询-响应协议来对远程的云存储服务器上的数据文件进行验证。服务器要证明其仍然以原来的形式存储着数据,就需要依据质询要求诚实地计算并返回相应的结果。验证者可以是原始数据的拥有者或者是一个可信的第三方实体。一个 PDP 方案、可证明的数据拥有协议将允许验证者有效地、周期性地和安全地验证远程服务器上存储的用户数据是否具有完整性或者说是否安全。

为了避免验证时需要对整个文件进行运算、处理,一般需要将整个文件分割成若干块,同时为每个块分别生成关联性标签数据,通俗地说是"指纹"。必然地,这个方案意味着标签数据的存储量与数据分块数量的多少呈线性关系。此时,可针对性地进行验证,确定某个块,或其中的某些数据块是否具有完整性。为了高效率地实现,各种研究文献均倾向于使用具有同态性质的验证标签(homomorphic verifiable tags，HVT)/同态的线性验证器(homomorphic linear authenticators，HLA)。这一同态性质使得验证时可以采用聚集的方式实现一次验证多个数据块。同态标签属于用户生成的不可伪造元数据，通过验证聚集的标签与组合的文件数据块，验证者可以确认这些标签与多个数据块之间的关系是否正确，也就可以确认服务方是否正确地存储了相应的数据块和数据标签，以及是否正确地计算了其聚合关系。这种标签聚集、文件块组合使得验证者与服务方需要通信的数据量大大减少。

3. 数据可检索性证明模型

Juels 和 Kaliski 提出数据可检索性证明模型，即 POR 方案模型[3]。在数据文件中随机嵌入了一些称为"哨兵"的特殊数据块，融合了纠错码机制，为出现错误时恢复原数据文件提供一定的保障。对于服务方，不了解这些特殊数据块的存在以及如何存在。特殊数据块隐藏在常规文件块中作为哨兵，验证者随机挑选哨兵作为质询数据块并检查它们是否被损坏，用户也可以通过对指定的一些数据块进行验证来检测服务器是否对数据进行了修改。如果服务器修改或删除了部分数据，哨兵会以一定的概率受到影响。该方案只允许有限次的质询数据文件，它由被嵌入数据文件中的哨兵的数量决定。数量有限的质询次数是由于哨兵和它们在文件中的位置可能在每次质询后暴露给服务器和验证者，而暴露的哨兵不能再次使用。验证者可以从服务器发来的多次可靠的响应结果来重构数据文件。该模型也可以从分类的角度看成 PDP 模型在容错性方面的改进方案。

4.1.3 可证明数据安全研究发展

1. 数据安全可验证方法——数据完整性从私人可验证到公开可验证

对于传统存储系统，如在线存储系统、海量存储系统以及数据库存储系统等，有一种数据完整性检验主要是基于访问的，对需要访问的数据文件进行整体验证，显然这种方案的 I/O 代价、网络带宽都是明显问题。另一种数据完整性检验方案是基于质询(挑战)和应答的，由用户指定某些数据块，服务器来生成数据完整性的证据，最后由用户来验证、判断结果，即用户在取回较少数据的情况下，通过某种知识证明协议或概率分析手段，以高置信概率判断远端数据是否完整。从验证者的角度，又可将所有验证方案分成私人可验证和公开可验证两类。私人可验证方案即支持数据存储用户自己对所存储的数据进行验证，并得到数据是否完整、可用的结论。公开可验证方案可由用户或任意的第三方对所存储数据进行验证，从而得到公开的关于数据是否完整、可用的结论。

典型的研究工作包括 Juels 等提出面向用户的私人验证的数据可检索性证明（POR）方法，该方案利用秘密的数据块间的联系和伴随的纠错数据以保证远程数据的存储可验证性和可恢复性。舒继武等提出的数据持有性检查（data possession checking，DPC）方案符合数据持有性证明模型[4]，该方案是私人可验证方案，方案的基本思想是通过选取随机数据块，检验数据块密钥哈希值和数据块的匹配情况以确定数据持有性。随着用户需求的变化，研究者提出基于对称密码技术构造高效率的 PDP 私人验证方案[4]和多副本的私人验证方案（MR-PDP）[5]。之后，Shacham 等则提出了两个方案[6]，这两个方案都使用同态标签：一个方案基于伪随机函数，不支持公开验证；另一个方案基于 BLS 签名[7]，支持公开验证，使用短签名具有数据量方面的优势。

数据安全的可证明性问题得到广泛关注，不同签名技术也得到研究[8]。第三方的角色具有中立性，选取某第三方执行该任务时还可以考虑争议双方的意见。公开验证可由任意的第三方实现，得到的结论具有证明作用，即验证结论可作为电子证据的来源。公开验证逐渐成为一种普遍的需求。

2. 动态数据完整性——从静态数据可验证到动态数据可验证

从应用的场景需求，用户数据可分为档案型的静态存储数据和业务型的动态存储数据。相应地，根据云存储数据是否可更新，现有完整性验证方案可分为静态数据可验证和动态数据可验证两类。

早期的方案主要针对静态数据，实际应用中更多的情形是用户需要不时地修改数据。所以，人们逐渐关心的一个重要问题是云存储应用中数据的动态操作。云环境远程存储的数据应该不仅是可访问的，而且是可更新的。同时，由于昂贵的 I/O 代价及网络通信代价，频繁下载整个数据文件然后验证数据的完整性再进行数据的动态操作是不切实际的。基于效率的考虑，动态操作及其结果正确性验证过程中也不应取回整个外包数据文件，而只获取、修改有关的部分，体现细粒度数据访问与安全的需求。

近年来，研究者致力于在满足外包数据的公开可验证性的前提下，融合支持数据动态操作包括数据的更新、插入、删除等，使数据完整性及可用性更加贴近实际应用[9-13]。Erway 等扩展了 PDP 模型[9]，以支持可证明存储数据更新。Wang 等系统性地考虑了完整性验证的全过程及批处理等提高性能的方式，主要采用基于 BLS 同态签名和 RS 纠删码的方法来实现公开可验证数据完整性及可用性[13]。

3. 数据存储安全性——具有容错能力的完整性可验证方法

在数据完整性及可用性可验证的基础上，研究者十分关注数据容错方面的安全性。从数据存储安全性的角度看，现有方案或者直接存储原始数据（可加密），或者使用基于备份、纠删码、网络编码等不同数据安全策略实现数据一定程度的冗余[5,13-16]。例如,Curtmola 所在的研究小组扩展了 PDP 方案,提出多备份 PDP (MR-PDP)方案[5]。该方案首先将数据加密,然后将加密数据与多个不同的流密码产生的随机数据流异或,通过对数据进行变换以屏蔽原数据和冗余数据之间的关系,最后验证服务器端存储的每个备份。Yu 等则改进了 MR-PDP 方案[14],使其既支持公开可验证,又实现可验证多备份完整性检验方法。RSA 实验室的 Bowers 等[16]提出的 HAIL 方案在多个存储服务提供者之间作数据副本或冗余,然后使用 POR 方案检测数据是否被破坏。当检测到某一服务提供者的数据被破坏时,可以利用其他服务器的数据进行恢复。Wang 的方案则采用 RS 纠删码来实现远程数据的可恢复性[13]。Chen 等[17]提出了一个基于网络编码的分布式存储系统远程数据检测(RDC)方案,即 RDC-NC 方案,实现远程数据的完整性检验和数据损坏后修复的功能。

具有容错能力的完整性可验证方法研究面临的主要问题:目前采用的多备份、纠删码等数据容错安全机制完全并直接地依赖于用户方。用户方需自己对数据进行管理,包括出错检测及恢复,数据处理任务重、管理复杂,并没有与数据安全存储服务、完整性验证策略协调一致。从本质上看,服务方没有提供额外的安全性,提供可验证的高效率数据容错安全机制仍是一个难题。

4.1.4　可证明数据安全验证方案分类

基于可能的数据安全威胁和现实的应用需求,研究者已提出了各种各样的数据安全可证明方案。依据数据安全和应用需求,可以分别采用以下的不同标准对现有方案进行分类。

根据验证结论的可信程度,完整性可证明方案可以分为完全确信的验证方案和满足一定概率置信度的验证方案。从验证者的角色考虑,完整性可证明方案可分为特定的验证者和任意的验证者即用户私人验证。以及第三方公开验证方案。依据支持验证次数的多少,验证方案可分为有限次验证方案和无限次验证方案。

对于验证时是否支持用户的数据隐私保护,可以分为验证者获取原始数据块、获取聚合性数据(多次获取数据)、完全无法获得原始数据的三类方案,最后一类称为具有完全的隐私保护功能的方案。

根据应用场景需求,可以分为处理静态档案型数据方案和支持用户数据动态更新的方案。此时的分类可以与支持或不支持隐私保护功能进行交叉分类。

根据是否支持数据容错,可以分为不可恢复的单一数据文件存储和具有某种程度的可恢复能力的数据安全方案,以及可独立恢复整体文件的多个备份容错性方案。不支持容错时,用户是否加密数据可作为独立的选项,可以与验证方案相分离。

根据采用不同类型的认证标签,可将现有的 PDP 认证方案分为基于 MAC 的 PDP 机制、基于 RSA 签名的 PDP 机制、基于 BLS 签名的 PDP 机制等。根据数据存储与安全验证服务中参与方在存储、计算、通信过程中付出的代价也可进行不同分类。另外,数据分块的粒度、数据分块是否可变等也是可以进一步探讨的因素。

4.1.5　数据安全威胁与安全需求

假设典型的云计算环境的存储系统具有三个不同的网络实体,分别是用户方、服务方(云存储服务提供商)和第三方证明者/验证者,少数情景的问题可以讨论服务方、用户方双方,或者添加特定条件下的其他第三方。存储系统的三个网络实体的主要需求、作用或者特性如下。

(1) 用户(user):数据文件的拥有者,有大量的数据文件需要存储在云端,并将数据的维护、管理和计算等任务委托给云服务方。用户可以是个体消费者或者是公司、组织,数据拥有者可以有多个共同拥有者。

(2) 服务方(server)或者云服务提供商(CSP):存储用户的数据文件,拥有巨大的存储空间和计算资源以管理用户的数据文件,由众多的云存储服务器(cloud storage server)实现,由云服务提供商(CSP)管理,云计算服务方将为众多的用户提供存储服务。

(3) 第三方证明者/验证者(third party auditor,TPA):接收用户的请求后,可长期代表用户检验数据是否存储正确,周期性地开展云存储服务的安全性评估。第三方验证者拥有云计算用户不具备的专业知识和能力。在出现争议时,可由双方认可的某第三方实现证明,验证结论具有证明作用。

在云计算模式中,用户可以把数据文件放在云服务器上,这样就免去了大量的存储负担和计算代价。当用户端不再在本地存储自己的数据时,保证用户的数据都被正确地存储和维护是至关重要的。也就是说,用户端应配备一定的安全装置,使他们能够定期验证不存在本地副本的远程数据的正确性。如果用户缺乏时间,或者缺乏其他资源监测他们的数据,可以委托受信任的 TPA 监测数据。

由于用户或 TPA 验证数据的过程中不可以(保证数据的隐私),也不需要把远程的数据文件下载到本地,所以区别于传统的只有用户和云存储服务方的两方审计,三方审计模式节省了频繁下载数据文件时的带宽。用户端外包了数据文件后只存放少量的验证元数据,故其占用的存储空间很小,并且大大减小了用户计算整个数据文件的计算代价。这既符合用户的需求,也符合云计算服务的发展趋势。在没有本地副本的情况下,用户对远程的数据文件进行验证的方案,将存储资源和计算代价从用户端转移到服务器端。除此之外,由于两方审计模式只有用户和服务器两个实体,数据的验证结论不能得到公正的断定,所以会产生相应的安全问题。

当用户在云计算环境下使用云存储服务时,用户没有在本地保留远程数据文件的副本,对远程数据文件失去了直接控制权。一方面如果云服务器上数据损坏或不完整了,用户就丢失了其数据文件,所以云存储服务器上的数据的安全对用户来说尤为重要;另一方面用户希望能随时访问云端的数据。

对于云计算环境下的三方关系,可以合理地假定存在一个半可信云服务提供商(自私的合作)。也就是说,在一般情况下它的行为是正确的并且不偏离协议的规定执行。然而,在提供云数据存储服务的过程中,为自己的利益,云服务提供商可能会忽视保留或故意删除属于普通云计算用户的很少访问的数据文件。此外,云服务提供商可能会隐藏黑客攻击或拜占庭式的故障所造成的数据损坏,以维护其声誉。因此假设云存储服务方是不可信的,可能是存在恶意的云存储服务方(服务方会恶意修改乃至删除数据)或用户对云存储服务方缺乏信任。云存储服务面临的问题是为用户找到一种高效的方式来验证远程云服务端数据的真实、完整性。

另外,当完整性验证方案引入第三方验证方,用户可能会担心潜在的泄露数据隐私问题。当第三方多次进行完整性验证并不断收集用户数据时,只要收集到足够多的相同数据块的线性组合,就能够通过解方程的方式很容易地获得该数据块的内容。假设 TPA 提供可靠和独立的数据安全验证业务,则在验证过程中没有明显的动机来串通云服务提供商或用户。TPA 应该能够在没有本地数据副本,也不会为云用户带来额外的网络负担的情况下有效地验证云端的数据,验证的过程不会泄露用户的隐私。为了解决这个问题,可以将隐私保护融入数据完整性验证过程中,由于隐私保护会引起一些额外的通信和计算代价,一般可以将它作为一个用户可选择的服务质量选项。

上述讨论涉及远程数据完整性检验协议的两个安全需求,即服务方安全和第三方验证者安全。除此之外,用户作为云存储架构的一个实体也有可能是恶意的、不可信的。

表 4.1 列出了云计算环境下数据安全威胁/安全需求。表 4.1 中在衍生的安全需求栏提出应对云计算环境下数据安全威胁思路与满足需求的技术路线实现途径。当服务提供商不可信时,无论其不诚实或是系统故障,都可以通过融合了数据容错的数据完整性和可用性验证来消除这个安全威胁;当第三方审计方具有某种不可信时,通过进一步融合数据加密或隐私保护方案来解决;当用户不可信时,通过委托第三方验证者代替用户完成完整性验证和用户提交外包数据时服务方验证用户数据及参数的一致性来消除用户不可信带来的安全威胁。

表 4.1 数据安全威胁/安全需求

参与方	问题假设	安全威胁	直接安全需求	衍生需求
服务方	不诚信	删除、篡改数据	数据完整性及可用性验证	融合数据容错与完整性及可用性,验证数据安全
	系统故障	数据出错数据丢失	数据容错	
用户方	身份变化	用户控制权转变	多用户合作控制权	尽量由服务方或第三方实现
	资源不足	安全性无法验证	高效率验证方案	
第三方验证者	好奇/获取信息	侵犯用户隐私	隐私保护、信息屏蔽	

和众多研究者的假设一样,本章假设提供数据存储服务的服务方不完全可信。使得云计算环境的数据存储安全需要增强保障能力的安全证明。同时,云计算环境下数据存储及处理相关实体关系复杂——存储及处理过程需要多方参与,数据主要由远程服务器端实现计算、存储处理,用户方本地不保留数据备份,计算、存储资源对用户缺乏直接控制权。服务方不完全可信、不完全可靠,甚至可能存在恶意修改乃至删除数据的可能。

4.2 数据安全证明机制

依据信息的基本安全属性,数据安全涉及数据的秘密性、完整性以及可用性、容错性等。数据秘密性依赖于加密、解密技术以及密钥管理等,具有某种程度的独立性。本章主要研究可证明的静态数据安全问题。具体分别讨论数据安全证明的机制、数据完整性公开证明方法、具有容错能力的数据完整性验证方法以及移动云计算模式的可证明数据安全。可证明数据安全的核心是证明服务方存储的数据具有完整性——数据未发生变化(损坏/丢失),数据具有完整性就表明在这一方面数据具有安全性。数据的可用性间接依赖于数据完整性,服务方是一个理性的合作者,数据可访问、数据具有完整性时可以保证数据可用性。数据的容错目前也是在预先对数据进行容错处理的基础上,基于新的数据的完整性来体现数据的容错能力,并且具有可证明特性。在讨论具体内容时,以此为研究目标设计一种安全、合适的数据完整性验证方案。对于云计算环境下的数据安全性证明,具体通过数据完整性验证过程进行证明。

4.2.1 数据安全证明通用框架

要证明用户数据得到安全存储,核心是要证明服务方存储的数据具有完整性。数据具有完整性就表明数据具有存储安全性。目前已有的完整性验证方案众多,为方便读者理解各种不同的技术方案,本节基于技术的发展趋势,将数据完整性验证的通用框架阐述如下。

一个数据完整性验证方案由准备阶段和验证阶段组成。在各种信息准备完成、妥当存储的基础上,通常采用抽样的策略,由验证者对存储在云环境中的数据文件发起完整性验证请求,然后由服务方提供证据,验证者进行验证、核实以得到结论。具体实现由多个多项式时间内算法组成。

1. 数据完整性验证方案准备阶段

用户首先运行初始化算法生成密钥对,然后对存储的文件进行分块并为文件中每一个数据块生成同态标签集合,然后将数据文件和签名集合同时存入云中,删除本地的备份。具体形式化描述为下面的三个算法。

(1) 密钥生成算法:KeyGen( )→(sk,pk)。密钥生成算法由需要密钥的用户在本地执行,根据安全需要确定相应的安全强度,主要对应到公钥、私钥取值范围——需要使用的比特数。算法返回一个匹配的公钥、私钥对(pk,sk)。

(2) 文件分块算法:FileSplit(F)→($\{d_i\}$,$i=1,2,\cdots,n$)。文件分块算法由用户方执行,划分得到 n 个数据块,数据块 d_i 具有次序编号 i。

(3) 数据块标签(签名)生成算法:TagGen(sk,d_i)→σ_i,$\varPhi=\{\sigma_i|i=1,2,\cdots,n\}$。数据块标签(签名)生成算法由用户方执行,为文件的每个数据块生成具有同态性质的标签(签名),最终得到标签集合作为认证的元数据。该算法输入参数包括私钥和文件数据块,返回认证的元数据。

2. 数据完整性验证方案验证阶段

验证阶段采用挑战(质询)-响应模式,验证者提出挑战请求,然后验证从服务方获得的证据,得到判断结论。形式化描述为下面的三个步骤/算法。

(1) 挑战请求生成算法:ChalGen(n,c)→$\varTheta$。挑战请求生成算法由验证者执行,根据验证的数据块规模,指定需要验证的数据块序号,并为每个数据块随机选择一个组合系数,选择结果共同作为实际的挑战请求。细节的形式化描述参见后面实例。

(2) 证据生成算法:ProofGen($\varPhi$,F,$\varTheta$)→P。该算法由服务方执行,生成完整性证据 P。输入参数包括认证标签集合、数据文件和挑战请求。执行过程中可能会使用相关公钥信息,执行后生成该次挑战请求的完整性证据 P。

(3) 证据验证算法:ProofCheck(P,$\varTheta$)→{TRUE,FALSE}。由验证方执行,输入参数为证据和挑战请求,对服务方返回的证据进行判断,返回验证成功(TRUE)或失败(FALSE)的结论。

4.2.2 选择性验证方法

在云计算环境下,云用户数量较大,且每个云用户的数据文件都可能是海量的,将数据下载到用户本地的方法会导致大量带宽的消耗和用户资源的占用,因此传统的数据完整性验证方法并不适用。一般采用保持一定可信程度的概率验证法。

根据用户需求、应用环境等设定一定的置信度,采取随机抽样的方式来避免取回整个数据文件。验证者随机确定验证特定位置的一定量的数据分块,要求将这些数据分块作为抽样验证数据。没有攻击者可以在没有真实存储用户数据的时候,以不可忽略的概率通过数据完整性验证方案。如果通过验证,则说明云服务方存储的数据完整、正确,相对于取回整个文件,概率验证法极大地减少了验证过程中的通信代价。

Shacham 等的研究表明,验证者质询或挑战时所用的数据块组合系数不可缺少,否则,服务方可以一定的概率在未拥有全部数据时通过验证[7]。

验证数据块的多少依赖于数据出错的比例和验证结论的可信程度。设用户的数据文件数据块总量非常大,已选取块对下一次选择几乎没有影响,同时出错数据块比例相对较低。设 ρ 为出错数据块比例,p 为验证者检测出服务方数据出错的概率,x 为需要验证的数据块的数量。那么,三者之间满足如公式(4.1)所示的关系,即

$$p = 1 - (1-\rho)^x \tag{4.1}$$

不同出错比例和不同检测概率下需要验证的数据块数量见表 4.2。

表 4.2　不同错误率和检测率的验证数据块数

p ＼ ρ	3%	2%	1%	0.5%	0.1%
99.9%	227	342	688	1379	6905
99.5%	174	263	528	1058	5296
99%	152	228	459	919	4603
95%	99	149	299	598	2995

由于需要验证的数据块数量 x 为离散取值,可以按照离检测置信度最近的方式选取,也可以选取达到其误差范围的任意值,还可以要求确保达到预先设定的检测置信度。为了确保达到预先设定的检测置信度,则 x 应取能使检测置信度达到或超过概率 p 的最小值。表 4.2 表明,不同出错率和不同的验证结论置信度对验证时选取的数据块数量有较大的差异。众多研究常用的测试用假设参数组合:验证者在众多的数据块中任意选择 460 个数据块进行验证,当这个文件有 1% 的数

据块出错时,可以有 99% 的概率检测出数据出错。而从表中可见,259 个数据块可以确保 99% 的概率检测出数据出错。

4.2.3　一个数据完整性私有验证方案实例

有了签名完整性验证通用算法框架和选择性验证思路,下面给出一个完整的静态数据完整性私有验证方案,记为方案 4.1。

1. 符号定义

该验证方案中采用的已定义符号或函数如下。

符号 Z_q 表示元素个数为 q 的有限域,一些场合也记为 GF(q)。

$f(\cdot):\{0,1\}^* \to Z_q$ 为伪随机函数(pseudo-random function,PRF),由用户选定,必要时可选择使用带密钥 K 的 $f_K(\cdot)$。

2. 准备阶段

在准备阶段,该验证方案依次使用如下的算法(函数)并执行相应操作。

(1)密钥生成算法:KeyGen(λ)→sk。密钥生成算法输入参数 λ 为安全性参数,对应于表示密钥的比特数,体现安全的强度。用户从有限域中选择一个随机元素 $\alpha \leftarrow Z_q$,其中有限域的阶 q 为大素数,其取值满足最终所取安全参数 λ 约束下的数据范围,即 $\log_2 q \leqslant \lambda$;并为伪随机函数 f 选择一个 K,得到用户的私钥 sk:(α, f_K)。

(2)文件分块算法:FileSplit(F,n)→$\{d_i | i=1,2,\cdots,n\}$。文件分块算法由用户方执行,将用户的数据文件 F 分块,得到 n 个数据块 d_i,且 $d_i \in Z_q$,$i=1,2,\cdots,n$,数据块 d_i 具有次序编号 i。

(3)数据块标签生成算法:TagGen(sk,d_i)→Φ。用户方执行数据块标签生成算法,使用公式(4.2)计算每个数据块的认证标签。

$$\sigma_i = f_K(i) + \alpha \cdot d_i \tag{4.2}$$

由此可得到同态签名标签集合 $\Phi=\{\sigma_i | i=1,2,\cdots,n\}$,$\sigma_i \in Z_q$。然后将数据文件 F 和标签集合 Φ 同时发送给服务方,服务方接收后可删除本地的 $\{F,\Phi\}$。

签名标签的同态性质可演示如式(4.3)所示,即

$$\begin{aligned} \sigma_i + \sigma_j &= f_K(i) + \alpha \cdot d_i + f_K(j) + \alpha \cdot d_j \\ &= f_K(i) + f_K(j) + \alpha \cdot (d_i + d_j) \\ &= \sigma(d_i + d_j) \end{aligned} \tag{4.3}$$

基于此同态性质,签名标签与数据部分可以实现多个数据块信息的聚合。签名标签的组合可以在数据块的组合基础上进行含义相同的运算得到。

3. 验证阶段

在验证阶段,该方案使用如下的函数并执行相应操作。

(1) 挑战请求生成算法:ChalGen$(n,c) \rightarrow \Theta$。挑战请求生成算法由验证者执行。算法从文件 F 的 n 个分块序号或索引集合 $[1,n]$ 中随机挑选出 c 个索引,记为 $\{s_1, s_2, \cdots, s_c\}$,并且为每一个索引 i 选取一个随机元素 $\nu_i \in Z_q$,将两者组合一起形成挑战请求 Chal:$\Theta = \{(i, \nu_i)\}_{s_1 \leqslant i \leqslant s_c}$,将 Θ 发送给服务方。

(2) 证据生成算法:ProofGen$(\Phi, F, \Theta) \rightarrow P$。证据生成算法由服务方执行。服务方作为证明者,根据存储在其服务器上的数据文件、验证标签集合 $\{F, \Phi\}$ 和接收到的挑战请求 Θ,生成完整性证据 P。由于该方案的验证标签具有同态性质,完整性证据 P 由聚合后的数据块组合与聚合标签 (μ, σ) 构成。依据挑战请求,数据块组合与聚合标签方式如式(4.4)和式(4.5)所示,即

$$\mu = \sum_{i=s_1}^{s_c} \nu_i \cdot d_i \tag{4.4}$$

$$\sigma = \sum_{i=s_1}^{s_c} \nu_i \cdot \sigma_i \tag{4.5}$$

服务方将完整性证据 P——(μ, σ) 返回给验证者。

(3) 证据验证算法:ProofCheck$(P, \Theta) \rightarrow \{\text{TRUE/FALSE}\}$ 由验证者执行。验证者采用公式(4.6)进行判断,如果该式左右相等则返回 TRUE,表示完整性验证成功通过;否则,返回 FALSE,表示验证失败。

$$\sigma \stackrel{?}{=} \alpha \cdot \mu + \sum_{i=s_1}^{s_c} \nu_i \cdot f_K(i) \tag{4.6}$$

公式(4.6)本质上就是验证若干数据块的组合中任意数据块及其对应签名的关系是否满足对应关系。基于收到的完整性证据 P——(μ, σ),将数据块签名标签聚合公式(4.5)、数据块聚合公式(4.4)及标签计算公式(4.2)代入,可得其关系演算过程如式(4.7)所示,即

$$\sigma = \sum_{i=s_1}^{s_c} \nu_i \cdot \sigma_i$$

$$= \sum_{i=s_1}^{s_c} \nu_i \cdot (f_K(i) + \alpha \cdot d_i)$$

$$= \sum_{i=s_1}^{s_c} \nu_i \cdot \alpha \cdot d_i + \sum_{i=s_1}^{s_c} \nu_i \cdot f_K(i)$$

$$= \alpha \cdot \sum_{i=s_1}^{s_c} \nu_i \cdot d_i + \sum_{i=s_1}^{s_c} \nu_i \cdot f_K(i)$$

$$= \alpha \cdot \mu + \sum_{i=s_1}^{s_c} \nu_i \cdot f_K(i) \tag{4.7}$$

式(4.7)表明对于真实的标签和数据组合,使用等式(4.6)能够通过证据验证,得到验证成功的结论,证明数据存储的正确性。等式右端由两部分构成:等式右端第二部分为带有密钥的随机函数的随机值的线性组合,计算任务由验证者完成,其结果必然为真实的;并且该部分随机函数的参数带有数据块序号,所以服务方也不能用其他正确的数据块替换。等式右端第一部分是私钥与数据块随机线性组合的乘积。若攻击者可以任意伪造一个数据块 d_i 的标签,且与原标签不同,该标签在验证时还能通过上述验证,则原标签与新标签之差和数据块之差满足 $\Delta \sigma = \alpha$ (Δd_i)。显然,对于相同的数据块,能通过验证的,其数据块标签也相同,多个数据块组合亦然。由于标签计算公式(4.2)右端两部分都有私钥,容易理解标签的不可伪造性。该方案的进一步安全性分析可参考文献[6]。验证者需要使用用户的私钥进行验证,所以该验证过程只能由用户自己执行,一般称为私人验证方案。

4.3　可公开验证的证明方法

私人验证方案只能由用户自行验证,用户可以明确知道数据是否诚实、正确地存储在服务方的云服务器上。若出现数据错误、验证无法通过,可以与服务方交涉,若服务方有自己的容错措施,可以及时恢复,或自觉履行服务方的某种承诺。然而,在数据无法恢复且造成了某种损失的情况下,服务方有可能进行抵赖,不承认服务方存储的数据存在错误。用户方与服务方将产生争议,这种情形下第三方无法相信任意一方。

于是,如果第三方能够参与,在必要时可以证明服务方提供的存储服务是否出现错误,则用户方与服务方的争议将不会出现或有证据证明谁的说法是真的。所以,下面将引入第三方,介绍有第三方存在的存储模型。

4.3.1　三方安全模型

4.1.5 节讨论云计算环境的数据安全威胁时已按多数情况下的三方模型介绍了基本信息。设云计算环境的存储系统具有三个不同的网络实体,分别是用户方、服务方(云存储服务提供商)和第三方证明者,具有代表性的云存储网络架构如图4.1 所示。

三个不同实体都有一定的不可信之处,分别产生相应的安全威胁。在此三方安全模型下,不诚实的服务提供商可能会有安全威胁,其攻击方式描述如下。

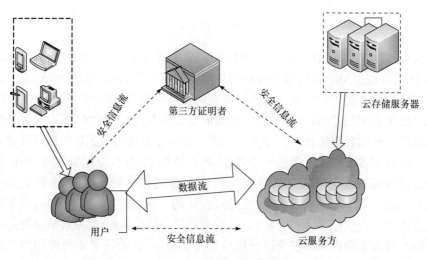

图 4.1　云存储网络架构

（1）替换攻击：假设云服务方存储的某些数据损坏，或者部分数据已被删除、篡改，为了通过数据完整性验证，云服务方选择其他的正确的数据块及其元数据来替换被质询的已损坏、被删除、篡改的某个或某些数据块。

（2）重放攻击：在数据完整性验证过程中，云服务方可以根据之前的验证过程中所得的结果产生本次验证的证据和信息，而无需实际去查询云服务器存储的数据。

（3）伪造攻击：云服务方基于不要被验证者发现存在的问题，有动机伪造数据块的元数据来欺骗验证者。

（4）压缩存储攻击：如果响应验证的挑战中需要返回数据块组合，只存储这种组合，如部分数据块的和。

从数据安全证明的角度看，一个合适的数据完整性验证方案必然需要满足以下几条基本要求。

（1）如果云服务方存储的远程数据文件是真实的、完整的、没有被修改的，那么云服务方能正确地通过用户或任意第三方验证者的完整性验证。

（2）如果云服务方存储的远程数据文件被篡改或伪造，那么云服务方不能正确地通过用户或任意第三方验证者的完整性验证。

（3）数据完整性验证过程能够防止不诚实的服务方可能会进行的上述攻击。

（4）远程数据完整性验证方案不应取回整个数据文件。

此外，从满足用户需求或者证明的方便性来看，如果数据完整性验证方案能实现以下几个特性则更好。

（1）公开可验证性——数据完整性的验证者可以是数据文件拥有者本身，也可以是任何用户授权的第三方审计者，均可得到公开的数据是否完整的答案。

（2）验证次数无限性——对远程的数据文件，用户或任意第三方执行完整性验证的次数应该是没有限制的。

（3）隐私保护——在授权的第三方验证者对远程的用户数据文件进行完整性验证时，验证者不能从验证的过程中获取到用户数据。

（4）具有容错能力的完整性验证——服务器故障等会导致用户数据的损失。除了服务方可以自行采取数据安全措施，加强数据容错安全性，对于重要的用户数据，用户还可以要求实现可以验证的数据容错。例如，实现用户数据的多副本存储，并且分散在不同的云服务器上。

（5）多用户多文件的批处理——同时执行多个用户的多个验证任务，以达到高效地处理多个验证任务。

后面的方案设计中，将适当地逐步或部分满足这些需求。

4.3.2 基于双线性对的公开验证方法

支持公开验证的方案实施完整性验证时不使用用户的私钥，只使用公开的信息。下面简要介绍和分析基于 BLS 签名的公开验证方案[6]，该公开验证方案记为方案 4.2。

1. 公开验证方案的技术基础

1）符号定义

该验证方案中采用的已定义符号或函数如下。

G 为 q 阶 Gap Diffie-Hellman(GDH)群，G_T 为另一个 q 阶乘法循环群，q 为大素数。对于 $u,v \in G$，则 $u \cdot v \in G$。

双线性映射：$e:G \times G \rightarrow G_T$，双线性映射 e 具有以下特性：①高效可计算性，即对于映射 e，任意 $u,v \in G$，存在高效的算法来计算 $e(u,v)$；②双线性：对任意的 u，$v \in G, a,b \in Z_q, e(u^a, v^b)=e(u,v)^{ab}$；③非退化性：$e(g,g) \neq 1$，$g$ 为 G 的一个生成元。

双线性对是近十年发展起来的构造密码体制的一个重要工具，本章的多个方案都是基于双线性对来设计的。

2）BLS 签名

BLS 签名[7]是利用双线性对构造的一种短签名方案，在基于身份的密码学和基于双线性对的密码学中具有非常广泛的应用。因其签名长度短的特性，使得采用该签名方案，在通信代价及存储代价方面的性能非常好。

BLS 签名方案包括三个算法,即密钥生成算法 KeyGen、签名算法 Sign 和签名验证算法 SigVerify。算法中 $H(\cdot):\{0,1\}^* \to G/1$ 为满足随机预言模型的哈希函数。三个算法的具体含义介绍如下。

① 密钥生成算法 KeyGen。算法从有限域中选择一个随机元素 $\alpha \leftarrow Z_q$,计算 $v \leftarrow g^{\alpha}$。生成私有密钥、公开密钥对 (α,v)。

② 签名算法 Sign。给出私有密钥 α 和消息(数据)文件 D,计算 $h \leftarrow H(D)$,再计算 $\sigma \leftarrow h^{\alpha}$ 得到签名。

③ 签名验证算法 SigVerify。给定公有密钥 v、消息文件 D 和利用私有密钥进行的签名 σ,计算 $H(D)$,然后利用双线性映射的性质验证 $e(\sigma,g)=e(H(D),v)$ 是否成立。如果等式左右两端相等,则 σ 是消息文件 D 的 BLS 签名,且验证通过,消息文件 D 具有完整性。

2. 公开验证方案的准备阶段

在准备阶段,该验证方案依次使用如下的算法(函数)并执行相应操作。

(1) 密钥生成算法:$\text{KeyGen}(\lambda) \to (\text{sk},\text{pk})$。密钥生成算法由用户方执行,$\lambda$ 为安全参数,各相关数据取值范围依此确定,体现算法中参数的安全强度。大素数 q 取值满足 λ 约束下的数据范围,即 $\log_2 q \leqslant \lambda$。用户从有限域中选择一个随机元素 $\alpha \leftarrow Z_q$,并计算 $v=g^{\alpha}$,选择一个随机元素 $u \leftarrow G$。从而得到私钥 $\text{sk}=(\alpha)$ 和公钥 $\text{pk}=(g,v,u)$。用户将公钥发给服务方,私钥自己保存。

(2) 文件分块算法:$\text{FileSplit}(F,n) \to \{d_i | i=1,2,\cdots,n\}$。文件分块算法由用户方执行,将用户的数据文件 F 分块,得到 n 个数据块。数据块 d_i 具有次序编号 $i,d_i \in Z_q,i=1,2,\cdots,n$。

(3) 数据块标签生成算法:$\text{TagGen}(\text{sk},d_i) \to \sigma_i$。用户方执行该算法,计算每个数据块的验证标签,也就是数据块签名。

此方案的数据块签名采用 BLS 签名,其计算公式为

$$\sigma_i = \sigma(d_i) = (H(i) \cdot u^{d_i})^{\alpha} \tag{4.8}$$

所得签名标签集合为 $\Phi=\{\sigma_i | i=1,2,\cdots,n\}$。然后用户将数据文件 F 和签名集合 Φ 同时发送给服务方,服务方接收后可删除本地 $\{F,\Phi\}$。

签名标签计算的同态性质可演示如式(4.9)所示,即

$$\begin{aligned}
\sigma_i \cdot \sigma_j &= (H(i) \cdot u^{d_i})^{\alpha} \cdot (H(j) \cdot u^{d_j})^{\alpha} \\
&= (H(i) \cdot H(j) \cdot u^{d_i} \cdot u^{d_j})^{\alpha} \\
&= (H(i) \cdot H(j) \cdot u^{d_i+d_j})^{\alpha} \\
&= \sigma(d_i+d_j)
\end{aligned} \tag{4.9}$$

基于此同态性质,签名标签与数据部分可以实现多个数据块信息的聚合。

3. 验证阶段

在验证阶段,该方案使用如下的算法并执行相应操作。

(1) 挑战请求生成算法:ChalGen$(n,c)\rightarrow\Theta$。挑战请求生成算法由验证者执行,从文件 F 的分块索引集合$[1,n]$中随机挑取出 c 个索引,记为$\{s_1,s_2,\cdots,s_c\}$,并且为每一个索引 i 选取一个随机元素 $\nu_i\in Z_q$,将两者组合一起形成挑战请求 Chal: $\Theta=\{(i,\nu_i)\}_{s_1\leqslant i\leqslant s_c}$。验证者将 Θ 发送给服务方。

(2) 证据生成算法:ProofGen$(\Phi,F,\Theta)\rightarrow P$。证据生成算法由服务方执行。服务方作为证明者,根据存储在其服务器上的数据文件$\{F,\Phi\}$和接收到的挑战请求 Θ,生成完整性证据 P。由于该方案的验证标签(签名)具有同态性质,完整性证据 P 由聚合后的数据块组合与聚合签名(μ,σ)构成。数据块组合 μ 如公式(4.4)所示,聚合签名 σ 计算如公式(4.10)所示,即

$$\sigma=\prod_{(i,\nu_i)\in\Theta}\sigma_i^{\nu_i} \tag{4.10}$$

服务方将完整性证据 P——(μ,σ)返回给验证者。

(3) 证据验证算法:ProofCheck$(P,\Theta)\rightarrow\{\text{TRUE/FALSE}\}$。该算法由验证者执行。验证者采用公式(4.11)进行判断,如果该式左右两端相等则返回 TRUE,表示验证成功,完整性验证通过;否则,返回 FALSE,表示验证失败。

$$e(\sigma,g)=e\prod_{(i,\nu_i)\in\Theta}(H(i)^{\nu_i}\cdot u^{\mu},v) \tag{4.11}$$

公式(4.11)本质上就是验证若干数据块的组合中任意数据块及其对应签名的关系是否满足对应关系。

由式(4.11)可以看出,验证过程中只使用了双线性映射 e,服务方返回证据以及可以公开获取的公钥 pk$=(g,v,u)$,无需用户私钥信息即可进行验证,实现了公开验证的新需求。

4. 安全性分析

(1) 替换攻击。数据块的签名标签绑定了数据块的编号,编号经哈希运算后参与签名。不同数据块编号将产生不确定的差异。服务方不能用其他正确的数据块代替某个损坏的数据块使得完整性验证通过。

(2) 重放攻击。在数据完整性验证过程中,每次随机选定数据块,并且随机选择数据块在线性组合中的系数。前一次查询的数据组合结果不能实质性地帮助云服务方直接产生新的查询证明,而必须实际去查询云服务器中存储的数据。

（3）伪造攻击。由于 BLS 签名的安全性，云服务方不能成功地为其他数据块伪造签名，任何伪造的数据结果都不能通过完整性验证。

（4）压缩存储攻击。该方案中验证的数据块对应于有限域中的元素，属于基本的数据块，数据验证时每次随机选定数据块，并且随机选择数据块在线性组合中的系数，所以，明显不存在只存储某种数据块组合的情况。

（5）存储正确性。首先，若在云服务方存储了真实的、完整的数据文件，那么云服务方能正确地通过用户或任意第三方验证者的完整性验证。将签名聚合公式(4.10)、数据块聚合公式(4.4)及签名计算公式(4.8)代入，公式(4.11)的正确性可由式(4.12)所示的演算过程证明，即

$$
\begin{aligned}
e(\sigma, g) &= e\Big(\prod_{(i, v_i) \in \Theta} \sigma_i^{v_i}, g\Big) \\
&= e\Big(\prod_{(i, v_i) \in \Theta} (H(i) \cdot u^{d_i})^{\alpha \cdot v_i}, g\Big) \\
&= e\Big(\prod_{(i, v_i) \in \Theta} (H(i)^{v_i} \cdot u^{v_i \cdot d_i})^{\alpha}, g\Big) \\
&= e\Big(\prod_{(i, v_i) \in \Theta} H(i)^{v_i} \cdot u^{\sum_{(i, v_i) \in \Theta} v_i \cdot d_i}, g^{\alpha}\Big) \\
&= e\Big(\prod_{(i, v_i) \in \Theta} H(i)^{v_i} \cdot u^{\mu}, v\Big)
\end{aligned}
\tag{4.12}
$$

式(4.12)表明正确的证明结果使得等式(4.11)必然成立。

其次，前面已讨论签名不能伪造，数据块的值有差异必然导致等式两端不相等。如果云服务方存储的数据文件已被篡改或伪造，那么云服务方不能正确地通过用户或任意第三方验证者的完整性验证。

5. 性能分析

（1）通信性能。假设安全参数 $\lambda = 160$，即相关参数需要用 160 位来表示，数据块序号使用 32 位整数表示，每次验证选取 460 块。那么，一次完整性验证发起挑战请求需要发送 11040 字节，即 $(20+4) \times 460$ 字节的数据，服务方返回证据 P 只有聚合后的数据块组合与聚合签名 (μ, σ)，只需要 40 字节的数据。相对于文件分块数量 n，通信复杂度为常量复杂度 $O(1)$。

（2）公开可验证性。数据完整性的验证者只使用有关的公开信息进行验证，验证者无论是数据文件拥有者本身，还是任何得到授权的第三方证明者，均可得到数据是否完整的结论。

（3）验证次数无限性。由于 BLS 签名的安全性，以及挑战请求的随机性，验证者执行完整性验证的次数是没有限制的。

（4）验证者得到的是数据块的随机线性组合,云服务方提供的证据不会直接泄露用户的数据信息。

4.3.3　具有完全隐私保护能力的方案

4.3.2 节的方案 4.2 的验证过程中,数据块的线性组合直接暴露给了第三方验证者。进一步分析,如果第三方验证者对每次验证的数据进行记录,当收集到足够多的同一批数据块的线性组合结果,这个第三方就能够通过解一组线性方程来获得这些数据块的原有内容。所以,要完全保证用户数据的隐私安全,在验证过程中数据块的组合信息也不能暴露给第三方验证者(TPA)。

在方案 4.2 的基础上,融入隐私保护能力,设计方案 4.3。该隐私保护安全方案的实现方法具有普遍适用性。该方案假设 h 为安全的单向哈希函数,值域为 Z_q,并且已扩充用户的公钥信息,另包含有 $w,w=(u)^a$。

首先,服务方从有限域 Z_q 中随机选择元素 o 对数据块组合信息进行遮掩,再将变换后的聚合信息发送给验证者。

将原数据块组合结果记为 $\mu' = \sum_i \nu_i d_i$,计算新的临时参数 $Q = w^o$ 及遮掩后的组合信息 $\mu = \mu' + oh(Q)$。此时,发送给第三方验证者的验证证明 P 有 $\{\sigma,\mu,Q\}$ 三项数据。

对于第三方验证者,已知 μ,Q,但加入了 Q 的哈希计算结果,结果有随机性,无法设定,对攻击者的有限次查询结果无法提供实质性的额外信息。o 是未知的,遮掩后的组合信息中有两个未知量,且都无事先已知的规律,无法获得 μ' 的信息。所以 μ' 的隐私性通过只发送 μ 得到保证。显然,σ 为签名数据聚合,第三方验证者不能从 σ 中获知 μ' 的值。所以,用户数据的隐私保护问题得到解决。

使用变换后的聚合信息后,具有隐私保护能力的完整性验证方案的验证等式相应地修改为

$$e(\sigma \cdot Q^{h(Q)},g) = e\Big(\prod_{(i,\nu_i)\in\Theta} H(i)^{\nu_i} \cdot u^\mu,v\Big) \qquad (4.13)$$

验证等式关系的正确性可演算式(4.14),即

$$e(\sigma \cdot Q^{h(Q)},g) = e\Big(\prod_{(i,\nu_i)\in\Theta} \sigma_i^{\nu_i} \cdot Q^{h(Q)},g\Big)$$

$$= e\Big(\prod_{(i,\nu_i)\in\Theta} (H(i) \cdot u^{d_i})^{a\cdot\nu_i} \cdot Q^{h(Q)},g\Big)$$

$$= e\Big(\prod_{(i,\nu_i)\in\Theta} (H(i)^{\nu_i} \cdot u^{\nu_i\cdot d_i})^a \cdot Q^{h(Q)},g\Big)$$

$$= e\Big(\prod_{(i,\nu_i)\in\Theta} (H(i)^{\nu_i} \cdot u^{\nu_i\cdot d_i})^a \cdot w^{o\cdot h(Q)},g\Big)$$

$$= e\Big(\prod_{(i,\nu_i)\in\Theta} (H\,(i)^{\nu_i} \bullet u^{\nu_i \bullet d_i})^{\alpha} \bullet u^{\alpha\bullet o\bullet h(Q)}, g\Big)$$

$$= e\Big(\prod_{(i,\nu_i)\in\Theta} H\,(i)^{\nu_i} \bullet u^{\sum\limits_{(i,\nu_i)\in\Theta}\nu_i\bullet d_i} \bullet u^{o\bullet h(Q)}, g^{\alpha}\Big)$$

$$= e\Big(\prod_{(i,\nu_i)\in\Theta} H\,(i)^{\nu_i} \bullet u^{\mu'+o\bullet h(Q)}, v\Big)$$

$$= e\Big(\prod_{(i,\nu_i)\in\Theta} H\,(i)^{\nu_i} \bullet u^{\mu}, v\Big) \tag{4.14}$$

此演算过程表明在云服务方存储了真实的、完整的数据文件的情况下,云服务方能正确地通过用户或任意第三方验证者的完整性验证。

对比这两个方案,显然,具有隐私保护能力的完整性验证方案也能抵抗前面分析的攻击。服务方传回给第三方验证者的验证证明 P 有 $\{\sigma,\mu,Q\}$ 三项数据,需要 60 字节,额外付出了一点通信代价。验证时额外进行了一次哈希运算、一次幂运算和 G 上的一次乘运算,计算代价有所增加。

4.3.4　签名的数据粒度方案

4.3.2 节所述 BLS 签名公开验证方案中签名的数据块 d_i 只能取基本的 BLS 签名数据块大小,取值范围和有限域所表示的数据范围相同。对于较大的文件,分块数量 n 取值很大,需要存储的签名非常多,对应的数据量也将很大。利用 BLS 签名的聚合能力,实现一种根据实际需要设计数据块大小的方案,记为方案 4.4。

1. 准备阶段

修改 4.3.2 节算法的准备阶段的三个算法具体内容,方案依次使用如下的算法(函数)并执行相应操作。

(1) 密钥生成算法:KeyGen(λ)→(sk,pk)。密钥生成算法由用户方执行,λ 为安全参数,含义与前面相同。算法从有限域中选择一个随机元素 $\alpha \leftarrow Z_p$,并计算 $v=g^{\alpha}$,选择 r 个随机元素 $u_j \leftarrow G, j=1,2,\cdots,r$。从而得到私钥 sk$=(\alpha)$ 和公钥 pk$=(g,v,\{u_j\}_{j=1,2,\cdots,r})$。

(2) 文件分块算法:FileSplit(F,n)→$\{d_{i,j} \mid i=1,2,\cdots,n; j=1,2,\cdots,r\}$。文件分块算法由用户方执行,将用户的数据文件 F 分块,得到 n 个数据块,$F=(d_1,d_2,\cdots,d_n),i=1,2,\cdots,n$。每个数据块 d_i 再分成 r 个基本的数据块 $d_i=(d_{i,1},d_{i,2},\cdots,d_{i,j},\cdots,d_{i,r})$。其中 $d_{i,j}\in Z_p, j=1,2,\cdots,r$。数据块 $d_{i,j}$ 具有次序编号 i 和子序号 j。

(3) 数据块签名生成算法:TagGen(sk,d_i)→σ_i。用户方执行该算法,计算每个数据块的签名(验证用标签)。数据块签名生成算法的签名方式修改为公

式(4.15)来计算,即

$$\sigma_i = \left(H(i) \cdot \prod_{j=1}^{r} u_j^{d_{i,j}} \right)^{\alpha} \tag{4.15}$$

计算每个数据块 d_i 的签名 σ_i, $i = \{1, 2, \cdots, n\}$。得到同态签名标签集合 $\Phi = \{\sigma_i | i = 1, 2, \cdots, n\}$。然后将数据文件 F 和签名集合 Φ 同时发送给服务方,服务方接收后可删除本地的 $\{F, \Phi\}$。

前面分块算法将数据文件分成了两个层次,数据块 $d_{i,j}$ 具有次序编号 i 和子序号 j。但是此处的签名仍针对第一层次。即每个签名的数据块变大了,由 r 个基本块构成。此时,签名数据块的粒度可以根据用户的需求和应用场景来设定,不再是很小的基本数据块。完整性验证方案具有了数据粒度的灵活设置特性。

签名标签计算的同态性质可演示如式(4.16)所示,即

$$\begin{aligned}
\sigma_i \cdot \sigma_x &= \left(H(i) \cdot \prod_{j=1}^{r} u_j^{d_{i,j}} \right)^{\alpha} \cdot \left(H(x) \cdot \prod_{j=1}^{r} u_j^{d_{x,j}} \right)^{\alpha} \\
&= \left(H(i) \cdot H(x) \cdot \prod_{j=1}^{r} u_j^{d_{i,j}} \cdot \prod_{j=1}^{r} u_j^{d_{x,j}} \right)^{\alpha} \\
&= \left(H(i) \cdot H(x) \cdot \prod_{j=1}^{r} u_j^{d_{i,j}+d_{x,j}} \right)^{\alpha} \\
&= \sigma(d_i + d_x)
\end{aligned} \tag{4.16}$$

2. 验证阶段

相应地修改验证阶段的方案。该方案使用如下的函数并执行相应操作。

(1) 挑战请求生成算法:ChalGen$(n,c) \rightarrow \Theta$。挑战请求生成算法内容不变,由验证者执行。验证者将挑战请求 Θ 发送给服务方。

(2) 证据生成算法:ProofGen$(\Phi, F, \Theta) \rightarrow P$。证据生成算法由服务方执行。主体内容与前一方案相同:服务方作为证明者,根据存储在其服务器上的数据文件 $\{F, \Phi\}$ 和接收到的挑战请求 Θ,生成完整性证据 P。由于该方案的签名、验证标签也具有同态性质,完整性证据 P 仍由聚合后的数据块组合与聚合签名 (μ, σ) 构成。数据块组合使用不同的 u_j 计算,得到 r 个不同的组合。所以两者的聚合计算方式如公式(4.17)和公式(4.18)所示,即

$$\mu_j = \sum_{(i, \nu_i) \in \Theta} \nu_i \cdot d_{i,j} \tag{4.17}$$

$$\sigma = \prod_{(i, \nu_i) \in \Theta} \sigma_i^{\nu_i} \tag{4.18}$$

服务方将完整性证据 P——$(\sigma,\{\mu_j\}_{j=1,2,\cdots,r})$ 返回给验证者。

（3）证据验证算法：ProofCheck$(P,\Theta)\rightarrow\{\text{TRUE/FALSE}\}$。该算法由验证者执行。验证者采用公式（4.19）进行判断，如果该式左右两端相等则返回 TRUE，表示验证成功，完整性验证通过；否则，返回 FALSE，表示验证失败。

$$e(\sigma,g) = e\Big(\prod_{(i,v_i)\in\Theta} H\,(i)^{v_i} \cdot \prod_{j=1}^{r} u_j^{\mu_j},v\Big) \qquad (4.19)$$

该数据完整性公开验证方案保障：如果云服务方存储了真实的、完整的数据文件，那么云服务方能正确地通过用户或任意第三方验证者的完整性验证。验证公式（4.19）的正确性演算过程证明如式（4.20）所示，即

$$
\begin{aligned}
e(\sigma,g) &= e\Big(\prod_{(i,v_i)\in\Theta}\sigma_i^{v_i},g\Big)\\
&= e\Big(\prod_{(i,v_i)\in\Theta}\big(H(i)\cdot\prod_{j=1}^{r}u_j^{d_{i,j}}\big)^{\alpha\cdot v_i},g\Big)\\
&= e\Big(\prod_{(i,v_i)\in\Theta}\big(H\,(i)^{v_i}\cdot\prod_{j=1}^{r}u_j^{v_i\cdot d_{i,j}}\big)^{\alpha},g\Big)\\
&= e\Big(\prod_{(i,v_i)\in\Theta}\big(H\,(i)^{v_i}\cdot\prod_{j=1}^{r}u_j^{v_i\cdot d_{i,j}}\big),g^{\alpha}\Big)\\
&= e\Big(\prod_{(i,v_i)\in\Theta}H\,(i)^{v_i}\cdot\prod_{j=1}^{r}u_j^{\sum\limits_{(i,v_i)\in\Theta}v_i\cdot d_{i,j}},g^{\alpha}\Big)\\
&= e\Big(\prod_{(i,v_i)\in\Theta}\big(H\,(i)^{v_i}\cdot\prod_{j=1}^{r}u_j^{\mu_j}\big),g^{\alpha}\Big)\\
&= e\Big(\prod_{(i,v_i)\in\Theta}\big(H\,(i)^{v_i}\cdot\prod_{j=1}^{r}u_j^{\mu_j}\big),v\Big) \qquad (4.20)
\end{aligned}
$$

该数据完整性公开验证方案验证的是较大的数据块，每个数据块由多个基本的数据块构成。计算签名的公式（4.15）设置了不同的 u_j 进行计算，其目的主要是防止服务方压缩存储，只存储基本块的数据之和。由于验证涉及的每个基本块都需要单独聚合后发送给验证者，所以，服务方必须实际存储每个基本块。该方案的安全性原理与前一方案相同，此处不再讨论。

通信性能方面。同样，假设安全参数为 $\lambda=160$，相关参数需要用 160 位来表示，数据块序号使用 32 位整数表示，在 n 很大且每次验证选取块数量 $c=460$ 的条件下，挑战请求部分产生的数据量不变，仍为 11040 字节；返回的完整性证据部分则与每个数据块的子块数量成正比，其通信性能的复杂度为 $O(r)$。假设 r 取值分别为 100、256，则完整性证据 P 的数据量分别为 2020 字节和 5140 字节，数据量有

明显的增加。相对于大数据文件和分块数 n，将 r 视为常量，通信数据量仍很少，仍可以看成常量复杂度 $O(1)$。

基于相同的原理，也可以将 4.3.3 节的隐私保护方案融合进来，此处不再详细介绍。

4.3.5 防欺诈的验证方案

接下来讨论用户不可信的问题。在本章假定的不可信条件下，从公平的约束出发，也需要考虑用户有可能是不诚实的。用户的欺诈威胁行为主要是指用户提供错误的数据文件，或者故意提供与实际签名不匹配的参数。当服务方接收并存储了用户的数据文件，用户便以文件损坏或丢失为理由向服务方索取赔偿。为了解决这个来自用户的安全威胁导致的问题，设计一个改进方案，称为方案 4.5。方案 4.5 增加一个服务方验证过程：服务方首先验证用户提交的数据文件、公钥信息等元数据和签名信息的一致性、正确性。如验证通过，必要时可返回一个正确接收数据文件的证明。

用户数据正确性验证算法：UserVerify$(F, \Phi, \mathrm{pk}) \rightarrow \{\mathrm{TRUE}/\mathrm{FALSE}\}$。UserVerify 算法由服务方执行。当服务方收到用户的 $\{F, \Phi\}$ 和其他公开信息后，运行 UserVerify 算法，对每个用户数据块 d_i，采用式（4.21）验证每个数据块的正确性。

$$e(\sigma_i, g) = e\left(H(i) \cdot \prod_{j=1}^{r} u_j^{d_{ij}}, v \right), i = 1, 2, \cdots, n \tag{4.21}$$

如果验证失败，服务方拒绝接收用户的数据（或要求重新发送）。验证成功，则服务方返回正确文件的证明 FILE-PROOF 给用户，以确认用户提交数据的真实性。用户方将 FILE-PROOF 和私钥 sk 一起保存，必要时作为证据使用。服务方的验证证明发送后，一旦文件丢失或损坏而没有通过完整性验证过程，此时用户就可以向云存储服务提供商要求赔偿。

也可以结合前面完整性验证采用的聚合方式，一次对若干个数据块进行验证——参考式（4.19）。其原理和前述完整性验证方案相同，一次验证的数据块数量可灵活设定。

防欺诈的验证方案避免了用户不可信的可能，方案的代价主要是在准备阶段显著地增加了服务方的计算量。

方案 4.5 的完整性验证的具体过程如图 4.2 所示。

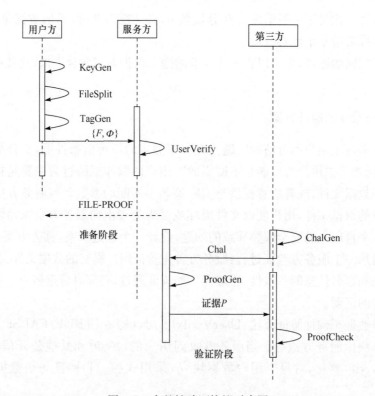

图 4.2　完整性验证协议时序图

4.4　数据容错性安全验证方案

防止数据丢失的关键是实现数据文件容错。云存储供应商通常会按照要求的容错级别收费。然而，云存储服务商有可能未实际提供承诺的容错水平，用户可能蒙受数据丢失和经济损失。因此云计算服务方的数据中心是否是以许诺的高效、容错的方式来实际存储用户数据，达到相应的安全级别，也是研究者关注的重点问题。

4.4.1　备份数据容错

采用冗余备份的方式来存储重要的大文件数据，可以提高数据文件的可靠性。采用冗余备份的方式存储数据文件时，服务方有可能并没有按照用户要求的备份数量来实际存储数据。如果用户存储在服务器上的数据副本完全一致，存储服务提供商完全可以只存储一份或少数的几份数据原文件，而对外宣称按用户要求存储了多份文件。因此，如何确保多个数据副本的完整性成为一个支持数据容错的可证明安全需求。

　　直接考虑将前述方案对应于用户多个文件的情形,可以找到一种解决方案。在数据存储到云中之前,采用多个密钥分别对每一副本进行加密,然后存储到云服务器上。进行数据完整性验证时,每一个副本文件都作为独立的数据文件进行数据完整性验证。该方法可以确保存储在服务方的数据是完整的,但用户需要存储多个密钥,文件之间的关联要用户自行管理。从数据安全性证明的角度,还是需要将数据作为一个整体,按照具有的安全级别(安全强度)直接回答用户数据是否安全的问题。

　　为了解决这一问题,Curtmola 等设计实现了针对多副本的 MR-PDP 机制,该机制能对所有副本数据进行完整性认证,而每次验证所带来的开销与对单个文件进行数据完整性验证所带来的开销大致相同[5]。MR-PDP 机制是在 Ateniese 等设计的基于 RSA 签名的 PDP 机制上修改而来的。MR-PDP 和前述完整性验证相似,前期还需要加入文件加密机制,由用户执行,分别生成需要的密钥对和若干数据副本。MR-PDP 机制同样由两个阶段组成:初始化阶段和验证阶段。初始化阶段,用户调用生成密钥,利用私钥为数据文件生成块签名集合。之后,调用算法生成多个数据副本,每个数据副本都利用随机数据流异或加密,每个数据副本文件都不相同。最后将数据副本和数据块签名集合存储到远程服务器中。必要时,根据用户 SLA 的约定,可以要求存储在不同地点的不同服务器上,实现更高程度的数据安全。

　　MR-PDP 机制能有效地验证多个副本文件在远程服务器上的完整性,该机制并不是针对云服务方自行实现安全存储的多副本备份。

　　用户用一种对称加密算法将原文件加密,然后利用流加密再次加密得到多个不同的副本,从而可抵抗多个服务器之间的合谋攻击,将副本数据文件上传至多个不同的存储服务器。为数据块生成同态验证标签,可实现对各副本的聚合验证,并减小验证过程中的数据传输量,在数据块标签中加入块位置信息和副本编号,以抵抗 CSP 的替换和重放攻击。如果原始数据丢失或损坏,可利用备份数据文件将其恢复到最新状态。

1. 符号定义

　　多副本持有性证明方案称为方案 4.6,部分参考了文献[14],其主要参数及说明见表 4.3。

表 4.3　参数含义说明

参数	说明
λ	安全强度参数,体现密钥等的长度
Z_q	q 阶有限域,大素数 q 满足安全强度
G	GDH 群,q 阶乘法循环群
e	双线性映射
K	对称加密密钥
K_s	流加密密钥
n	文件分块数
r	每个块的子块数
s	文本副本数
c	挑战数据块数

方案中的函数如下。

$f(\cdot):\{0,1\}^* \rightarrow Z_q$ 为伪随机函数(pseudo-random function,PRF),由用户选定,并告知服务方和第三方;

$\varphi(\cdot):\{0,1\}^\lambda \times \{0,1\}^{\log_2^{(s)} + \log_2^{(n)} + \log_2^{(r)}} \rightarrow Z_q$ 为伪随机函数,用于生成伪随机数。

$E(\cdot):\{0,1\}^\lambda \times \{0,1\}^* \rightarrow \{0,1\}^*$ 为对称加密算法,用于对文件加密。

$H(\cdot):\{0,1\}^* \rightarrow G$ 为随机预言模型的哈希函数。

2. 算法描述

多副本完整性证明方案由 KeyGen()、ReplicaGen()、TagGen()、ChalGen()、ProofGen()和 ProofCheck()六个多项式时间算法组成。

(1) 密钥生成算法:KeyGen(λ)→(sk,pk)。密钥生成算法由用户方执行。用户方选择一个随机元素 $\alpha \leftarrow Z_q$ 和 $r+1$ 个随机的元素 $u_j \leftarrow G, j=0,1,2,\cdots,r$,并计算 $v=g^\alpha$,用户选定文件对称加密密钥 K,用于加密原文件。用户选择副本数量 s,随机选择 $K_s \leftarrow Z_q$ 作为流加密密钥。从而得到私钥 sk$=(\alpha,K,K_s)$ 和公钥 pk$=(g,v,\{u_j\}_{j=0,1,2,\cdots,r})$。用户将公钥发给服务方并公开,私钥自己保存。

(2) 多副本生成算法:ReplicaGen(F,sk)→$\{F_k | k=1,2,\cdots,s\}$。该算法生成多个副本并同时实现多个副本的分块。具体包括如下的几个步骤。

① 采用对称加密算法使用密钥 K 加密原数据文件 F,得到 F',用 $F'=E(K,F)$ 表示,F' 与 F 文件长度相同。

② 将加密数据文件 F' 分为 n 块,$F'=(t_1,t_2,\cdots,t_n)$,每个块 t_i 分为分成 r 个子块(基本块),$t_i=(t_{i,1},t_{i,2},\cdots,t_{i,r})$,其中任意的 $t_{i,j} \in Z_q$。

③ 用户计算生成随机数 $\gamma_{i,j}^{(k)} = \varphi(K_s, i \parallel j \parallel k)$, $i=1,2,\cdots,n$, $j=1,2,\cdots,r$, $k=1,2,\cdots,s$。

④ 用户生成 s 个加密副本 $F_k = (d_{i,j}^{(k)}) = (t_{i,j} \oplus \gamma_{i,j}^{(k)})$, $i=1,2,\cdots,n$, $j=1,2,\cdots,r$, $k=1,2,\cdots,s$。

（3）数据块签名生成算法：$\mathrm{TagGen}(sk, d_i^{(k)}) \rightarrow \sigma_i^{(k)}$。用户方执行该算法，计算每个数据块的签名（验证用标签）。用户方根据公式（4.22）计算 s 个副本的每个数据块的签名 $\sigma_i^{(k)}$

$$\sigma_i^{(k)} = \left(H(\omega_i^{(k)}) \cdot \prod_{j=1}^{r} u_j^{d_{i,j}^{(k)}} \right)^{\alpha} \tag{4.22}$$

式中，$\omega_i^{(k)} = f(i \parallel k)$, $i=1,2,\cdots,n$, $k=1,2,\cdots,s$。

用 $\Phi^{(k)} = \{\sigma_i^{(k)} | i=1,2,\cdots,n\}$ 表示签名集合，其中 $k=1,2,\cdots,s$。用户将 s 个文件副本 $F_k(k=1,2,\cdots,s)$ 和 s 个签名集合 $\Phi^{(k)}(k=1,2,\cdots,s)$ 上传到 s 个服务器（一般要求位于不同地理位置，根据服务水平协议约定，服务器的数量也可以少于 s 个），接收到 CSP 的肯定回答后，用户删除所有相关信息。此处不要求验证数据的存储对应服务器及其位置。

（4）挑战请求生成算法：$\mathrm{ChalGen}(n, c) \rightarrow \Theta$。算法同前面的方案，对于多个副本都指定相同次序的数据块参与验证。

（5）证据生成算法：$\mathrm{ProofGen}(\Phi, F, \Theta) \rightarrow P$。证据生成算法由服务方执行。服务方收到挑战请求 $\Theta = \{(i, v_i)\}_{s_1 \leqslant i \leqslant s_c}$，根据公式（4.23）和公式（4.24）计算 $\mu_j^{(k)}$ 和 σ，其中 $j=1,2,\cdots,r$, $k=1,2,\cdots,s$。得到证据 $P = \{\sigma, \mu_j^{(k)}\}_{j=1,2,\cdots,r,k=1,2,\cdots,s}$。服务方将其作为证据发送给 TPA 进行验证。

$$\mu_j^{(k)} = \sum_{i=s_1}^{s_c} v_i d_{i,j}^{(k)} \tag{4.23}$$

$$\sigma = \prod_{k=1}^{s} \left(\prod_{i=s_1}^{s_c} (\sigma_i^{(k)})^{v_i} \right) \tag{4.24}$$

（6）证据验证算法：$\mathrm{ProofCheck}(P, \Theta) \rightarrow \{\mathrm{TRUE/FALSE}\}$。该算法由验证者执行，内容和前一算法相同。但验证者进行验证的判断依据采用公式（4.25）。

$$e(\sigma, g) = \prod_{k=1}^{s} e\left(\prod_{i=s_1}^{s_c} H(\omega_i^{(k)})^{v_i} \cdot \prod_{j=1}^{r} u_j^{\mu_j^{(k)}}, v \right) \tag{4.25}$$

3. 算法安全性及性能分析

1) 算法安全性分析

（1）替换攻击。数据块的签名标签绑定了数据块的编号，也绑定了文件副本编号，编号经哈希运算后参与签名。不同数据块编号、文件副本编号将产生不确定的差异。服务方不能用其他正确的副本中的数据块代替某个损坏副本中的数据块使得完整性验证通过。

（2）重放攻击。在数据完整性验证过程中，每次随机选定数据块，并且随机选择数据块在线性组合中的系数，副本一起参与验证。前一次查询的数据组合结果不能实质性地帮助云服务方直接产生新的查询证明，而必须实际去查询的云服务器存储的数据。

（3）伪造攻击。由于 BLS 签名的安全性，云服务方不能成功地为其他数据块伪造签名，任何伪造数据结果不能通过完整性验证。

（4）压缩存储攻击。该方案中单个副本内的数据块特性与前述方案相同，不再讨论。此处考虑服务方比约定少存储部分副本，需要验证时使用所存储副本恢复其他副本的情况。由于副本生成时首先使用私钥对原文件进行一次对称加密，然后在加密数据文件的基础上分别使用另一私钥生成的随机数据流进行异或加密，随机数据流与副本编号及数据块序号都相关联。所以，最终生成的副本之间是独立的。没有两个加密密钥无法生成副本文件，完整性验证时同时获取每个副本的数据。所以，服务方必须忠实地存储所有的副本数据文件。

（5）存储正确性。首先，该方案在云服务方存储了真实的、完整的数据文件的情况下，云服务方能正确地通过用户或任意第三方验证者的完整性验证。公式(4.25)的正确性证明可由如式(4.26)所示的演算过程得知，即

$$
\begin{aligned}
e(\sigma,g) &= e\Big(\prod_{k=1}^{s}\Big(\prod_{i=s_1}^{s_c}(\sigma_i^{(k)})^{v_i}\Big),g\Big) \\
&= e\Big(\prod_{k=1}^{s}\Big(\prod_{i=s_1}^{s_c}\big(H(\omega_i^{(k)})\cdot\prod_{j=0}^{r}u_j^{d_{i,j}^{(k)}}\big)^{\alpha v_i}\Big),g\Big) \\
&= e\Big(\prod_{k=1}^{s}\Big(\prod_{i=s_1}^{s_c}H(\omega_i^{(k)})^{v_i}\cdot\prod_{j=0}^{r}w_j^{\sum_{i=s_1}^{s_c}v_i d_{i,j}^{(k)}}\Big),g^{\alpha}\Big) \\
&= e\Big(\prod_{k=1}^{s}\Big(\prod_{i=s_1}^{s_c}H(\omega_i^{(k)})^{v_i}\cdot\prod_{j=1}^{r}u_j^{\mu_j^{(k)}}\Big),g^{\alpha}\Big) \\
&= \prod_{k=1}^{s}e\Big(\prod_{i=s_1}^{s_c}H(\omega_i^{(k)})^{v_i}\cdot\prod_{j=0}^{r}u_j^{\mu_j^{(k)}},v\Big) \quad\quad (4.26)
\end{aligned}
$$

其次,该签名仍采用了 BLS 签名,由于其不能伪造,数据块任意差异必然导致等式两端不相等。如果云服务方存储的数据文件已被篡改或伪造,那么云服务方不能正确地通过用户或任意第三方验证者的完整性验证。

2) 性能分析

(1) 通信性能。同样,假设安全参数为 $\lambda = 160$,相关参数需要用 160 位来表示,数据块序号使用 32 位整数表示,在 n 很大且每次验证选取块数量 $c = 460$ 的条件下,挑战请求部分产生的数据量不变,仍为 11040 字节;返回的完整性证据部分则与副本数和每个数据块的子块数量都成正比,其通信性能的复杂度为 $O(r \cdot s)$。假设副本数 s 取值为 8,r 取值分别为 100、256,则完整性证据 P 的数据量分别为 16020 字节和 40980 字节,数据量增加较快。相对于大数据文件的 n,通信数据量在几十千字节的规模,仍属于较小的规模,如果将 r、s 视为常量,仍可以看成常量复杂度 $O(1)$。

(2) 公开可验证性、验证次数无限性等方面的性能没有变化,和前述方案相同。

4.4.2 纠删码数据容错

纠删码具有较好的容错能力,其应用已十分广泛和深远。用户可先对分块进行纠删编码然后再进行加密。容易理解,把这些数据看成最终的用户数据文件,后续的算法处理过程都相同,不需详细叙述。现有研究[17]提出了 R-DPDP 方案,该方案利用含有基于 Cauchy 矩阵的 RS 码混合技术来克服高昂的通信花销的缺点,并且提供了健壮性。对于文件中部分元素的编码耦合和限制插入、删除的操作,可以利用 RS 码恢复部分数据[13,17,18]。

POR 模型中也首先将数据文件分成数据块集合,并将各个块组织成段,每个数据段采用纠错码进行编码,使其具备一定的数据纠错能力。

4.4.3 基于网络编码的数据容错

传统的通信网络传送数据的方式是存储转发,即除了数据的发送节点和接收节点的节点只负责路由,而不对数据内容做任何处理,中间节点扮演着转发器的角色。网络编码(network coding)理论对改进数据传输效率带来了很大影响。

在数据容错方面,基于网络编码思想实现了另一种数据之间的组合关系[19],将原有数据进行编码扩展,扩展后的数据组合中如果一部分数据出错,可以用其他数据组来恢复,用网络编码进行编码后的数据组合具有容错能力。除了编码方法不同,本质上和多备份、纠错码编码得到新的数据文件,进而具有容错能力是一样的。差异在于数据扩展幅度不同,容错能力有差异。数据编码过程需要拥有数据的用户方实现,其他的数据安全处理、验证协议的思想与备份容错方法没有本质差异。

4.5　移动云计算环境的数据安全

在云计算模式下,假设用户方存储能力不足或数据移动方便性不足,于是用户方需要实现数据外包的需求,云存储满足了这种数据外包的需求。由于数据安全面临的威胁、用户资源的局限以及本章讨论的数据安全性证明需求,衍生了数据安全验证任务外包的需求,于是有了公开验证方法。移动云计算市场拥有巨大的用户需求前景。由于移动终端的存储空间和计算能力相对有限,而现有的可验证的数据完整性验证方案需要执行大量的计算密集型操作,直接应用于移动云计算环境十分不便。在这种情况下,进一步产生了特定任务型的计算外包,将其中签名计算等计算任务外包给第三方计算是一种可行的选择。假设基于较可信的代理,设计一种委托代理第三方完成数据签名及其完整性验证的方案。

4.5.1　威胁模型

1. 网络架构

引入代理签名方之后,移动云存储环境下的云存储网络架构见图4.3。

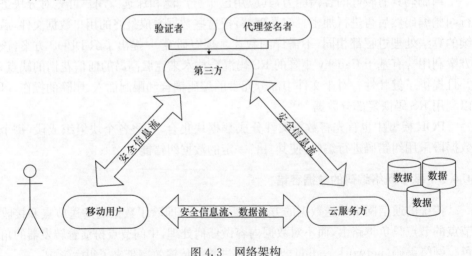

图 4.3　网络架构

（1）移动用户(mobile user):由于资源受限需要将数据的维护、管理和计算等任务进行外包。移动用户可以是使用移动终端的个体消费者或者是公司、组织等。

（2）云服务方(server):承担着存储移动用户的数据文件和管理移动用户的数据文件的任务,由云服务提供商(CSP)统一管理。

（3）第三方（third party）：第三方具有两个实体，一个是协助移动用户完成预处理工作的代理签名者，另一个是为移动用户提供验证服务的验证者。验证者接受用户的委托，代表用户检查、评估云存储数据的安全性。第三方拥有移动用户不具备的专业知识和计算能力。

在移动云存储服务模式中，移动用户把私有数据文件存放在云服务器上，实现数据外包，通过第三方公开验证实现验证任务的外包，此处再考虑实现计算任务——数据预处理的外包。这样的方案较彻底地解决了移动用户资源受限的问题。

2. 安全威胁

前面讨论的安全威胁在移动云计算环境仍旧存在。另外，由于代理签名与用户签名不同，还需要考虑面向代理签名的威胁。假设针对代理签名存在以下三类攻击者，分别获取了与代理签名有关的不同程度的信息。

（1）Ⅰ型攻击者只有用户和代理签名者的公钥。

（2）Ⅱ型攻击者可以获知用户和代理签名者的公钥，并获得了用户的私钥。

（3）Ⅲ型攻击者可以获知用户和代理签名者的公钥，并获得了代理签名者的私钥。

3. 设计目标

为了应对上述威胁模型，移动云计算环境下数据安全完整性证明方案需要实现以下目标。

（1）安全的代理签名：由代理签名者实现移动用户外包签名任务的计算密集型操作，从而显著减少移动用户方的计算量。代理签名具有安全性，攻击者不能伪造。

（2）存储正确性：确保云服务方在未完整地存储移动用户数据的情况下，以设定的置信度不能通过验证；在完整地存储数据的情况下，可以通过验证。

（3）公开验证：允许任何第三方验证者对移动用户数据的完整性进行验证，验证只需要使用已公开的信息，不需用户私钥。

（4）隐私保护：确保第三方验证者在验证过程中，不能通过证明信息恢复出移动用户的数据信息。

4.5.2　完整性验证方案

1. 方案思路

本方案中，首先用户和代理签名方通过代理签名授权算法，完成签名授权。然后,用户将数据文件传递给代理签名方,由代理签名方完成数据的预处理操作,生成签名集合,并将数据文件和签名一同上传给云服务提供方。云服务提供方确认无误后,通知用户文件上传成功,用户可通过验证第三方随时验证云端文件的安全性。本方案中,移动用户将复杂的数据处理任务外包出去,使得移动用户在各种硬件设施条件有限的情况下也能够实现数据完整性验证的目的。

2. 代理签名授权阶段

(1) 符号说明:设 G 为 q 阶 Gap Diffie-Hellman(GDH)群,g 是 G 的生成元,G_T 为 q 阶乘法循环群。大素数 q 满足最终所选安全强度 λ 确定的数据范围,即 $\log_2 q \leqslant \lambda$,$e$ 为双线性映射。算法还有满足随机预言模型的哈希函数:$H:\{0,1\}^* \to G$ 和密码学上抗碰撞的单向哈希函数 $h:\{0,1\}^* \times G \to Z_q^*$,$Z_q^* = Z_q \setminus \{0\}$。$f$ 是 A 用户选取的公开的随机化函数。

(2) 密钥生成算法:$\mathrm{KeyGen}(\lambda) \to (\mathrm{sk},\mathrm{pk})$。密钥生成算法分别由移动用户 A 和代理签名者 B 执行。输入安全参数 λ 含义不变。最终分别生成移动用户 A 和代理签名者 B 的私钥、公钥组合:$(\alpha_A, v_A = g^{\alpha_A})$ 和 $(\alpha_B, v_B = g^{\alpha_B})$。

(3) 代理密钥生成算法:$\mathrm{ProxyKeyGen}(\mathrm{ID}_B) \to u$。算法由移动用户方和代理签名方共同执行完成。移动用户 A 创建一个授权委托证书 ω,它是原始签名者对代理签名者授权关系的一个详细描述。令 $u_{\mathrm{id}} = H(\omega, \mathrm{ID}_B)$,并计算 $u' = (H(\omega, \mathrm{ID}_B))^{\alpha_A} = (u_{\mathrm{id}})^{\alpha_A}$。$\mathrm{ID}_B$ 是代理签名者 B 的身份信息。A 公布 (ω, ID_B),并将 u' 传送给 B。B 验证 $e(u', g) = e(u_{\mathrm{id}}, v_A)$ 是否成立,若不成立,要求 A 重新传送新的 u' 或终止本次代理,验证结论成立后,B 计算代理密钥:$u = (u')^{\alpha_B^{-1}}$。

3. 代理者准备阶段

(1) 数据准备算法:$\mathrm{DataSetup}()$。移动用户 A 将数据文件 F 直接发送给代理签名者 B,B 实现对数据文件 F 的预处理,将 F 分为 n 块,$F = \{d_1, d_2, \cdots, d_n\}$,$d_i \in Z_q$。

(2) 代理签名生成算法:$\mathrm{ProxySignGen}(F) \to (\Phi, \Psi)$。$B$ 为每个数据块 $d_i(i = 1, 2, \cdots, n)$ 随机选取 $r_i \in Z_q^*$,计算 $\tau_i = (v_B)^{r_i}$,然后计算 $\sigma_i = (v_A)^{r_i \cdot h(f(i), \tau_i)} \cdot u^{d_i}$,用 $\Phi = \{\sigma_i\}$,$\Psi = \{\tau_i\}$($1 \leqslant i \leqslant n$)表示签名集合,$(\Phi, \Psi)$ 就是关于数据文件 F 的代理签名元组。最后,B 将文件 F 和签名数据 (Φ, Ψ) 发送给服务方,服务方成功接收信息后,可删除数据文件。

签名 σ_i 的结果第一部分含有哈希计算,其结果不可预测,另一部分由签名数据块基于秘密的代理密钥进行幂运算得到,其结果无法预先固定。所以,σ_i 的结果不可控制,即结果不固定。

　　4. 验证阶段

　　(1) 挑战请求生成算法:ChalGen$(n,c) \rightarrow \Theta$。挑战请求生成算法由验证者执行,从文件 F 的分块索引集合$[1,n]$中随机挑取出也 c 个索引,记为 $I_c = \{s_1, s_2, \cdots, s_c\}$,并且为每一个索引选取一个随机元素 $\nu_i \in Z_q$,将两者组合一起形成挑战请求 Chal: $\Theta = \{(i, \nu_i)\}_{s_1 \leqslant i \leqslant s_c}$。将 Θ 发送给服务方。

　　(2) 证据生成算法:ProofGen$(F, \Phi, \Psi, \Theta) \rightarrow P$。证据生成算法由服务方执行。服务方作为证明者,根据存储在其服务器上的数据文件$\{F, \Phi, \Psi\}$和接收到的挑战请求 Θ,生成完整性证据 P。具体来说,首先服务方选择一个随机元素 $o \leftarrow Z_q^*$,计算 $Q = (v_A)^o$。数据块的线性组合 μ' 计算方式如公式(4.27)所示,对该线性组合进行盲化处理,处理方式如式(4.28)所示。同时用式(4.29)计算签名组合。

$$\mu' = \sum_{(i,\nu_i) \in \Theta} \nu_i \cdot d_i \tag{4.27}$$

$$\mu = \mu' + oh(1, Q) \tag{4.28}$$

$$\sigma = \prod_{(i,\nu_i) \in \Theta} \sigma_i^{\nu_i} \tag{4.29}$$

　　参照挑战请求,从 Ψ 中选取相应签名数据集合$\{\tau_i\}_{i \in I_c}$,并用 Ψ_c 表示。最后服务方将 $P = \{\mu, \sigma, Q, \Psi_c\}$ 作为存储正确性证明发送给验证者。

　　(3) 证据验证算法:ProofCheck$(P, \Theta) \rightarrow \{\text{TRUE}, \text{FALSE}\}$。该算法由验证者执行。验证者采用公式(4.30)进行判断,如果该式左右两端相等则返回 TRUE,表示完整性验证成功通过;否则,返回 FALSE,表示验证失败。

$$e(\sigma, v_B)e(Q^{h(1,Q)}, u_{\text{id}}) = e\left(v_A, \prod_{i=s_1}^{s_c} \tau_i^{\nu_i \cdot h(f(i), \tau_i)}\right)e(u_{\text{id}}^\mu, v_A) \tag{4.30}$$

式中,$u_{\text{id}} = H(\omega, \text{ID}_B)$。

　　另外,若用户不需要隐私保护,证明方只需向验证者发送$\{\mu', \sigma, \Psi_c\}$作为存储正确的证据。最后检验等式(4.31)即可。

$$e(\sigma, v_B) = e(u_{\text{id}}^{\mu'}, v_A)e\left(v_A, \prod_{i=s_1}^{s_c} \tau_i^{\nu_i \cdot h(f(i), \tau_i)}\right) \tag{4.31}$$

4.5.3　安全性分析

　　针对相应的安全威胁模型,下面分析该方案是否达到所提出的安全设计目标:安全的代理签名、数据存储正确性、隐私保护能力和公开验证能力。

1. 安全的代理签名

代理签名具有安全性,由代理签名者实现签名,从而显著减少移动用户方的计算量。

定理 4.1 该方案的代理签名具有安全性,攻击者不能伪造。

证明 假设有攻击者成功伪造签名(τ_i^*,σ_i^*),并且对某个$r_i^*,(\tau_i^*,\sigma_i^*)$能够通过双线性对的验证,$\tau_i^*=v_B^{r_i^*}$,$\sigma_i^*=(v_A)^{r_i^* h(f(i),\tau_i^*)}\cdot u^{d_i^*}$成立。依据签名计算公式有式(4.32)所示的关系成立,即

$$
\begin{aligned}
(\sigma_i^*)^{\alpha_B} &= ((v_A)^{r_i^* h(f(i),\tau_i^*)}\cdot u^{d_i^*})^{\alpha_B} \\
&= u^{\alpha_B d_i^*}\cdot (v_A)^{\alpha_B r_i^* h(f(i),\tau_i^*)} \\
&= (u')^{\alpha_B^{-1}\alpha_B d_i^*}\cdot (v_A)^{\alpha_B r_i^* h(f(i),\tau_i^*)} \\
&= u_{\mathrm{id}}^{\alpha_A d_i^*}\cdot (g^{\alpha_A})^{\alpha_B r_i^* h(f(i),\tau_i^*)} \\
&= u_{\mathrm{id}}^{\alpha_A d_i^*}\cdot (g^{\alpha_B})^{\alpha_A r_i^* h(f(i),\tau_i^*)} \\
&= (u_{\mathrm{id}}^{d_i^*}\cdot (v_B)^{r_i^* h(f(i),\tau_i^*)})^{\alpha_A} \\
&= (u_{\mathrm{id}}^{d_i^*}\cdot (\tau_i^*)^{h(f(i),\tau_i^*)})^{\alpha_A}
\end{aligned}
\tag{4.32}
$$

公式(4.32)可简写为$(\sigma_i^*)^{\alpha_B}=(u_{\mathrm{id}}^{d_i^*}\cdot (\tau_i^*)^{h(f(i),\tau_i^*)})^{\alpha_A}$,即基于攻击者伪造签名的结果使得这个等式成立。使用σ'表示等式两边的值,那么$\sigma'=(\sigma_i^*)^{\alpha_B}$,$\sigma'=(u_{\mathrm{id}}^{d_i^*}\cdot (\tau_i^*)^{h(f(i),\tau_i^*)})^{\alpha_A}$,$\sigma'\in G$。

如果攻击者是 II 型攻击者,即攻击者可以得到原始用户的私钥α_A。攻击者利用伪造的签名(τ_i^*,σ_i^*),计算$(u_{\mathrm{id}}^{d_i^*}\cdot (\tau_i^*)^{h(f(i),\tau_i^*)})^{\alpha_A}$,即通过等式右端可以得到$\sigma'$。对于攻击者,$v_B=g^{\alpha_B}$作为公钥信息是已知的,但$\alpha_B\in Z_q$是签名者私钥,是未知的。由于$\sigma_i^*\in G$,不妨设$\sigma_i^*=g^{\beta}$,$\beta\in Z_q$也是攻击者不知道的。由于$(\sigma_i^*)^{\alpha_B}=\sigma'$,所以攻击者可得$g^{\beta\cdot\alpha_B}=\sigma'$。也就是说,攻击者基于签名的伪造方法,实现了基于$g$,$v_B=g^{\alpha_B}$,$\sigma_i^*=g^{\beta}$计算得到$g^{\beta\cdot\alpha_B}=\sigma'$。这样可以得出结论,攻击者每伪造成功一个签名,就可以解决一个对应的计算 Diffie-Hellman 问题(CDHP)。然而 CDHP 是困难问题,难以解决,由此得到矛盾的结论。根据这一矛盾,原假设不成立,II 型攻击者无法成功伪造签名。

如果攻击者是 III 型攻击者,即可以得到签名者的私钥α_B,成功地伪造上述签名。于是攻击者通过计算$(\sigma_i^*)^{\alpha_B}$可以得到σ'。对于攻击者,$v_A=g^{\alpha_A}$已知,$\alpha_A\in Z_q$未知。由于$u_{\mathrm{id}}^{d_i^*}\cdot (\tau_i^*)^{h(f(i),\tau_i^*)}$可以依据签名和数据进行计算,假设$u_{\mathrm{id}}^{d_i^*}\cdot (\tau_i)^{h(f(i),\tau_i^*)}=g^{\beta}=v$,$\beta\in Z_q$也是攻击者不知道的。由于$\sigma'=(v)^{\alpha_A}=g^{\beta\cdot\alpha_A}$。也就是说,攻击者基于签名的伪造方法,实现了基于$g$,$v_A=g^{\alpha_A}$,$v=g^{\beta}$计算得到了$g^{\beta\cdot\alpha_A}=\sigma'$。由此可以得出结论,攻击者每伪造成功一个签名,就可以解决一个对应的计算 Diffie-Hellman

问题(CDHP)。然而 CDHP 是困难问题,难以解决,由此得到矛盾的结论。根据这一矛盾,原假设不成立,III 型攻击者无法成功伪造签名。

因此上述代理签名方案对于 II 型、III 型攻击者是不可伪造的,从而 I 型攻击者也无法伪造签名。定理结论成立。

定理 4.2　代理签名方案可有效抵抗差分攻击。

证明　假设攻击者得到两个签名(τ_i,σ_i),(τ_i^*,σ_i^*)。通过分析,可以有如下推导$\sigma_i=(v_A)^{r_i h(f(i),\tau_i)}\cdot u^{d_i}=(g)^{\alpha_A r_i h(f(i),\tau_i)}\cdot u_{\mathrm{id}}^{\alpha_A\alpha_B^{-1}d_i}$,于是$(\sigma_i)^{\alpha_B}=(g)^{r_i\alpha_A\alpha_B h(f(i),\tau_i)}\cdot u_{\mathrm{id}}^{\alpha_A d_i}$并且$\tau_i=v_B^{r_i}=g^{r_i\alpha_B}$,代入并整理可得$(\sigma_i)^{\alpha_B}=\tau_i^{\alpha_A h(f(i),\tau_i)}\cdot u_{\mathrm{id}}^{\alpha_A d_i}=(\tau_i^{h(f(i),\tau_i)}\cdot u_{\mathrm{id}}^{d_i})^{\alpha_A}$,同理可得$(\sigma_i^*)^{\alpha_B}=((\tau_i^*)^{h(f(i),\tau_i^*)}\cdot u_{\mathrm{id}}^{d_i^*})^{\alpha_A}$。上述两个等式相除可得方程(4.33),即

$$(\sigma_i/\sigma_i^*)^{\alpha_B}=(\tau_i^{h(f(i),\tau_i)}/(\tau_i^*)^{h(f(i),\tau_i^*)}\cdot u_{\mathrm{id}}^{d_i-d_i^*})^{\alpha_A} \tag{4.33}$$

式(4.33)两端签名的差分结果和数据的差分结果分别受私钥α_B和α_A的保护,和一个签名分别受私钥α_B和α_A的保护所表现的安全关系相同。参考定理 4.1 的证明过程,该方案可以抵抗差分攻击。

2. 数据存储正确性

定理 4.3　正确的存储数据能够通过完整性验证。

证明　验证方程(4.30)的正确性可以很容易由式(4.34)所示的演算过程证实。

$$e(\sigma,v_B)e(Q^{h(1,Q)},u_{\mathrm{id}})$$

$$=e\Big(\prod_{i=s_1}^{s_c}\sigma^{\nu_i},v_B\Big)e\big((v_A)^{oh(1,Q)},u_{\mathrm{id}}\big)$$

$$=e\Big((v_A)^{\sum_{i=s_1}^{s_c}\nu_i r_i h(f(i),\tau_i)},v_B\Big)e\big(u^{\sum_{i=s_1}^{s_c}\nu_i d_i},v_B\big)e(u_{\mathrm{id}}^{oh(1,Q)},v_A)$$

$$=e\Big(v_A,v_B^{\sum_{i=s_1}^{s_c}\nu_i r_i h(f(i),\tau_i)}\Big)e\big((u')^{\alpha_B^{-1}\cdot\sum_{i=s_1}^{s_c}\nu_i d_i},v_B\big)e(u_{\mathrm{id}}^{oh(1,Q)},v_A)$$

$$=e\Big(v_A,\prod_{i=s_1}^{s_c}\tau_i^{\nu_i h(f(i),\tau_i)}\Big)e\big((u_{\mathrm{id}})^{\alpha_A\cdot\sum_{i=s_1}^{s_c}\nu_i d_i},v_B^{\alpha_B^{-1}}\big)e(u_{\mathrm{id}}^{oh(1,Q)},v_A)$$

$$=e\Big(v_A,\prod_{i=s_1}^{s_c}\tau_i^{\nu_i h(f(i),\tau_i)}\Big)e\big((u_{\mathrm{id}})^{\sum_{i=s_1}^{s_c}\nu_i d_i},g^{\alpha_A}\big)e(u_{\mathrm{id}}^{oh(1,Q)},v_A)$$

$$=e\Big(v_A,\prod_{i=s_1}^{s_c}\tau_i^{\nu_i h(f(i),\tau_i)}\Big)e((u_{\mathrm{id}})^{\mu'},v_A)e(u_{\mathrm{id}}^{oh(1,Q)},v_A)$$

$$=e\Big(v_A,\prod_{i=s_1}^{s_c}\tau_i^{\nu_i h(f(i),\tau_i)}\Big)e((u_{\mathrm{id}})^{\mu'+oh(1,Q)},v_A)$$

$$= e\Big(v_A, \prod_{i=s_1}^{s_c} \tau_i^{\ \nu_i \cdot h(f(i),\tau_i)}\Big) e\big((u_{\mathrm{id}})^\mu, v_A\big) \tag{4.34}$$

同理,可得等式(4.31)的正确性。其结果表明正确的数据及其签名数据生成的证据一定能够满足验证等式,通过完整性验证。

定理 4.4　如果云服务方能通过完整性验证,则它必须确实完整存储用户数据。如果存储在云服务器上的数据丢失、错误或被删除,则服务方无法生成正确的证明证据 P,无法通过数据完整性验证。

证明　证明过程只讨论无隐私保护方案的情况。假设服务方使用错误的数据生成的证据 P^* 也能通过验证:原正确证据记为 $P=\{\mu', \sigma, \Psi_c\}$,新的证据记为 $P^* =\{\mu^*, \sigma^*, \Psi_c^*\}$。利用验证等式(4.31)可推导有等式(4.35)成立,即

$$e(\sigma^*/\sigma, v_B) = e(u_{\mathrm{id}}^{\ \mu^*-\mu'}, v_A) e\Big(v_A, \prod_{i=s_1}^{s_c}(\tau_i^*)^{\nu_i \cdot h(f(i),\tau_i^*)} \Big/ \prod_{i=s_1}^{s_c} \tau_i^{\ \nu_i \cdot h(f(i),\tau_i)}\Big) \tag{4.35}$$

该式简记为

$$e(\Delta\sigma, v_B) = e(u_{\mathrm{id}}^{\Delta\mu}, v_A) e(v_A, \Delta\tau) \tag{4.36}$$

然后分三种情形讨论。

情形 1:$\Delta\mu=\mu^*-\mu'=0$,此时攻击者可以使用真实的签名数据,即 $\Delta\tau=1$,$\Delta\sigma=1$。攻击者构造的线性组合与真实的组合结果相同,若某一个数据块数据不相同,其通过一次攻击查询、猜测得到原有数据块的概率为 $1/q$,但由于足够的安全强度,该可能性可以忽略不计。

情形 2:假设 $\Delta\sigma=1$,$\Delta\tau=1$,$\Delta\mu=\mu^*-\mu'\neq0$。因为 $\Delta\mu \cdot \alpha_A \cdot \alpha_B^{-1} \neq0$,由公式(4.36)有 $e(1,g)\neq e(u_{\mathrm{id}}^{\Delta\mu \cdot \alpha_A \alpha_B^{-1}}, g)$,两端进行等价变化后有 $e(1, v_B)\neq e(u_{\mathrm{id}}^{\Delta\mu}, v_A)$。所以此时显然通不过验证,和问题假设矛盾。

情形 3:假设 $\Delta\sigma\neq1$,$\Delta\mu=\mu^*-\mu'\neq0$,两份完整性证据都能通过验证。

构造一个变形的 CDH 困难问题。假设攻击者已知 g、$v_A=g^{\alpha_A}$,$v_B=g^{\alpha_B}$ 和 y,求解 $y^{\alpha_A \alpha_B^{-1}}$。如果该问题有某个攻击者求解成功,在 Diffie-Hellman 密钥交换协议中,B 这一方可以作为攻击者利用该结果计算 $(y^{\alpha_A \alpha_B^{-1}})^{\alpha_B}=y^{\alpha_A}$,也就可以求解原 CDH 问题。

令 $\Delta\tau=(u_\tau)^{\Delta\mu}$,可计算出 u_τ,代入式(4.36)有 $e(\Delta\sigma, v_B)=e(\Delta\tau \cdot u_{\mathrm{id}}^{\Delta\mu}, v_A)=e((u_\tau \cdot u_{\mathrm{id}})^{\Delta\mu}, v_A)$。再令 $u_s=u_\tau \cdot u_{\mathrm{id}}$,则有 $e(\Delta\sigma, v_B)=e(u_s^{\Delta\mu}, v_A)$。

一个作为中介的挑战者随机选定 $a, b\in Z_q^*$,令 $u_s=(v_B)^a \cdot y^b$,计算出 y。那么有如式(4.37)~式(4.39)的演算结果成立。

$$e(\Delta\sigma, v_B) = e(u_s^{\Delta\mu}, v_A)$$
$$= e(((v_B)^a \cdot h^b)^{\Delta\mu}, g^{\alpha_A})$$
$$= e((v_B)^{a\Delta\mu \cdot \alpha_A}, g) e((y^b)^{\Delta\mu}, g^{\alpha_A})$$
$$= e((v_A)^{a\Delta\mu \cdot \alpha_B}, g) e((y^b)^{\Delta\mu}, g^{\alpha_A})$$
$$= e((v_A)^{a\Delta\mu}, v_B) e((y^b)^{\Delta\mu}, g^{\alpha_A}) \tag{4.37}$$

$$e(\Delta\sigma \cdot (v_A)^{-a\Delta\mu}, v_B) = e((y^b)^{\Delta\mu}, g^{\alpha_A}) \tag{4.38}$$

$$e(\Delta\sigma \cdot (v_A)^{-a\Delta\mu}, g) = e(y, g^{\alpha_A\alpha_B^{-1}})^{b\Delta\mu} \tag{4.39}$$

所以,攻击者由此可以计算 $y^{\alpha_A\alpha_B^{-1}} = (\Delta\sigma \cdot (v_A)^{-a\Delta\mu})^{\frac{1}{b\Delta\mu}}$。

攻击者终止计算该结果的条件为 $(b\Delta\mu = 0) \bmod q$ 成立。由于挑战者随机选定 b,对于攻击者是未知的,所以,$(b\Delta\mu = 0) \bmod q$ 成立的概率仅为 $1/q$。该概率可以忽略不计。由此,可得攻击者求解了一个 CDH 问题,与已知的 CDH 问题的困难性相矛盾,问题假设不成立。所以,服务方根据错误的数据块生成的证据 P^* 不可能通过完整性验证。

另外,验证过程中服务方也无法进行数据块替换攻击。验证者发送的挑战消息中已包含指定的需要检查的数据块位置。由于在每个数据块的代理签名中,该数据块的位置标号已经通过单向哈希函数计算,和随机变量、数据块信息聚合在一起形成签名。基于相同原理,如果使用另一个正确的数据块替换指定的数据块,服务方不能通过完整性验证。

3. 隐私保护能力

定理 4.5　隐私保护方案中移动用户的数据不会泄露给第三方验证者。

证明　假设验证者作为一个攻击者,从服务方得到验证回复消息为 $\{\mu, \sigma, Q, \Psi_c\}$,$\mu = \mu' + oh(1, Q)$,$h(1, Q)$ 是哈希运算结果,带有不确定性,无法进行攻击设定需要的结果,o 是 Z_q^* 中的一个随机元素,验证者无法得知 o,进而无法得到 $oh(1, Q)$,验证者无法恢复 μ',由于一个约束式中有两个不确定的量,验证者不能以此获得用户数据块的任何信息。

4. 公开验证能力

从验证等式(4.30)和式(4.31)可以看出,验证过程中只使用了相关的公钥信息及用户方返回的证明,不需用户私钥,该方案具有公开验证能力。

4.5.4　性能分析

由算法内容可以看出,本方案中移动用户方不再对文件进行划分和签名,用户只需调用密钥生成算法,生成自己的私钥、公钥,然后进行一次签名即可,无进一步的文件处理方面的计算任务。通过代理签名,用户方只需要完成代理签名授权过程,将原本需要用户完成的数据块的大量签名计算安全外包给第三方,用户方的计算复杂度从 $O(n)$ 降低到 $O(1)$,计算量显著减小。

所有描述计算代价的符号见表 4.4。

表 4.4　计算代价表示符号

符号	含义描述
H_G	G 中元素哈希计算代价
E_G	G 中元素的幂运算代价
M_G	G 中元素相乘计算代价
$H_{Z_q^*}$	Z_q^* 中元素哈希计算代价
$A_{Z_q^*}$	Z_q^* 中元素哈希相加计算代价
$M_{Z_q^*}$	Z_q^* 中元素哈希相乘计算代价

关于本方案的存储、通信、计算代价的理论分析结果见表 4.5。其中群 G、G_T 和有限域 Z_q 都使用安全参数 λ 表示其位长,符号 δ 代表集合 $[1,n]$ 中元素的位长,符号 n 代表文件 F 被分割的块数,符号 c 代表验证时挑战请求选取的数据块数。

表 4.5　本方案中存储、通信、计算理论代价

评价类型	代价细分描述		对应代价复杂度描述
服务器存储	文件＋签名		$\|F\|+2n\lambda$
通信代价	代理签名(发送、接收)		$2\|F\|+(2n+1)\lambda$
	挑战通信		$c(\lambda+\delta)$
	服务器回应		$(c+3)\lambda$
计算代价	用户预处理		H_G+E_G
	代理方签名		$2P+E_G+n(M_G+3E_G+H_{Z_q^*}+M_{Z_q^*})$
	隐私保护方案	服务方	$(c+1)(E_G+M_{Z_q^*})+(c-1)M_G+c\cdot A_{Z_q^*}+H_{Z_q^*}$
		验证方	$4P+(c+1)H_{Z_q^*}+(c+2)E_G+(c-1)M_G+c\cdot M_{Z_q^*}$
	无隐私保护的方案	服务方	$c(E_G+M_{Z_q^*})+(c-1)(M_G+A_{Z_q^*})$
		验证方	$3P+c\cdot(H_{Z_q^*}+M_{Z_q^*})+(c+1)E_G+(c-1)M_G$

基于代理的数据完整性验证方案将签名计算量安全转移给了代理签名者,降低了用户的计算成本,适用于移动云计算环境。目前的方案还只实现了一个层次的数据块划分,需要进一步研究。

4.6 本 章 小 结

本章首先分析可证明数据安全问题与需求,对数据安全证明的机制、数据完整性验证核心问题的研究现状进行了总结、讨论。然后针对静态数据的可证明安全问题,依据不同需求与场景循序渐进地讨论了私有验证方案、公开验证方案、具有隐私保护能力的验证方案、具有数据容错能力的公开验证方案以及移动云计算环境的可验证方案。分别从不同的侧重点进行了安全性分析、安全性证明和性能分析。

参 考 文 献

[1] 谭霜,贾焰,韩伟红. 云存储中的数据完整性证明研究及进展. 计算机学报,2015,38(1):164-177.

[2] Ateniese G,Burns R,Curtmola R,et al. provable data possession at untrusted stores. 2007 ACM Conference on Computer and Communications Security. Alexandria:ACM,2007:598-609.

[3] JuelsA,Kaliski B S. PORs:proofs of retrievability for large files. The 2007 ACM Conference on Computer and Communications Security. Alexandria:ACM,2007:584-597.

[4] 肖达,舒继武,陈康,等. 一个网络归档存储中实用的数据持有性检查方案. 计算机研究与发展,2009,46(10):1660-1668.

[5] Curtmola R,Khan O,Burns R,et al. MR-PDP:multiple-replica provable data possession. The 28th International Conference on Distributed Computing Systems. Beijing:IEEE,2008:411-420.

[6] Shacham H,Waters B. Compact proofs of retrievability. Advances in Cryptology—ASIA-CRYPT,2008,5350(2008):90-107.

[7] Boneh D,Lynn B,Shacham H. Short signatures from the Weil pairing. The 7th International Conference on the Theory and Application of Cryptology and Information Security. Gold Coast:Springer-Verlag,2001:514-532.

[8] 杜红珍,黄梅娟,温巧燕. 高效的可证明安全的无证书聚合签名方案. 电子学报,2013,41(1):72-76.

[9] Erway C C,Küpçü A,Papamanthou C,et al. Dynamic provable data possession. The 16th ACM Conference on Computer and Communications Security. Chicago:ACM,2009:213-222.

[10] Hao Z,Zhong S,Yu N H. A privacy-preserving remote data integrity checking protocol with data dynamics and public verifiability. IEEE Transactions on Knowledge and Data Engineering,2011,23(9):1432-1437.

[11] Chen L,Chen H B. Ensuring dynamic data integrity with public auditability for cloud storage. 2012 International Conference on Computer Science & Service System. Nanjing:IEEE,

2012:711-714.

[12] Chen L, Song W, Yiu S M, et al. Ensuring dynamic data integrity based on variable block-size BLS in untrusted environment. International Journal of Digital Content Technology and It's Applications, 2013, 7(5):837-846.

[13] Wang Q, Wang C, Ren K, et al. Enabling public auditability and data dynamics for storage security in cloud computing. IEEE Transactions on Parallel and Distributed Systems, 2011, 22(5):847-859.

[14] Hao Z, Yu N. A multiple-replica remote data possession checking protocol with public verifiability. The Second International Symposium on Data, Privacy and E-Commerce. Buffalo: IEEE, 2010:84-89.

[15] He J, Zhang Y C, Huang G Y, et al. Distributed data possession checking for securing multiple replicas in geographically-dispersed clouds. Journal of Computer and System Sciences, 2012, 78:1345-1358.

[16] Bowers K D, Juels A, Oprea A. HAIL: a high-availability and integrity layer for cloud storage. The 16th ACM Conference on Computer and Communications Security. Chicago: ACM, 2009:187-198.

[17] Chen B, Curtmola R. Robust dynamic provable data possession. The 32nd International Conference on Distributed Computing Systems Workshops. Macau: IEEE, 2012:515-525.

[18] Wang C, Wang Q, Ren K, et al. Toward secure and dependable storage services in cloud computing. IEEE Transactions on Services Computing, 2012, 5(2):220-232.

[19] Chen B, Curtmola R, Ateniese G, et al. Remote data checking for network coding-based distributed storage systems. 2010 ACM Workshop on Cloud Computing Security Workshop. New York: ACM, 2010:31-42.

第5章　云计算环境的可证明动态数据安全

云计算应用逐渐丰富,云存储需要支持业务型的动态数据存储。用户需要通过应用程序不时地修改、插入、删除数据。所以云计算环境下存储的数据应该不仅是可访问的,而且是可更新、可动态修改的[1,2]。同时,由于昂贵的 I/O 代价及网络通信代价,频繁下载整个数据文件验证数据的完整性然后再进行数据的动态修改操作是不切实际的。出于效率的考虑,动态操作及其结果正确性验证过程中也不应取回整个外包数据文件,应只获取、修改有关的部分。

近年来,研究者致力于在满足外包数据的公开可验证性的前提下,融合支持数据动态操作,包括数据的更新、插入、删除等,使数据完整性及可用性更加贴近实际应用[3]。Erway 等扩展了 PDP 模型[1],以支持可证明存储数据更新。而更多的研究是使用某种便于存储、操作的认证结构。全面支持动态操作必须有某种动态认证结构作为支撑部分,每次完整性验证操作及动态修改操作都需要先通过动态认证结构确认数据标签/数据位置次序等状态,然后再通过安全的签名与数据部分及其标签的关系确认数据的正确性,间接确认数据的其他安全特性。支持动态操作的典型认证结构有默克尔哈希树[2](Merkle hash tree,MHT)、索引哈希表(index hash table)[4]、跳跃列表(skip list)[1]等。

5.1　动态数据认证结构

5.1.1　动态默克尔哈希树

1. 默克尔哈希树

默克尔哈希树是一种广为研究的认证结构,应用于数据完整性验证中,在无需访问整个文件的情况下可以验证某一文件块。其基本原理是:首先将整个文件分成许多小的数据块,采用安全的单向哈希函数 $h(x)$ 对数据块进行哈希运算;随后将所得的这些哈希数据当做新的数据,把若干哈希数据组合成为新的数据块再进行哈希运算,得到新的哈希值;重复这个组合哈希数据及再哈希的过程,直到生成单一的哈希值——"根哈希"(root hash)。所有这些哈希数据和原有数据块之间是一个树型关系,如图 5.1 所示。若有办法确认根哈希的正确性,那么,确认文件的某一数据块的完整性只需完成从几个叶子节点出发往上直到树根节点路径上的哈希计算过程。因此,它可以高效地证明某部分数据是未被修改的和未损坏的。

图 5.1 中共有 8 个叶子节点(验证对象)$\{d_1、d_2、d_3、d_4、d_5、d_6、d_7、d_8\}$,对于其上层节点 $C、D、E、F$:$h_c=h(h(d_1)\parallel h(d_2))、h_d=h(h(d_3)\parallel h(d_4))、h_e=h(h(d_5)\parallel h(d_6))、h_f=h(h(d_7)\parallel h(d_8))$。对于节点 $C、D、E、F$ 的上层节点 $A、B$:$h_a=h(h_c\parallel h_d)、h_b=h(h_e\parallel h_f)$。对于根节点 Root:$h_r=h(h_a\parallel h_b)$。

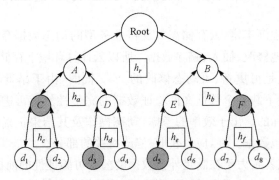

图 5.1　默克尔哈希树的数据块验证

在远程数据完整性或者云计算环境的验证过程中,作为证明者的服务方需要将此路径上支持计算过程的数据都发给验证者,由验证者实施哈希计算。这部分信息称为辅助验证信息(auxiliary authentication information,AAI),辅助信息包含默克尔哈希树从叶子节点(验证对象)到根节点这一路径上所有节点的兄弟节点。

以图 5.1 中验证数据块 d_3 和 d_5 为实例。此时,与 d_3 对应的辅助验证信息为 $\Omega_3=<h(d_4),h_c,h_b>$,与 d_5 对应的辅助验证信息为 $\Omega_5=<h(d_6),h_f,h_a>$。若同时验证数据块 $\{d_3,d_5\}$,对应的辅助验证信息集合为 $\{\Omega_3=<h(d_4),h_c>,\Omega_5=<h(d_6),h_f>\}$,则验证者需计算 $h_d=h(h(d_3)\parallel h(d_4))、h_a=h(h_c\parallel h_d)、h_e=h(h(d_5)\parallel h(d_6))、h_b=h(h_e\parallel h_f)$ 和 $h_r=h(h_a\parallel h_b)$,最后对计算所得的根哈希 h_r 进行最终确认、验证——与可靠真实数据比较、通过签名确认等。确认根哈希是否改变,据此再推断待验证对象数据块 $\{d_3,d_5\}$ 是否具有完整性。

2. 动态数据的完整性验证方法思路

如 Wang 等[2]设计的典型方案中,采用了默克尔哈希树作为认证结构来实现验证过程。融入认证结构后的完整性验证思路如下。

(1) 将默克尔哈希树的根哈希记为 R,对 R 进行签名(参见第 4 章所介绍的方法或下面具体的方案),从而对计算所得的新的树根哈希 R'(如图 5.1 中的 h_r)实现验证。

(2) 数据块签名中以数据块哈希标签替代原有的数据块序号,绑定数据块哈希标签与数据块内容。

（3）通过哈希树的根哈希验证与数据块组合签名验证两个阶段实现最终验证。

默克尔哈希树可以支持动态操作，原有数据块序号不再是固定不变的，所以改用数据块哈希标签非常必要。具体实现改用 BLS 签名方案中的随机预言模型哈希函数计算。基于验证的安全性，数据块哈希标签所代表的数据块序号所表达的信息仍然需要，所以需要通过哈希树节点提供额外的信息，实现数据块序号的查找与验证。

5.1.2　带相对序号的动态默克尔哈希树

1. 概念

为了解决 Wang 等的典型基本方案中的效率问题和安全漏洞，本章采用带相对序号的动态默克尔哈希树[5,6]，使其更适合远程完整性验证协议。在默克尔哈希树的数据域部分，每个动态默克尔哈希树的节点包含两部分信息，即哈希值和指示叶节点次序的相对序号。

定义：带相对序号的动态默克尔哈希树。带相对序号的动态默克尔哈希树或者是单一的叶节点，数据部分为 $h(H(d_i))$，表示某一文件数据块 d_i 的哈希标签的哈希，并包括叶节点标识 1；或者其根节点带有附加信息表明叶子节点总数，根节点哈希由左、右孩子节点（含附加信息）计算得到，同时其左、右子树也是带相对序号的动态默克尔哈希树。在不发生混淆的情况下，仍称为动态默克尔哈希树，简记为 DMHT。设某树根节点数据由 (h_w, n_w) 两部分信息组成，即该树的叶节点总数为 n_w 个。如果其左、右孩子节点数据分别是 (h_a, n_a) 和 (h_b, n_b)，那么 $n_w = n_a + n_a$，并且 $h_w = h(h_a \parallel n_a \parallel h_b \parallel n_b)$（此思想适用于默克尔哈希树多叉树结构，本章仅以二叉树为例进行阐述）。

2. 动态默克尔哈希树叶节点查找与验证算法

（1）叶节点查找算法：DMHTLeafSearch$(T, i) \rightarrow \{\text{TRUE/FALSE}, \Omega_i\}$。DMHTLeafSearch 算法由服务方执行。

算法输入：动态默克尔哈希树 T，待查找叶节点序号 i。

算法输出：TRUE 或 FALSE，辅助认证信息 Ω_i。

算法描述：获取叶节点总数 n——根节点的相对序号。如果 $i > n$，查找溢出，输出 FALSE；否则令 $k = i$。然后执行如下操作。①从当前的根节点开始，得到节点的左孩子节点 (h_a, n_a) 和右孩子节点 (h_b, n_b)。若 $k \leqslant n_a$，则第 k 个叶子节点在左子树上，将当前根节点指针指向左孩子节点，重复步骤①；否则，第 k 个叶子节点在右子树上，令 $k = k - n_a$，将当前根节点指针指向右孩子节点，重复步骤①。②当

$k=1$ 或者指针指向了叶子节点,返回 TRUE。在搜索第 i 个叶子节点的过程中,记录当前节点的兄弟节点的信息及其左右位置关系作为第 i 个叶子节点的辅助认证信息(AAI)Ω_i。

(2) 叶节点验证算法:DMHTLeafVerify$(\Omega_i, i) \rightarrow \{$TRUE/FALSE$\}$。算法主要由验证者执行,确认序号 i 在原动态默克尔哈希中的位置。

算法输入:第 i 个叶子节点,辅助认证信息(AAI)Ω_i。

算法输出:TRUE 或 FALSE。

算法描述:在辅助认证信息(AAI)Ω_i 中,对第 i 个叶子节点到根节点的路径中,所有的左兄弟节点的叶子节点个数(即其相对序号)之和,记为 k。如果 $k=i-1$,则返回 TRUE,确认该节点就是需要的叶子节点 i;否则返回 FALSE。

5.1.3 跳表

支持动态操作的典型认证结构有索引哈希表、默克尔哈希树等。跳跃列表[1]是一种随机化数据结构,基于并联的链表,其效率可比拟于二叉查找树(对于大多数操作需要 $O(\log n)$ 平均时间),依据部分信息采用某些特殊控制措施可以避免极端情况出现,效率甚至可以更高。

5.2 动态数据完整性验证方案

5.2.1 系统模型与需求

云存储系统仍假设为三方模型,基于新的动态数据应用需求,动态数据完整性验证中的系统模型的核心不同在于用户方需要对数据进行更新,包括任意位置的插入、删除和替换。

基于应用需求、安全需求、资源消耗的性能需求,该方案需要达到如下设计目标。

(1) 如果云服务方存储的数据文件是真实的、未经篡改的,那么云服务方能通过验证者的完整性验证。

(2) 如果云服务方存储的数据文件被篡改或者有伪造,那么云服务方提供的证据不能通过验证者的完整性验证。

(3) 公开可验证性——数据完整性的验证者可以是用户——数据文件拥有者本身,也可以是任何经同意授权的第三方,得到数据是否具有完整性的公开结论。

(4) 数据动态更新——拥有权限的用户可以对服务方存储数据进行更新,且更新的过程不取回整个数据文件,除需要更新的数据部分,额外通信代价较低;能够全面支持各种数据更新操作,即任意位置的数据块修改、插入和删除。

(5) 隐私保护——用户可以决定是否采用隐私保护方案,在需要采取隐私保护措施时,授权的第三方验证者对远程的用户数据文件进行完整性验证的过程中,验证者不能从验证的过程中获取到用户数据。

（6）验证无限性——对远程的数据文件,用户或任意第三方执行完整性验证的次数应该是没有限制的。

（7）多用户多文件的批处理——验证者可同时执行面向多个用户的多个验证任务,以高效地处理多个验证任务。

5.2.2　数据完整性验证方案

该动态数据完整性验证方案记为方案 5.1。方案 5.1 同样分为准备阶段和验证阶段的算法,还有 5.2.3 节将阐述的动态操作算法。

1. 方案中符号及函数定义

方案 5.1 中使用到的符号含义说明如表 5.1 所示。

表 5.1　算法符号含义说明

符号	含义说明
λ	安全强度参数,体现密钥等的长度
Z_q	q 阶有限域,大素数 q 满足安全强度
G	GDH 群,q 阶乘法循环群
e	双线性映射
n	文件分块数
r	每个分块的基本块数
c	挑战数据块数
$d_{i,j}$	数据分块 d 及其下标号

方案 5.1 所使用的函数如下。

$H()$:$\{0,1\}^* \to G$ 为满足随机预言模型的哈希函数。

2. 完整性验证准备阶段算法

方案 5.1 的准备阶段由五个算法组成,方案由相应的主体依次使用如下的算法（函数）并执行相应操作。

（1）密钥生成算法:$\text{KeyGen}(\lambda) \to (\text{sk}, \text{pk})$。密钥生成算法由用户方执行,$\lambda$ 为安全参数,各相关数据取值范围依此确定,体现算法中参数的安全强度。大素数 q 取值满足 λ 以下的数据范围,即 $\log_2 q \leqslant \lambda$。用户从有限域中选择一个随机元素 $\alpha \leftarrow Z_q$,选择 r 个随机元素 $u_j \leftarrow G$,$j=1,2,\cdots,r$。并计算 $v=g^\alpha$,从而得到私钥 $\text{sk}=(\alpha)$ 和公钥 $\text{pk}=(g,v,\{u_j\}_{j=1,2,\cdots,r})$。

(2) 文件分块算法: $\mathrm{FileSplit}(F,n) \rightarrow \{d_{i,j} | i=1,2,\cdots,n, j=1,2,\cdots,r\}$。用户方执行文件分块算法,将用户的数据文件 F 分块,得到 n 个数据块,$F=(d_1,d_2,\cdots,d_n)$,$i=1,2,\cdots,n$。每个数据块 d_i 再分成 r 个基本的数据块 $d_i=(d_{i,1},d_{i,2},\cdots,d_{i,j},\cdots,d_{i,r})$。其中 $d_{i,j} \in Z_q$,$j=1,2,\cdots,r$。数据块 $d_{i,j}$ 具有次序编号 i 和子序号 j。

(3) 数据块签名生成算法: $\mathrm{TagGen}(sk,d_i) \rightarrow \sigma_i$。用户方执行该算法,计算每个数据块的验证标签,也就是数据块签名。根据公式(5.1)计算每个数据块 d_i 的签名 σ_i,$i=1,2,\cdots,n$。

$$\sigma_i = \left(H(d_i) \cdot \prod_{j=1}^{r} u_j^{d_{ij}} \right)^\alpha \tag{5.1}$$

于是得到同态签名标签集合 $\Phi = \{\sigma_i | i=1,2,\cdots,n\}$。签名标签计算的同态性质可演示如式(5.2)所示。

$$\begin{aligned} \sigma_i \cdot \sigma_x &= \left(H(d_i) \cdot \prod_{j=1}^{r} u_j^{d_{i,j}} \right)^\alpha \cdot \left(H(d_x) \cdot \prod_{j=1}^{r} u_j^{d_{x,j}} \right)^\alpha \\ &= \left(H(d_i) \cdot H(d_x) \cdot \prod_{j=1}^{r} u_j^{d_{i,j}} \cdot \prod_{j=1}^{r} u_j^{d_{x,j}} \right)^\alpha \\ &= \left(H(d_i) \cdot H(d_x) \cdot \prod_{j=1}^{r} u_j^{d_{i,j}+d_{x,j}} \right)^\alpha \end{aligned} \tag{5.2}$$

(4) 哈希树生成算法: $\mathrm{TreeCreate}(F,sk) \rightarrow (\sigma_{H(R)})$。用户方构造动态默克尔哈希树,计算根哈希值 R,并用私钥 α 对根哈希值 R 签名: $\sigma_{H(R)} \leftarrow (H(R))^\alpha$。

用户将 $\{F,\Phi,\sigma_{H(R)}\}$ 发送给服务方,从服务方得到确认收到正确数据的证明后,可删除本地存储的信息。

(5) 用户数据正确性验证算法: $\mathrm{UserVerify}(F,\Phi,\sigma_{H(R)}) \rightarrow \{\mathrm{TRUE/FALSE}\}$。算法由服务方执行。当服务方收到用户的 $\{F,\Phi\}$ 和其他公开信息后,重构动态默克尔哈希树,计算根哈希 R,验证用户方提交的 $\sigma_{H(R)}$ 的正确性。然后对每个用户数据块 d_i,采用式(5.3)验证每个数据块的正确性。

$$e(\sigma_i, g) = e\left(H(d_i) \cdot \prod_{j=1}^{r} u_j^{d_{ij}}, v \right) \tag{5.3}$$

如果验证失败,服务方拒绝接收用户的数据(或要求重新发送);验证成功,则服务方返回正确文件的证明 FILE-PROOF 给用户,以确认用户提交数据的真实性。用户方将 FILE-PROOF 和私钥 sk 一起保存,必要时作为证据使用。

3. 完整性验证阶段算法

在验证阶段的方案也相应地修改。该方案使用如下的函数并执行相应操作。

(1) 挑战请求生成算法: $\mathrm{ChalGen}(n,c) \rightarrow \Theta$。挑战请求生成算法由验证者执行,从文件 F 的分块索引集合 $[1,n]$ 中随机挑取出 c 个索引,记为 $I=\{s_1,s_2,\cdots,s_c\}$,并且为每一个索引 s_i 选取一个随机元素 $\nu_i \in Z_q$,将两者组合一起形成挑战请求 Chal：$\Theta = \{(i,v_i)\}_{s_1 \leqslant i \leqslant s_c}$。验证者将挑战请求发送给服务方。

（2）证据生成算法：$\mathrm{ProofGen}(\Phi,F,\Theta) \to P$。证据生成算法由服务方执行。服务方作为证明者，根据存储在其服务方上的各副本数据文件及其对应签名集合 $\{F,\Phi\}$ 和接收到的挑战请求 Θ，生成完整性证据 P。证明者根据挑战请求 Θ 调用 5.1 节描述的叶节点查找算法 DMHTLeafSearch 从动态默克尔哈希树中获取相应的辅助认证信息 $\{\Omega_i\}_{i \in I}$。服务方根据公式（5.4）和公式（5.5）计算 μ_j 和 σ。其中，$j = \{1,2,\cdots,r\}$。

$$\mu_j = \sum_{(i,v_i) \in \Theta} v_i \cdot d_{i,j} \tag{5.4}$$

$$\sigma = \prod_{(i,v_i) \in \Theta} \sigma_i^{v_i} \tag{5.5}$$

然后将完整性证据 P——$\{\sigma,\{\mu_j\}_{j \in J},\{H(d_i),\Omega_i\}_{i \in I},\mathrm{sig}_{sk}(H(R))\}$ 作为存储正确性证明发送给验证者。

以图 5.2 描述的带相对序号的动态默克尔哈希树为例，说明辅助认证信息及其认证作用。

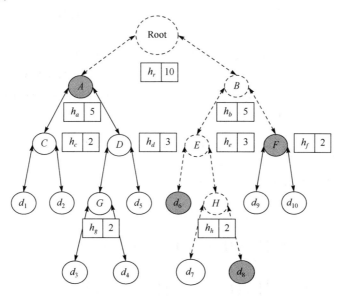

图 5.2　带相对序号的动态默克尔哈希树验证过程

图 5.2 中共有 10 个叶子节点（验证对象）$\{d_1,d_2,d_3,d_4,d_5,d_6,d_7,d_8,d_9,d_{10}\}$，那么对于 d_1,d_2 的上层节点 C：如果其左、右孩子节点数据分别是 $(h(d_1),1)$ 和 $(h(d_2),1)$，那么 $n_c = 1+1$，并且 $h_c = h(h(d_1) \| 1 \| h(d_2) \| 1)$。同理可知

$$n_g = 2, h_g = h(h(d_3) \| 1 \| h(d_4) \| 1)$$

$$n_h = 2, h_h = h(h(d_7) \| 1 \| h(d_8) \| 1)$$

$$n_f = 2, h_f = h(h(d_9) \parallel 1 \parallel h(d_{10}) \parallel 1)$$

$$n_d = 3, h_d = h(h_g \parallel 2 \parallel h(d_5) \parallel 1)$$

$$n_e = 3, h_e = h(h(d_6) \parallel 1 \parallel h_h \parallel 2)$$

$$n_a = 5, h_a = h(h_c \parallel 2 \parallel h_d \parallel 3)$$

$$n_b = 5, h_b = h(h_e \parallel 3 \parallel h_f \parallel 2)$$

$$n_{\text{root}} = 10, h_r = h(h_a \parallel 5 \parallel h_b \parallel 5)$$

验证过程说明:举例,第 7 个数据块的辅助认证信息(AAI)$\Omega_7 = <(h(d_8), 1, \text{Cr}), (h(d_6), 1, \text{Cl}), (h_f, 2, \text{Cr}), (h_a, 5, \text{Cl})>$。其中常量 Cl 表示路径的左兄弟节点,而常量 Cr 表示右兄弟节点。图中要进行认证的为第 7 块数据块,即边框加粗的 d_7 数据块;灰色节点 d_8、d_6、F、A 为提供第 7 块数据块相关辅助认证信息的节点;虚线部分表示信息认证相关的路径。

(3) 证据验证算法:ProofCheck$(P, \Theta) \rightarrow \{\text{TRUE/FALSE}\}$由验证者执行。收到服务方的证明 P 后,验证者根据其中的信息$\{H(d_i), \Omega_i\}_{s_1 \leqslant i \leqslant s_c}$计算动态默克尔哈希树的根哈希 R,并同时结合挑战请求 Θ 用叶节点验证算法 DMHTLeafVerify 确认其序号 i,若无不相符的情况,再结合证明 P 中的根哈希签名,采用式(5.6)进行验证。

$$e(\text{sig}_{\text{sk}}(H(R)), g) = e(H(R), v) \tag{5.6}$$

如果等式不成立,则验证失败,返回 FALSE;等式成立,则验证者继续采用公式(5.7)进行判断,如果该式左右两端相等则返回 TRUE,表示验证成功,完整性验证通过;否则,返回 FALSE,表示验证失败。

$$e(\sigma, g) = e\left(\prod_{(i, v_i) \in \Theta} (H(d_i)^{v_i} \cdot \prod_{j=1}^{r} u_j^{\mu_j}, v\right) \tag{5.7}$$

式(5.7)的正确性可演算如式(5.8)所示,即

$$e(\sigma, g) = e\left(\prod_{(i, v_i) \in \Theta} \sigma_i^{v_i}, g\right)$$

$$= e\left(\prod_{(i, v_i) \in \Theta} \left(H(d_i) \cdot \prod_{j=1}^{r} u_j^{d_{i,j}}\right)^{\alpha \cdot v_i}, g\right)$$

$$= e\left(\prod_{(i, v_i) \in \Theta} \left(H(d_i)^{v_i} \cdot \prod_{j=1}^{r} u_j^{v_i \cdot d_{i,j}}\right)^{\alpha}, g\right)$$

$$= e\left(\prod_{(i, v_i) \in \Theta} \left(H(d_i)^{v_i} \cdot \prod_{j=1}^{r} u_j^{v_i \cdot d_{i,j}}\right), g^{\alpha}\right)$$

$$= e\left(\prod_{(i, v_i) \in \Theta} H(d_i)^{v_i} \cdot \prod_{j=1}^{r} u_j^{\sum_{(i, v_i) \in \Theta} v_i \cdot d_{i,j}}, g^{\alpha}\right)$$

$$= e\left(\prod_{(i, v_i) \in \Theta} (H(d_i)^{v_i} \cdot \prod_{j=1}^{r} u_j^{\mu_j}), g^{\alpha}\right)$$

$$= e\left(\prod_{(i,\nu_i)\in\Theta} (H(d_i)^{\nu_i} \cdot \prod_{j=1}^{r} u_j^{\mu_j}), v \right) \tag{5.8}$$

完整性验证协议过程如图 5.3 所示。

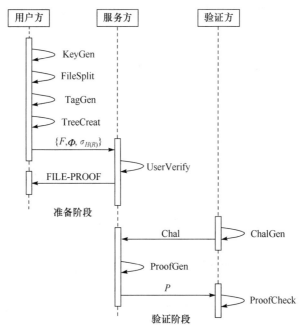

图 5.3　完整性验证过程时序图

4. 具有隐私保护能力的方案

如果用户不愿意在验证的过程中将自己的数据泄露给第三方验证者,可使完整性验证过程具有对用户数据隐私保护的特性,在本方案中将隐私保护作为一个可供用户选择的服务特性。与上述方案对比,不同之处如下所述。

(1) 公钥信息扩充。密钥生成算法 KeyGen(λ)→(sk, pk) 中增加计算 $w_j \leftarrow (u_j)^a$,公钥信息部分扩充为 pk = $(g, v, \{u_j, w_j\}_{j=1,2,\cdots,r})$。

(2) 证据生成算法中增加数据组合遮掩功能。证据生成算法 ProofGen(Φ, F, Θ)→P 的形式不变。服务方生成证据时,需要额外选择一个随机元素 $o \leftarrow Z_q$,计算 $Q_j = (w_j)^o = (u_j^a)^o$, $j \in J = \{1, 2, 3, \cdots, r\}$。返回数据组合由公式(5.9)、公式(5.10)计算完成。

$$\mu_j' = \sum_{(i,\nu_i)\in\Theta} \nu_i \cdot d_{i,j} \tag{5.9}$$

$$\mu_j = \mu_j' + oh(Q_j) \tag{5.10}$$

式中,μ_j' 表示质询块的线性组合,$\mu_j' = \sum_i \nu_i d_i (j \in J, i \in I)$。为了使 μ_j' 不被验证者捕

捉，服务方用随机元素 o 对其进行遮掩。返回的完整性证明变更为 P——$\{\sigma,\{\mu_j,Q_j\}_{j\in J},\{H(d_i),\Omega_i\}_{i\in I},\mathrm{sig}_{sk}(H(R))\}$。

（3）证据验证算法 ProofCheck$(P,\Theta)\rightarrow\{\mathrm{TRUE/FALSE}\}$ 中的数据组合验证等式更新，形式不变，由验证者执行。验证等式由原式(5.7)变更为式(5.11)，等式验证通过，得到数据是否完整的结论。

$$e(\sigma\cdot\prod_{j=1}^{r}Q_j^{h(Q_j)},g)=e(\prod_{i=s_1}^{s_c}(H(d_i))^{v_i}\cdot\prod_{j=1}^{r}u_j^{\mu_j},v)\qquad(5.11)$$

验证等式(5.11)的正确性演算如式(5.12)所示，即

$$e(\sigma\cdot\prod_{j=1}^{r}Q_j^{\ h(Q_j)},g)=e(\prod_{i=s_1}^{s_c}(H(d_i)\cdot\prod_{j=1}^{r}u_j^{d_{ij}})^{av_i}\cdot\prod_{j=1}^{r}(u_j^a)^{oh(Q_j)},g)$$

$$=e(\prod_{i=s_1}^{s_c}(H(d_i)^{v_i}\cdot\prod_{j=1}^{r}u_j^{v_id_{ij}})^a\cdot\prod_{j=1}^{r}(u_j^a)^{oh(Q_j)},g)$$

$$=e(\prod_{i=s_1}^{s_c}(H(d_i)^{v_i}\cdot\prod_{j=1}^{r}u_j^{v_id_{ij}})^a\cdot\prod_{j=1}^{r}(u_j^o)^{oh(Q_j)},g)$$

$$=e(\prod_{i=s_1}^{s_c}(H(d_i)^{v_i}\cdot\prod_{j=1}^{r}u_j^{v_id_{ij}})\cdot\prod_{j=1}^{r}(u_j^o)^{h(Q_j)},g^a)$$

$$=e(\prod_{i=s_1}^{s_c}H(d_i)^{v_i}\cdot\prod_{j=1}^{r}u_j^{\mu'_j}\cdot\prod_{j=1}^{r}(u_j^{oh(Q_j)}),g^a)$$

$$=e(\prod_{i=s_1}^{s_c}H(d_i)^{v_i}\cdot\prod_{j=1}^{r}u_j^{\mu'_j+oh(Q_j)},v)$$

$$=e(\prod_{i=s_1}^{s_c}H(d_i)^{v_i}\cdot\prod_{j=1}^{r}u_j^{\mu_j},v)\qquad(5.12)$$

5.2.3 数据动态操作

以动态默克尔哈希树作为支撑的认证结构可以高效地处理完全动态数据操作。在远程云存储环境中，不取回整个数据文件的基础上，远程支持用户对对应的数据文件部分进行数据动态操作。完整的动态操作包括数据块插入、数据块删除、数据块修改。

1. 数据块插入

数据块插入操作抽象描述为：假设用户想在第 i 个数据块 d_i 后插入新的数据块 d^*。首先，将 d^* 分成 r 个基本块 $\{d_1^*,d_2^*,\cdots,d_r^*\}$，并根据公式(5.1)生成 d^* 的签名 σ^*。然后，用户构造一个更新请求信息"UpdateOp$=(\mathrm{In},i,d^*,\sigma^*)$"，其中 In 表示插入操作请求，$i$ 指示插入位置。用户方将更新请求发送给服务方。完成

插入操作还需要数据更新执行算法和数据更新验证算法的支持。

（1）数据更新执行算法：UpdateExec(UpdateOp)→P_{update}。数据更新执行算法由服务方在收到更新请求后执行具体的更新操作，操作类型及其信息由参数提供。该更新算法的具体步骤如下。

① 存储 d^* 及其所有签名。

② 根据 d^* 生成动态默克尔哈希树的新叶节点 $h(H(d^*))$。

③ 在动态默克尔哈希树中查找到 $h(H(d_i))$，记录相应的辅助认证信息存储 Ω_i 和插入叶子节点 $h(H(d^*))$，在修改前的动态默克尔哈希树上添加一个内部节点 Q，其中 $h_q=h(h(H(d_i)\parallel 1)\parallel h(H(d^*))\parallel 1)$，节点 Q 的相对序号 $n_q=2$。并修改从这个内部节点到根节点这条路径上所有节点的有关信息，也就是说将相对序号加 1 并重新计算哈希值。

④ 根据修改后的动态默克尔哈希树，得到新的根哈希值 R'。

最后，服务方将更新过程的证据信息发送给用户方，对客户的更新请求进行相应的回应。其中的 $P_{update}=\{\Omega_i,H(d_i),sig_{sk}(H(R)),R'\}$，$\Omega_i$ 是动态默克尔哈希树更新前第 i 个节点的辅助认证信息。

（2）数据更新验证算法：UpdateVerify(P_{update})→{TRUE/FALSE}。数据更新验证算法由用户方执行。用户从服务方收到该更新操作的证明后，执行以下具体步骤。

① 首先基于信息 $\{\Omega_i,H(d_i)\}$ 计算生成根哈希值 R，通过验证等式 $e(sig_{sk}(H(R)),g)=e(H(R),v)$ 来验证辅助认证信息和根哈希 R 的真实性，如果等式验证不通过，输出 FALSE；否则执行步骤②。

② 用户通过进一步使用 $\{\Omega_i,H(d_i),H(d^*)\}$ 计算新的根哈希值，来验证服务方是否如实地执行了数据插入操作。计算出来的新根哈希值与 R' 相比较，如果不相等，输出 FALSE，否则，输出 TRUE。继续执行步骤③。

③ 然后，用户对新根值签名 $sig_{sk}(H(R'))$，将签名结果发送给服务方。

④ 最后，用户执行一次 5.2.2 节中描述的完整性验证。

完整性验证通过表明数据插入操作成功完成，可以从本地删除 $sig_{sk}(H(R'))$、P_{update} 和 d^*。

图 5.4 描绘了一个数据插入的例子，在图 5.2 的基础上，用户想要在 d_3 数据块后插入 d^*，$d^*=H(d^*)$。插入数据块过程中，需要修改相关节点的辅助哈希信息。h_i、h_g、h_d、h_a、h_r 由虚线框标明；虚线圆圈 I、G、D、A、Root 为插入数据块而要被修改的节点；灰色节点 d_3、d_5、d_6、C、B 为插入 d^* 数据块而所需的相关辅助认证信息 Ω_i；虚线路径为辅助信息修改路径。

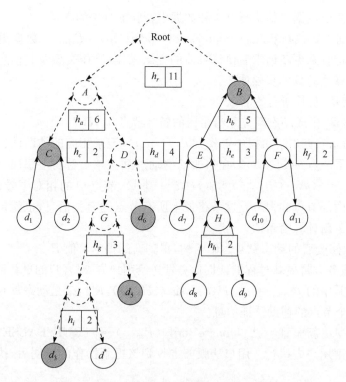

图 5.4　在动态默克尔哈希树上的数据块插入

2. 数据块删除操作

数据块删除操作与数据块插入操作的动作相反。在数据块删除操作中,由于指定节点的删除,直接降低了该子树的高度,相当于由其兄弟节点替换父节点。假设用户想要删除第 i 个数据块 d_i。用户构造一个更新请求信息"UpdateOp＝(De, i, d^*, σ^*)",其中 De 表示删除操作请求,将更新请求发送给服务方。

服务方依据操作的具体类型执行数据更新执行算法 UpdateExec(UpdateOp)→ P_{update}。具体的协议过程与数据插入操作类似,将算法中针对动态默克尔哈希树的操作改为删除操作即可,在这里就不再赘述。

图 5.5 是在动态默克尔哈希树上数据块删除操作的示意图,在图 5.2 的基础上,用户想要删除 d_3,删除数据块过程中,需要修改相关节点的辅助哈希信息。h_d、h_a、h_r 由虚线框标明;虚线圆圈 D、A、Root 为删除数据块而要被修改的节点;灰色节点 d_5、C、B 为删除 d_3 数据块而所需要的相关辅助认证信息 Ω_i;虚线路径为辅助信息修改路径。

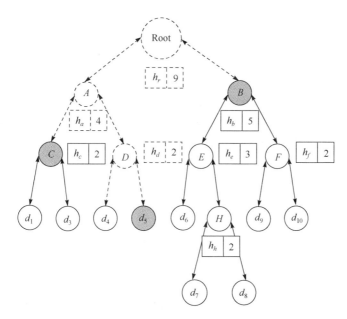

图 5.5　在动态默克尔哈希树上的数据块删除

3. 数据块修改

数据修改操作只是修改、替换数据,而不会改变树的结构。其他数据处理过程类似于数据插入操作,此处略。

对于有 n 个叶子节点的动态默克尔哈希树,本书的方案能高效地支持数据完整性验证和数据的动态操作(包括数据插入、数据删除和数据修改)。该算法相当于具有 $2n-1$ 个节点的二叉查找树搜索算法,平均情况下,算法的计算复杂度是 $O(\log n)$。

5.2.4　多用户数据的批处理验证

第三方验证者单独为某一用户服务,服务效率较低,不能称为常态。若作为一种中介服务,则可以低成本的方式满足众多用户的需求。

验证者可以代理多个用户向服务方提交验证请求,服务方则可一次性处理多个验证请求。设有 K 个用户的 K 个不同数据文件及其对应的签名,验证请求、服务方数据安全证明生成等环节都可相应地改变。利用双线性签名聚集属性,在基于 BLS 方案中,可以将任意长度的签名信息实现聚集,从而降低了一定的通信代价,同时提供高效的方式验证所有信息的真实性。

1. 符号说明

(1) 对任意客户 k，都按前述方案生成了自己的私钥、公钥对，添加相应下标后记为 $sk=(\alpha_k)$ 和 $pk=(g,v_k,\{u_{k,j}\}_{j=1,2,\cdots,r})$。

(2) 使用加括号的上标来区分任意用户 k 的数据文件、数据文件划分及其签名。$F_{(k)}=(d_1^{(k)},d_2^{(k)},\cdots,d_n^{(k)})$，$d_i^{(k)}=(d_{i,1}^{(k)},d_{i,2}^{(k)},\cdots,d_{i,r}^{(k)})$，其中 $k\in\{1,2,3,\cdots,K\}$。签名 $\sigma_{k,i}$ 已在准备阶段依据式(5.13)计算。

$$\sigma_{k,i}=(H(d_i^{(k)})\cdot\prod_{j=1}^{r}u_{k,j}^{d_{ij}^{(k)}})^{\alpha_k} \tag{5.13}$$

2. 完整性验证算法

完整性验证阶段，验证请求与前述方案相同。服务方则继续采取聚集的方式生成证据。以不含隐私保护功能的情形为例，前述方案中的证据生成算法 ProofGen() 和证据验证算法 ProofCheck() 中的计算公式进行相应的修改。

ProofGen() 算法修改内容包括服务方根据公式(5.14)和公式(5.15)计算所有的 $\mu_{k,j}$ 和 $\sigma,j=1,2,3,\cdots,r,i\in I$。然后服务方发送证据 $P=\{\sigma,\{\mu_{k,j}\}_{j\in J},\{H(m_i^{(k)}),\Omega_{k,i}\}_{i\in I},sig_{sk}(H(R_k))\}_{1\leqslant k\leqslant K}$ 给验证者作为完整性证明。

$$\mu_{k,j}=\sum_{i=s_1}^{s_c}\nu_i d_{i,j}^{(k)} \tag{5.14}$$

$$\sigma=\prod_{k=1}^{K}(\prod_{i=s_1}^{s_c}\sigma_{k,i}^{\nu_i}) \tag{5.15}$$

ProofCheck() 算法修改内容包括验证方首先通过验证每个用户文件的动态默克尔哈希树根签名，验证 $H(d_i^{(k)})$，如果验证通过则验证式(5.16)。

$$e(\sigma,g)=\prod_{k=1}^{K}e(\prod_{i=s_1}^{s_c}(H(d_i^{(k)}))^{\nu_i}\cdot\prod_{j=1}^{r}(u_{k,j})^{\mu_{k,j}},v_k) \tag{5.16}$$

等式(5.16)和单用户、多文件的情况类似。其正确性详细说明如式(5.17)所示，即

$$e(\sigma,g)=e(\prod_{k=1}^{K}(\prod_{i=s_1}^{s_c}\sigma_{k,i}^{\nu_i}),g)$$

$$=\prod_{k=1}^{K}e(\prod_{i=s_1}^{s_c}(\prod_{j=1}^{r}H(d_{ij}^{k})\cdot\prod_{j=1}^{r}u_{k,j}^{d_{ij}^{k}})^{\alpha_k\nu_i},g)$$

$$=\prod_{k=1}^{K}e(\prod_{i=s_1}^{s_c}(H(d_i^{(k)}))^{\nu_i}\cdot\prod_{j=1}^{r}(u_{k,j})^{\sum_i\nu_i d_{ij}^{(k)}},g)$$

$$=\prod_{k=1}^{K}e(\prod_{i=s_1}^{s_c}(H(d_i^{(k)}))^{\nu_i}\cdot\prod_{j=1}^{r}(u_{k,j})^{\mu_{k,j}},v_k) \tag{5.17}$$

5.2.5　安全性分析

Shacham 等定义了完整性验证方案的正确性和可靠性[7]：当与合法证明者交互时，能通过验证算法，则验证方案是正确的；当任何不诚实的服务方想要使用户确信他们的数据是正确的时，只有服务方确实真实地存储着用户数据，验证方案才是可靠的。根据本方案所描述的安全威胁和安全需求，分析本方案的安全性。由于批处理协议与在单个用户环境下具有相同的安全特性，所以本节仅仅对该方案在单个用户环境下的安全性进行分析。

安全性分析的思路与方法与第 4 章相同，基本原理和 Wang 等的方案相同[2]。下面对本方案的安全性进行简要分析。

公开验证的存储正确性：由 BLS 签名的安全性可知，该方案签名是不可伪造的。如果签名是不可伪造的并且计算 Diffie-Hellman 问题是很难在双线性对计算中破解的，则没有攻击可以在没有真实存储验证者的数据的时候以不可忽略的概率通过本书的公开验证方案[2]。

隐私保护：在协议中 $\{Q_j\}_{j \in J}$ 用来支持隐私保护，由于离散对数问题的困难性和模幂运算的可交换性，它的存在与否不影响验证方程的有效性，所以方案无论在是否支持隐私保护的情况下，公开验证的存储正确性证明方法一致。

在发送给验证者的验证证明 $\{\sigma, \{\mu_j, Q_j\}_{j \in J}, \{H(d_i), \Omega_i\}_{i \in I}, \mathrm{sig}_{sk}(H(R))\}$ 中，由于 μ_j 是 μ'_j 信息与服务方随机选择的元素 o 进行信息遮掩后的值，$\mu_j = \mu'_j + oh(Q_j)$，$Q_j = (u_j{}^a)^o$。对于验证者，已知 Q_j，但由于离散对数问题的困难性，o 是未知的，所以 μ'_j 的隐私性可以通过 μ_j 来保证。在计算 Diffie-Hellman 问题的假设基础上，验证者不能从 σ 中获得 μ_j 的值。所以，隐私保护的问题得到了保证。

用户数据正确性保证：一方面服务在接收数据时验证了用户数据。确保用户发给服务方的数据 $\{F, \Phi\}$ 和参数的正确及一致性。从存储正确性保证中可以得知完整性的签名方案是不可伪造的，由动态默克尔哈希树根哈希的签名和基于安全单向哈希函数的自主计算与比较，确认了 $H(d_i)$ 是不可伪造的。因为 $v, \{u_j\}_{j \in J}$，g 是公开的参数，如果用户提供的任意 σ_i 或 d_{ij} 是错误的，由双线性对的分叉安全性，双线性对映射的等式验证将无法通过。基于离散对数困难性问题不可能同时伪造 σ_i 和 d_{ij}，这样就保证了它们的一致性。如果用户数据通过了验证，则必然提交了真实的数据和签名。

5.2.6　性能分析

方案 5.1 可同时支持公开审计和数据动态操作，在保证其他特性和计算负荷相同的情况下，由基于相对序号的动态默克尔哈希树，可实现特定验证序号叶子节点的查找、确定验证路径，服务方的哈希树处理时间复杂度为 $O(\log n)$。

　　在接下来的分析中,验证者挑战的数据块数量设定为 460,即有 1%的数据块出错时,希望以 99%的概率检测出来。

　　在通信代价性能分析中,本书的方案因为支持 BLS 签名的聚集,所以分块的大小可以是任意的,而 Wang 等[2]的方案中测试对象基于 BLS 签名的方案分块大小固定为基本块,即 160bit,该文献中还提出了另一个基于 RSA 签名的方案,方案可支持更大的分块。图 5.6 给出了文件大小为 1GB 时,本方案算法中基于 BLS 签名不带隐私保护的、基于 BLS 签名带隐私保护的方案和 Wang 等基于 RSA 签名的方案的通信代价[2]的比较。

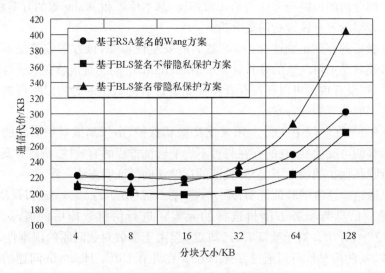

图 5.6　不同分块大小的通信代价

　　从图 5.6 可以看到在本书基于 BLS 签名不带隐私保护的方案比其他两种方案通信代价小,原因是 BLS 签名比 RSA 签名(1024bit)提供了更短的同态签名(160bit)。然而当分块大小大于 20KB 时,基于 BLS 签名带隐私保护的方案的通信代价将大于基于 RSA 签名的方案。

　　从图 5.6 中还可以看到,当分块大小在 8KB 左右时,本书基于 BLS 签名带隐私保护方案的通信代价最小;当分块大小在 16KB 左右时,本书基于 BLS 签名不带隐私保护方案和 Wang 等基于 RSA 签名的方案的通信代价最小。

　　在图 5.7 中比较了不同文件大小时,Wang 等基于 BLS 签名的方案[2](20B 分块大小)、本书基于 BLS 签名不带隐私保护方案分块大小 16KB 和基于 BLS 签名带隐私保护方案分块大小 8KB 时通信代价比较。

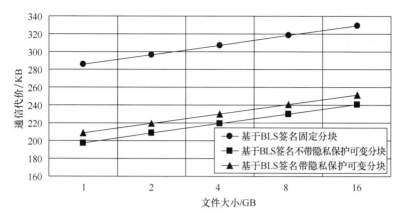

图 5.7　不同大小文件的通信代价

从图 5.6 和图 5.7 可以得出结论,在运用数据块聚集技术的情况下,本章的方案节省了通信代价,而且在聚集数据块后,在数据出错率为 1% 的情况下,其检测出错误的概率高于 99%。因为签名和动态默克尔哈希树的构造是在较大块(不是基本块 20B)的基础上,在服务方,除原数据文件的存储,本方案能减小 r 倍额外存储空间。

至于多用户数据批处理验证部分,从通信数据量来说,主要是签名部分减少了,从 K 个签名变为一个。批处理验证方式中,验证者双线性映射部分的计算量也有明显的减少。

5.3　多粒度动态数据安全

5.3.1　多粒度需求及设计目标

静态方案只适用于云环境下存储档案文件等静态数据文件。这类方案操作相对简单,数据安全性能够得到很好的保证;而已有各种动态方案中支持动态操作,更多地满足了现实中用户的需求。相对于其他方案,基于 BLS 签名的方案能够使用位数较短的同态签名机制(如 160bit),从而拥有最短的查询和回应信息。另外,在对块进行管理时,为了节约存储空间,降低计算量,块的大小则需要相对较大;在通信过程中,为了减少通信代价,块的大小也需要相对较大;但是在实际过程中,由于完整性检验操作比较频繁,从验证计算代价及数据通信代价又希望数据块的大小相对较小[8]。上述不同目的的需求对文件分块产生了矛盾。为了解决这种矛盾,提出一种多粒度远程数据安全公开验证方案,对于不同需求能够达到平衡的效果。该方案记为方案 5.2,将云存储中动态数据操作、公开审计以及隐私保护方面所占的重要作用综合考虑,把动态方案和静态方案有机地结合起来,支持不同操作在不同块粒度上实现[8],提高整体效率。

5.3.2 多粒度数据完整性验证方案

1. 符号及函数定义

令 $I_1 = \{1, 2, \cdots, n\}$, $I_2 = \{1, 2, \cdots, J\}$, $I_3 = \{1, 2, \cdots, K\}$。

2. 完整性验证准备阶段算法

准备阶段由五个算法组成,方案由相应的主体依次使用如下的算法(函数)并执行相应操作。

(1) 密钥生成算法:KeyGen(λ)→(sk, pk)。用户从有限域中选择一个随机元素 $\alpha \leftarrow Z_q$,并计算 $v = g^\alpha$。从 G 中随机选择 K 个元素 u_k, $1 \leqslant k \leqslant K$, $w_k = u_k^\alpha$,于是用户私钥 sk = (α),公钥 pk = $(g, v, \{u_k, w_k\}_{k \in I_3})$。

(2) 文件分块算法:FileSplit(F, n)→$\{d_{i,j} | i = 1, 2, \cdots, n, j = 1, 2, \cdots, r\}$。用户方执行文件分块算法,将用户的数据文件组织为三维的基本块结构。将数据文件 F 划分数据块,得到 n 个数据块,记为 $F = (d_1, d_2, \cdots, d_n)$, $i = 1, 2, \cdots, n$。每个数据块 d_i 再分成 J 个基本的数据块 $d_i = (d_{i,1}, d_{i,2}, \cdots, d_{i,j}, \cdots, d_{i,J})$。最后再把每一个子块 $d_{i,j}$ 分成 K 个基本块 $(d_{i,j,1}, d_{i,j,2}, \cdots, d_{i,j,K})$。其中 $d_{i,j,k} \in Z_q$。文件分块示意图如图 5.8 所示。

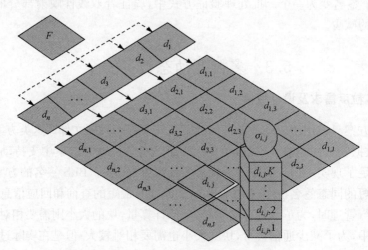

图 5.8 文件分块示意图

(3) 数据块签名生成算法:TagGen(sk, $d_{i,j}$)→$\sigma_{i,j}$。用户方执行该算法,计算每个数据子块的签名或验证标签。根据公式(5.18)计算每个数据块 d_i 的签名 σ_i,用户计算每一子块的签名。

$$\sigma_{i,j} = \left(w_{i,j} \cdot \prod_{k=1}^{K} u_k^{d_{i,j,k}} \right)^{\alpha} \tag{5.18}$$

式中，$w_{i,j} = h(H(m_i) \parallel f(j))$，$f$ 是一个随机函数，并向验证者公开。签名集合 $\Phi = \{\sigma_{i,j}\}$，$1 \leqslant i \leqslant n$，$1 \leqslant j \leqslant J$。

其他算法类似，此处略。执行过程为用户构造数据文件 F 的动态默克尔哈希树，动态默克尔哈希树中的每一个叶子节点是块的标签 $H(d_i)$ 的哈希值，树根哈希为 R，并用私钥对其签名，$\text{sig}_{sk}(H(R)) \leftarrow (H(R))^{\alpha}$。用户发送 $\{F, \Phi, \text{sig}_{sk}(H(R))\}$ 到服务方，删除本地存储的 $\{F, \Phi, \text{sig}_{sk}(H(R))\}$。

由此可以看出，数据组织三维结构中，哈希树的管理针对数据块层次，数据签名在子块层次，基本数据聚合、签名运算在基本块层次。

3. 完整性验证阶段算法

用户或者第三方验证者通过挑战服务方来验证用户数据的完整性。

（1）挑战请求生成算法：$\text{ChalGen}(I_1, I_2, c) \rightarrow \Theta$。挑战请求生成算法由验证者执行。为了确定所要验证的数据部分的位置，验证者从集合 I_1 中随机选择一个由 c 个元素组成的子集 $I = \{s_1, s_2, \cdots, s_c\}$。对 I 中的每一个元素 i，验证者从集合 I_2 随机选择一个元素 j，然后再选择一个随机元素 $v_{i,j} \leftarrow Z_q$，其中 j 和 i 是一一对应的，$i \in I, j \in I_2$。将两者组合一起形成挑战请求 $\text{Chal}: \Theta = \{((i,j), v_{i,j})\}_{i \in I}$。验证者将挑战请求发送给服务方。

（2）证据生成算法：$\text{ProofGen}(\Phi, F, \Theta) \rightarrow P$。证据生成算法由服务方执行。服务方作为证明者，根据存储在其服务方上的各副本数据文件及其对应签名集合 $\{F, \Phi\}$ 和接收到的挑战请求 Θ，生成完整性证据 P。

以带隐私保护能力的情形为例，算法包含以下步骤。

① 服务方选择一个随机元素 $o \leftarrow Z_p$，并计算 $Q_k = (w_k)^o = (u_k^a)^o$，$Q_k \in G, k \in I_3$。

② 证明者根据挑战请求 Θ 调用 5.1.2 节描述的叶节点查找算法 DMHTLeaf-Search 从动态默克尔哈希树获取相应的辅助认证信息 $\{\Omega_i\}_{i \in I}$。

③ 服务方计算 $\mu_k' = \sum\limits_{i=s_1, j \in I_2}^{i=s_c, j \in I_2} (v_{i,j} \cdot d_{i,j,k})$，$k \in I_3$，再进行信息掩盖，进一步计算 $\mu_k = \mu_k' + oh(Q_k) \in Z_q$。

④ 服务方计算聚集签名 $\sigma = \prod\limits_{i=s_1, j \in I_2}^{i=s_c, j \in I_2} (\sigma_{i,j})^{v_{i,j}}$。

⑤ 服务方向验证者发送证据 $P = \{\{\mu_k, Q_k\}_{k \in I_3}, \sigma, \{H(d_i), \Omega_i\}_{i \in I}, \text{sig}_{sk}(H(R))\}$。

（3）证据验证算法：$\text{ProofCheck}(P, \Theta) \rightarrow \{\text{TRUE/FALSE}\}$ 由验证者执行。和方案 5.1 相同，收到服务方的证明 P 后，验证者根据其中的信息 $\{H(d_i), \Omega_i\}_{s_1 \leqslant i \leqslant s_c}$，

计算动态默克尔哈希树的根哈希 R，并同时结合挑战请求 Θ 用叶节点验证算法 DMHTLeafVerify 确认其序号 i，若无不相符的情况，再结合证明 P 中的根哈希签名，验证 $e(\mathrm{sig}_{sk}(H(R)),g)=e(H(R),v)$ 来保证根哈希的正确性，若验证失败，验证者发送 FALSE 表示拒绝；否则，继续验证。

方案 5.2 的特殊之处在于验证者根据 Θ 的信息和数据块签名生成算法计算出 $\omega_{i,j},i\in I,j\in I_2$，并检验式(5.19)左右是否相等。

$$e(\sigma \cdot \prod_{k=1}^{K} Q_k^{h(Q_k)},g)=e(\prod_{i=s_1,j\in I_2}^{i=s_c,j\in I_2} w_{i,j}^{v_{i,j}} \cdot \prod_{k=1}^{k} u_k^{\mu_k},v) \tag{5.19}$$

如果式(5.19)左右两端相等则返回 TRUE，表示验证成功，完整性验证通过；否则，返回 FALSE，表示验证失败。

公式(5.19)的正确性可由式(5.20)表达的演算过程说明。

$$
\begin{aligned}
&e(\sigma \cdot \prod_{k=1}^{K} Q_k^{h(Q_k)},g)\\
&=e(\prod_{i=s_1,j\in I_2}^{i=s_c,j\in I_2} \sigma_{i,j}^{v_{i,j}} \cdot \prod_{k=1}^{K} (u_k^{a\cdot o})^{h(Q_k)},g)\\
&=e(\prod_{i=s_1,j\in I_2}^{i=s_c,j\in I_2} ((w_{i,j} \cdot \prod_{k=1}^{K} u_k^{d_{i,j,k}})^{\alpha})^{v_{i,j}} \cdot \prod_{k=1}^{K} (u_k^{a\cdot o})^{h(Q_k)},g)\\
&=e((\prod_{i=s_1,j\in I_2}^{i=s_c,j\in I_2} w_{i,j}^{v_{i,j}} \cdot \prod_{i=s_1,j\in I_2}^{i=s_c,j\in I_2} \prod_{k=1}^{K} (u_k^{d_{i,j,k}})^{v_{i,j}})^{\alpha} \cdot (\prod_{k=1}^{K} u_k^{oh(Q_k)})^{\alpha},g)\\
&=e(\prod_{i=s_1,j\in I_2}^{i=s_c,j\in I_2} w_{i,j}^{v_{i,j}} \cdot \prod_{k=1}^{K} (u_k^{\sum_{i=s_1,j\in I_2}^{i=s_c,j\in I_2} v_{i,j}\cdot d_{i,j,k}}) \cdot \prod_{k=1}^{K} u_k^{oh(Q_k)},g^{\alpha})\\
&=e(\prod_{i=s_1,j\in I_2}^{i=s_c,j\in I_2} w_{i,j}^{v_{i,j}} \cdot \prod_{k=1}^{K} (u_k^{\mu_k}) \cdot \prod_{k=1}^{K} u_k^{oh(Q_k)},v)\\
&=e(\prod_{i=s_1,j\in I_2}^{i=s_c,j\in I_2} w_{i,j}^{v_{i,j}} \cdot \prod_{k=1}^{k} u_k^{\mu_k},v) \tag{5.20}
\end{aligned}
$$

另外，用户基于个性化考虑，其数据可能不需要隐私保护，不担心数据泄露给验证第三方。此时，为了减少通信数据量，证明方只需要向验证者发送生成证据 $P'=\{\{\mu_k'\}_{k\in I_3},\sigma,\{H(m_i),\Omega_i\}_{i\in I},\mathrm{sig}_{sk}(H(R))\}$ 作为存储正确的证据。最后验证等式使用式(5.21)即可。

$$e(\sigma,g)=e(\prod_{i=s_1,j\in I_2}^{i=s_c,j\in I_2} w_{i,j}^{v_{i,j}} \cdot \prod_{k=1}^{k} u_k^{\mu_k'},v) \tag{5.21}$$

5.3.3 多粒度方案动态操作

方案 5.2 的动态操作主要针对数据块层次，数据修改与替换操作需要把子块所关联的大块下载到本地再进行更新，此种情况可支持到子块。

1. 数据块插入操作

数据块插入操作抽象描述为：假设用户想在第 i 个数据块 d_i 后插入新的数据块 d^*。除了块的组织层次不同，其他的处理方法与方案 5.1 相同。首先，将 d^* 分成 J 个子块 $\{d_1^*, d_2^*, \cdots, d_J^*\}$，根据本方案准备阶段的公式（5.18）计算新数据块 d^* 的每个子块的签名 $\sigma^* = \{\sigma_{*,j}\}_{j \in J}$，即 J 个子块签名。然后，用户构造一个更新请求信息 "UpdateOp = (In, i, d^*, σ^*)"，其中 In 表示插入操作请求，i 指示插入位置。用户方将更新请求发送给服务方。

完成插入操作还需要下面的数据更新执行算法 UpdateExec(UpdateOp) → P_{update} 和数据更新验证算法 UpdateVerify(P_{update}) → {TRUE/FALSE} 的支持。这两个算法处理方式和方案 5.1 相同。

2. 数据块删除操作

数据块删除操作与数据块插入操作的动作相反。同理，除了数据处理层次的差异，该方案类似于方案 5.1 的处理过程。在数据块删除操作中，假设用户想要删除第 i 个数据块 d_i。用户构造一个更新请求信息 "UpdateOp = (De, i, d^*, σ^*)"，其中 De 表示删除操作请求，将更新请求发送给服务方。然后调用数据更新执行算法 UpdateExec(UpdateOp) 和数据更新验证算法 UpdateVerify(P_{update}) 实现。

3. 数据块修改操作

数据修改操作仅仅是对数据进行替换，动态默克尔哈希树结构不变，叶节点到根节点路径上哈希更新、签名更新和数据块完整性验证等与插入操作时的方法相同。

5.3.4　安全分析

安全性分析的思路及方法与第 4 章相同。下面对方案 5.2 的安全性进行简要分析。

1. 存储安全保证

在方案 5.2 中，如果云服务方没有如实地存储数据，那么它将不可能向验证者发送有效的回复信息。假如云服务方通过了完整性验证阶段，那么实际上它必须持有完整的相关指定数据。

首先，由 BLS 签名的安全性，可知不存在一个恶意的服务方能够伪造相关签名从而得到有效的回复信息 $\{\{\mu_k, Q_k\}_{k \in I_3}, \sigma, \{H(d_i), \Omega_i\}_{i \in I}, \mathrm{sig}_{sk}(H(R))\}$，并且

通过等式(5.19)的验证。$H(d_i)$可由树根哈希的签名先独立验证,保证其真实性,而且算法 H 是满足随机预言模型的哈希函数,从 $H(d_i)$ 无法推出 d_i。由于离散对数问题的困难性和模幂数的交换性,本方案中的 Q_k 只是用来确保隐私保护,并不会影响等式的有效性。

接下来,能够得出:假如回复信息 $\{\{\mu_k, Q_k\}_{k \in I_3}, \sigma, \{H(d_i), \Omega_i\}_{i \in I}, \mathrm{sig}_{sk}(H(R))\}$ 是真实有效的,这里 $\mu_k = \mu'_k + oh(Q_k) \in Z_q$,$Q_k = (w_k)^o = (u_k^a)^o$,那么 μ'_k 也是有效的。这个结论可以从哈希函数 $h()$ 的抗碰撞性和离散对数的确定性获得。最后,由离散对数问题的困难性,μ'_k 的有效性也证明了 $\{d_{i,j,k}\}_{i \in I_1, j \in I_2, k \in I_3}$ 的正确性,这里 $\mu'_k = \sum_{i=s_1, j \in I_2}^{i=s_c, j \in I_2} v_{i,j} d_{i,j,k}$。

2. 隐私保护保证

方案 5.2 中,验证者不会获得用户数据内容本身。在 $\{\{\mu_k, Q_k\}_{k \in I_3}, \sigma, \{H(d_i), \Omega_i\}_{i \in I}, \mathrm{sig}_{sk}(H(R))\}$ 中,由于与数据相关的 μ_k 加了一个随机选择的 o,融合后为 $oh(Q_k)$。

首先,μ'_k 的信息不会从 μ_k 中获得。这是因为 μ_k 是和 o 相关的,$\mu_k = \mu'_k + oh(Q_k) \in Z_q$,$Q_k = (w_k)^o = (u_k^a)^o$,而 o 是由云服务方随机选择的,对于验证者,已知 Q_k,但由于离散对数问题的困难性,o 仍是未知的。因此 μ_k 可以保证 μ'_k 的隐私。其次,μ'_k 的信息也不会从 σ 获得。

5.3.5　性能分析

首先,以 1GB 文件为例,针对不同大小的块分别进行通信代价计算。最后,在得到一组较优参数下,对不同大小文件分别进一步分析,并与 Wang 的方案结果进行比较分析。基于 BLS 的签名方案,假设有 1% 的数据块出错,要达到 99% 的概率检验出来,需要验证 460 个数据块。在计算的过程中,选择样本数据块数为 460,针对用户的不同需求,以及数据块、子块的不同大小情况分别进行了结果分析和对比。通信代价主要体现在验证辅助信息(AAI)、隐私保护信息以及 μ_k 上,各部分信息合计有:$2K \times |\lambda|/8 + 2|\lambda|/8 + (|\lambda|/8 + (|\lambda|/8 + 4)\log n_2) \times 460$(单位为B)。不含隐私保护的方案称为方案 I,含隐私保护的称为方案 II。

图 5.9 所示为方案 I 的不同块大小的通信代价比较,对应的块分成 8 个、16个、32 个、64 个和 128 个子块;图 5.10 所示为方案 II 的不同块大小的通信代价比较,每条曲线对应的块包括 8 个、16 个、32 个、64 个、128 个。

而图 5.11 就是针对不同大小的文件利用本书的方案在上述参数下的通信代价和 Wang 的方案(基于 BLS 方案)的对比曲线图。

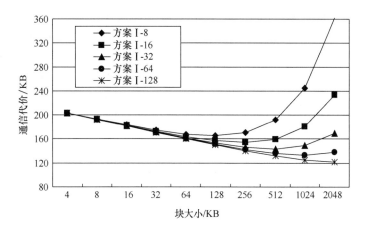

图 5.9　方案 I 不同子块数的通信代价

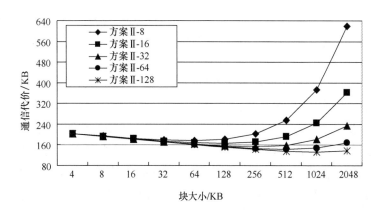

图 5.10　方案 II 不同子块数的通信代价

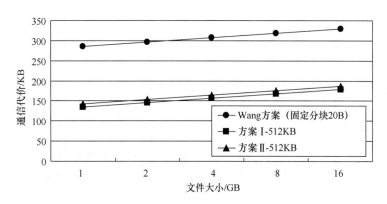

图 5.11　针对不同大小文件的三个方案通信代价曲线图

从图 5.11 中可以看出,针对不同大小的文件,方案 5.2 的通信代价比 Wang 的方案(基于 BLS 方案)的通信代价明显降低;而且随着文件的增大,新方案依然占有很大的优势。另外,相对于 Wang 的方案(基于 BLS 方案),除去数据文件本身所占存储空间,服务方默克尔哈希树存储所花费的存储代价约为 $(2n-1) \times 20$(单位为 B),可以降低到 Wang 方案的 $1/(J \times K)$;存储块签名的代价为 $n \times J \times 20$(单位为 B),可以降低到 Wang 方案的 $1/K$。

5.4　多副本动态数据安全方案

5.4.1　方案思路

多副本动态数据安全方案记为方案 5.3。方案 5.3 的基本思路为:用户用一种对称加密算法将原文件加密,然后利用流加密再次加密得到多个不同的副本,从而可抵抗服务方间的合谋攻击,将副本数据文件上传至多个不同的存储服务方。为数据块生成同态验证标签,可实现对各副本的聚合验证,并减小验证过程中的数据传输量,在数据块标签中加入块位置信息和副本编号,以抵抗云服务提供商进行替换和重放攻击[9]。在利用动态默克尔哈希树对上传至存储服务方的原数据文件进行动态更新操作后,生成日志记录,日志记录包括日期、操作类型、操作针对的数据块序号以及操作针对的数据块更新后的内容[9]。采用对称加密法以及流加密法分别对日志记录进行加密,生成对应于副本数据文件的多份不同的副本日志记录,将副本日志记录上传至对应的存储服务方,以使副本数据文件和副本日志记录组成更新后的副本数据文件。从而实现多副本数据的动态更新,且数据具有可验证特性。如果原始数据丢失或损坏,可将其恢复到最新状态。

5.4.2　符号定义

基于业内前期的研究工作,方案 5.3 也称为支持动态更新的多副本持有性证明方案(缩写为 DMR-PDP)。

方案中用到的函数主要有如下。

$f()$:$\{0,1\}^* \to Z_q$ 为伪随机函数(pseudo-random function,PRF),由用户选定,并告知服务方和第三方。

$\varphi()$:$\{0,1\}^\lambda \times \{0,1\}^* \to Z_q$ 为伪随机函数,用于生成伪随机数。

$E()$:$\{0,1\}^\lambda \times \{0,1\}^* \to \{0,1\}^*$ 为对称加密算法,用于对文件加密。

$H()$:$\{0,1\}^* \to G$ 为满足随机预言模型的哈希函数。

方案 5.3 中的主要参数及说明如表 5.2 所示。

表 5.2　方案 5.3 中参数含义说明

参数	说明
λ	安全强度参数,体现密钥等的长度
Z_q	q 阶有限域,大素数 q 满足安全强度
G	GDH 群, q 阶乘法循环群
e	双线性映射
K	对称加密密钥
K_s	流加密密钥
n	文件分块数
r	每个块的子块数
s	文本副本数
c	挑战数据块数
$d_{i,j}$	数据分块 d 及其下标号
d'/d^*	日志记录
D	相对于原有数据的日志记录数据集合

5.4.3　主要算法

支持动态更新的多副本持有性证明方案(DMR-PDP)由 KeyGen()、ReplicaGen()、TagGen()、LogGen()、LogApd()、ChalGen()、ProofGen()、ProofCheck()、ReplicaRes()和 ReplicaUpd()10 个算法组成。

(1) 密钥生成算法:KeyGen(λ)→(sk,pk)。密钥生成算法由用户方执行。用户选择一个随机数 $\alpha \leftarrow Z_q$ 和 $r+1$ 个随机的元素 $u_j \leftarrow G, j=0,1,2,\cdots,r$,其中 u_0 用于日志记录数据块第 0 个子块的标签计算,并计算 $v=g^{\alpha}$;用户选定文件对称加密密钥 K,用于加密原文件。用户选择决定副本数量 s,随机选择一个数 $K_s \leftarrow Z_q$ 作为流加密密钥。从而私钥 sk=(α,K,K_s)和公钥 pk=($g,v,\{u_j\}_{j=0,1,\cdots,s}$)。用户将公钥发送给服务方并公开,私钥自己保存。

(2) 多副本生成算法:ReplicaGen(F,sk)→$\{F_k | k=1,2,\cdots,s\}$。该算法生成多个副本并同时实现多个副本的分块。具体包括如下的几个步骤。

① 采用对称加密算法使用密钥 K 加密原数据文件 F,得到 F',用 $F'=E(K,F)$ 表示。F' 与 F 文件长度相同。

② 将加密数据文件 F' 分为 n 块,$F'=(c_1,c_2,\cdots,c_n)$,每个块 c_i 分为 r 个基本块,$c_i=(c_{i,1},c_{i,2},\cdots,c_{i,r})$,其中任意的 $c_{i,j} \in Z_q$。

③ 用户计算生成随机数 $\gamma_{i,j}^{(k)}=\varphi(K_s,i \parallel j \parallel k),i=1,2,\cdots,n,j=1,2,\cdots,r$,

$k=1,2,\cdots,s$。

④ 用户生成 s 个加密副本 $F_k=(d_{i,j}^{(k)})=(c_{i,j}\oplus\gamma_{i,j}^{(k)})$，$i=1,2,\cdots,n,j=1,2,\cdots,r,k=1,2,\cdots,s$。

⑤ 用户记录原文件和副本文件的数据块长度信息，分别用 L_O 和 L_R 记录，初始值都为 n。

(3) 数据块签名生成算法：TagGen$(sk,d_i^{(k)})\to\sigma_i^{(k)}$。由用户方执行该算法，计算每个数据块的签名。算法使用公式(5.22)计算数据块的签名 $\sigma_i^{(k)}$。

$$\sigma_i^{(k)} = \big(H(w_i^{(k)})\cdot\prod_{j=1}^{r}u_j^{d_{i,j}^{(k)}}\big)^{\alpha} \tag{5.22}$$

式中 $w_i^{(k)}=f(i\parallel k)$，$i=1,2,\cdots,n,k=1,2,\cdots,s$。

原文件需要完全支持直接的数据动态操作，为阐述方便，将原文件视为第 0 个备份 $F_{k=0}=F$。同样，用户将原文件分割为 n 块，每块 $d_i^{(0)}$ 又看成 r 个基本块，$F_0=\{d_{i,j}^{(0)}\}$，$i=1,2,\cdots,n,j=1,2,\cdots,r$。算法根据公式(5.23)计算原文件每个数据块的签名 $\sigma_i^{(0)}$。

$$\sigma_i^{(0)} = \big(H(d_i^{(0)})\cdot\prod_{j=1}^{r}u_j^{d_{i,j}^{(0)}}\big)^{\alpha} \tag{5.23}$$

用 $\Phi^{(k)}=\{\sigma_i^{(k)}\}_{i=1,2,\cdots,n}$ 表示签名集合。用户将 F_k 和签名集合 $\Phi^{(k)}(k=0,1,\cdots,s)$ 上传到位于不同地理位置的 $s+1$ 个服务方，接收到云服务方的肯定回答后，用户删除所有相关信息。

(4) 日志记录生成算法：LogGen()$\to D$。日志记录生成算法依据用户的动态数据操作请求，按日志记录的要素生成相应的数据块。日志记录数据分为四个字段：时间、操作类型、数据块位置编号、数据块内容。时间字段记录动态操作请求、执行的具体日期及时间。操作类型字段则根据动态操作的不同分为三种，即插入、删除和更新，分别记为 In(Insert)、De(Delete) 和 Ud(Update)。执行操作的数据块位置编号，相对于此次更新前的原数据文件 F，确定每次动态操作针对的数据块位置编号。数据块内容为当执行插入操作时，对应于所插入数据块的数据内容；当执行更新操作时，则对应于用来替换数据的更新数据块内容；而执行删除操作时，则使用特定的数据模式块，如数据为全 0 的数据块。

日志数据相当于作为原动态操作的一个副本，为了达到保护的强度并防止数据重新生成，需要对日志数据进行和文件数据副本相同的保护，所以，采用类似于多副本生成的方法，对日志数据进行如下处理。

① 每次原数据文件进行动态更新操作后，这部分数据处理操作细节参考前述动态数据完整性验证方案及文献[2]，对应于该操作，用户方生成一条日志记录 d^*，根据副本文件的数据块数量信息 L_R，这条日志记录将追加为副本文件第 L_R+1 块数据。

② 用户利用 K 加密得 $d'=E(K,d^*)$，d' 与 d^* 长度相同。

③ 将每条日志记录 d' 前三项内容组合为新增日志记录数据块的第 0 个子块，第四项"数据块内容"分为 r 个子块，即 $d'=(c_{i,0},c_{i,1},\cdots,c_{i,r})$，$i=L_k+1$。

④ 用户加密生成 s 个副本对应的日志记录 $D_k=(d_{i,j}^{(k)})=(c_{i,j}\oplus\gamma_{i,j}^{(k)})$，其中，用户计算生成随机数 $\gamma_{i,j}^{(k)}=\varphi(K_s,i\parallel j\parallel k)$，$i=L_R+1$，$j=1,2,\cdots,r$，$k=1,2,\cdots,s$。记 $D=\{D_k|k=1,2,\cdots,s\}$。每条日志记录对于服务方属于固定长度的数据块，没有实质区别。

（5）日志记录追加算法：LogApd(D)。用户将日志记录作为操作记录数据块追加到 s 个副本后，组成新的副本数据文件。

① 用户方根据公式(5.24)计算每个副本日志记录数据块 D_k 的签名。

$$\sigma^{(k)}=\Big(H(w^{(k)})\cdot\prod_{j=0}^{r}u_j^{m_{i,j}^{(k)}}\Big)^{\alpha} \tag{5.24}$$

式中，$w^{(k)}=f(i\parallel k)$，$i=L_R+1$，$k=1,2,\cdots,s$。

② 向服务方上传各个副本的日志记录数据块和签名。服务方追加新增数据块到各副本文件。

③ 上传完成后，进行一次数据完整性验证。验证通过说明用户追加日志记录数据块和签名成功。用户更新原文件和副本文件的数据块长度信息，根据用户执行的动态操作类型，插入、删除或更新，原文件数据块长度信息 L_0 对应操作为加 1、减 1 或不变。副本文件的数据块数量信息 L_R 都执行加 1 操作，用户方删除日志记录信息。

（6）挑战请求生成算法：ChalGen(L_R,c)→Θ。挑战请求生成算法由验证者执行，从文件 F 的分块索引集合 $[1,L_R]$ 中随机挑取出 c 个索引，记为 $\{s_1,s_2,\cdots,s_c\}$，并且为每一个索引 s_i 选取一个随机元素 $v_i\in Z_q$，将两者组合一起形成挑战请求 Chal：$\Theta=\{(i,v_i)\}_{s_1\leqslant i\leqslant s_c}$。验证者将挑战请求发送给服务方。本方案挑战信息指定的数据块位置包含各个副本，即每个副本都将由同一相对位置的数据块参与验证。所以，本方案可以基于聚合数据信息，一次性验证原数据文件和各个副本文件的完整性。

（7）证据生成算法：ProofGen(Φ,F,Θ)→P。证据生成算法由服务方执行。服务方作为证明者，根据存储在其服务方上的各副本数据文件及其对应签名集合 $\{F,\Phi\}$ 和接收到的挑战请求 Θ，生成完整性证据 P。服务方根据公式(5.25)和公式(5.26)计算 $\mu_j^{(k)}$ 和 σ。其中，针对原文件的数据块，$j=1,2,\cdots,r$，而针对每个副本数据块，$j=0,1,2,\cdots,r$。对应计算结果 $\{\sigma,\mu_j^{(k)}\}_{k=0,1,\cdots,s}$ 和一些关于原文件的辅助验证证据共同构成证据 P。

$$\mu_j^{(k)}=\sum_{i=s_1}^{s_c}v_i m_{i,j}^{(k)} \tag{5.25}$$

$$\sigma = \prod_{k=0}^{s} \left(\prod_{i=s_1}^{s_c} (\sigma_i^{(k)})^{v_i} \right) \tag{5.26}$$

服务方将其作为证据发送验证者进行数据完整性验证。

(8) 证据验证算法:ProofCheck$(P,\Theta) \rightarrow$ {TRUE/FALSE}。该算法由验证者执行,验证者采用公式(5.27)判断是否正确持有原文件和所有副本,如果式(5.27)左右两端相等则返回 TRUE,表示验证成功,完整性验证通过;否则,返回FALSE,表示验证失败。

$$e(\sigma,g) = e\left(\prod_{i=s_1}^{s_c} H(m_i^{(0)})^{v_i} \cdot \prod_{j=1}^{r} u_j^{\mu_j^{(0)}}, v \right) \prod_{k=1}^{s} e\left(\prod_{i=s_1}^{s_c} H(w_i^{(k)})^{v_i} \cdot \prod_{j=0}^{r} u_j^{\mu_j^{(k)}}, v \right)$$
$$\tag{5.27}$$

公式的正确性证明如式(5.28)所示,即

$$e(\sigma,g)$$

$$= e\left(\prod_{k=0}^{s} \left(\prod_{i=s_1}^{s_c} (\sigma_i^{(k)})^{v_i} \right), g \right)$$

$$= e\left(\prod_{i=s_1}^{s_c} (\sigma_i^{(0)})^{v_i} \cdot \prod_{k=1}^{s} \left(\prod_{i=s_1}^{s_c} (\sigma_i^{(k)})^{v_i} \right), g \right)$$

$$= e\left(\prod_{i=s_1}^{s_c} (\sigma_i^{(0)})^{v_i}, g \right) e\left(\prod_{k=1}^{s} \left(\prod_{i=s_1}^{s_c} (\sigma_i^{(k)})^{v_i} \right), g \right)$$

$$= e\left(\prod_{i=s_1}^{s_c} \left(H(m_i^{(0)}) \cdot \prod_{j=1}^{r} u_j^{m_{i,j}^{(0)}} \right)^{\alpha v_i}, g \right) e\left(\prod_{k=1}^{s} \left(\prod_{i=s_1}^{s_c} \left(H(w_i^{(k)}) \cdot \prod_{j=0}^{r} u_j^{m_{i,j}^{(k)}} \right)^{\alpha v_i} \right), g \right)$$

$$= e\left(\prod_{i=s_1}^{s_c} H(m_i^{(0)})^{v_i} \cdot \prod_{j=1}^{r} u_j^{\sum v_i m_{i,j}^{(0)}}, g^\alpha \right) e\left(\prod_{k=1}^{s} \left(\prod_{i=s_1}^{s_c} H(w_i^{(k)})^{v_i} \cdot \prod_{j=0}^{r} u_j^{\sum_{i=s_1}^{s_c} v_i m_{i,j}^{(k)}} \right), g^\alpha \right)$$

$$= e\left(\prod_{i=s_1}^{s_c} H(m_i^{(0)})^{v_i} \cdot \prod_{j=1}^{r} u_j^{\mu_j^{(0)}}, v \right) \prod_{k=1}^{s} e\left(\prod_{i=s_1}^{s_c} H(w_i^{(k)})^{v_i} \cdot \prod_{j=0}^{r} u_j^{\mu_j^{(k)}}, v \right) \tag{5.28}$$

(9) 数据恢复算法:ReplicaRes()。用户方执行该算法,当云服务方存储的原数据文件发生不可恢复的损坏或丢失时,这时用户方可以利用任何一份副本数据,将其恢复到最新状态。恢复操作流程如下。

① 进行某一副本的数据完整性验证,用户方下载一份通过验证的副本数据文件。

② 用户根据文件对称加密密钥 K 和流加密密钥 K_s,将副本数据块两次解密,恢复出原数据块和日志记录数据块。

③ 根据日志记录格式,按顺序读取日志记录,根据日志记录针对原数据顺序执行完所有日志记录的动态更新操作,即可得到最新状态的数据文件。

（10）副本更新算法：ReplicaUpd（）。用户方根据实际需求执行该算法。当云端的任何一个副本数据发生不可恢复的损坏或需要更新时，用户可以下载原有数据文件，或者下载一份完好的副本数据，按日志将数据恢复到最新状态。然后重新采用准备阶段的原方法处理后上传到服务方，删除原始副本数据。

5.4.4　算法安全及性能分析

1. 安全性分析

安全性证明主要包括两个方面。第一，如果云服务方没有存储全部副本，则不能产生有效的验证证据。第二，如果云服务方存储的副本数据出错，通过完整性验证的概率是可以忽略的。

首先，若云服务方能够生成有效的验证证据通过验证者的 ProofCheck（）过程，则它必须存储所有副本数据块。

由于在数据块标签中加入块位置信息和副本编号，云服务方无法伪造标签，进而无法进行替换和重放攻击。此数据完整性验证过程的安全性证明可参考文献[2]，本书省略。原文件加密并不影响其验证安全性。

其次，若任意服务方所存储的数据损坏或丢失，则证明方通过完整性验证的概率是可以忽略的。

证明略。

最后，在不知道用户双密钥的情况下，无法从一个备份推导出另一备份，数据安全强度不会降低。

本方案和现有多副本持有性验证方案比较，本方案通过记录每次动态操作生成日志记录，追加到多副本数据中，从而保证多副本数据支持实时动态更新，在云端原数据丢失后可以直接利用副本数据将数据恢复到最新状态。现有方案中多副本不支持动态更新，本方案弥补了以上不足。

2. 性能分析

1）公开验证性

在方案 5.3 中，原数据文件和多副本数据可通过同态标签进行聚合验证，验证过程支持第三方公开验证，这部分请参考文献[2]和[9]。

2）计算开销

在方案 5.3 的 10 个算法中，KeyGen（）、ReplicaGen（）和 TagGen（）都只在准备阶段由用户端执行一次；在验证阶段与数据动态更新阶段，LogGen（）、LogApd（）、ChalGen（）、ProofGen（）、ProofCheck（）需由验证方或证明方执行；ReplicaRes（）和 ReplicaUpd（）只在数据损坏或出错时执行。

通过分析以上算法中主要的计算开销为群 G 上的模乘运算(计算开销记为 T_M)、模幂运算(计算开销记为 T_E)和双线性对运算(计算开销记为 T_P)。因此,用户进行系统初始化时的主要开销为 $(r+1)T_E+(r+1)nKT_E+nKT_M$,与副本数、分块数和子块数分别呈正线性关系;云服务方生成验证证据的主要开销为 $(c+1)KT_E+(c+1)KT_M$,与副本数和被挑战块数呈正线性关系;当用户或验证者验证证据的主要开销为 $(rK+r+c)T_E+2T_M+(K+1)T_P$ 时,与副本数、子块数和被挑战块数呈正线性关系;当原文件数据块动态更新时,用户追加日记记录的主要开销为 $(r+1)KT_E+KT_M$,与副本数和子块数分别呈正线性关系。

3)存储开销

在方案 5.3 中,用户将多副本数据及标签发送给云服务方后,就可以删除本地所有副本数据和标签,只保留私钥 $sk=(\alpha,K,K_s)$、原文件和副本文件的数据块长度信息 L_O、L_R 及随机函数 $H()$ 和 $f()$。若完整性验证由验证者完成,则验证者只需保存公钥 $pk=(g,v,\{u_j\}_{j=0,1,\cdots,s})$ 以及函数 $H()$ 和 $f()$。云服务方的各服务方只需要存储一个副本数据文件和该副本文件的标签集。

4)通信开销

本方案利用双线性签名聚集属性,在基于 BLS 方案中,可以将任意长度的信息聚集签名,数据完整性验证过程中,验证方和证明方之间两次通信的主要内容是 $chal\{(i,v_i)\}_{s_1\leqslant i\leqslant s_c}$、$\{\sigma,\mu_j^{(k)}\}_{k=0,1,\cdots,s}$ 和一些关于原文件的辅助验证证据,将这多个签名聚集成一个单独的短签名,一次将所有副本数据文件全部验证,从而大大降低了通信代价,通信数据量只比一份数据的动态更新方案增加了 $\{\mu_j^{(k)}\}_{k=1,2,\cdots,s}$,$\mu_j^{(k)}\in Z_q$,二者通信开销基本相当。

5.5　用户签名协同计算方案

5.5.1　协同计算方案

1. 签名的协同计算思路

第 4 章中,讨论了基于代理的方式实现用户签名的计算。在动态数据完整性的需求场景下,同样需要考虑支持移动云计算的数据完整性验证方案。用户方除了复杂的签名计算,还需要哈希树的处理,存在较大的计算负荷。在此,假设存在一个临时可信的第三方,同时服务方具有大类的计算资源,提出基于第三方和服务方协同的计算方案,记为方案 5.4,实现用户签名及用户数据预处理的工作。方案 5.4 可极大地减轻移动用户的计算负荷。

BLS 签名的最后一步为用私钥进行幂运算 $\sigma=x^\alpha$,如果将私钥看成两部分 $\alpha=\alpha_1\cdot\alpha_2$,由幂运算的特性,签名运算的最后一步为 $\sigma=x^\alpha=x^{\alpha_1\cdot\alpha_2}=(x^{\alpha_1})^{\alpha_2}$。即最后

的幂运算可分解为两个步骤执行。基于 BLS 签名的性质,由临时第三方执行签名运算的第一步,服务方执行签名运算的第二步。

以方案 5.1 为例,动态默克尔哈希树的构建由用户及服务方分别处理,方案 5.4 中的该项任务则改由临时第三方和服务方分别处理。

方案 5.4 的主要不同在于实现数据的准备阶段的数据预处理。其他阶段或算法可以采用方案 5.1 中的内容。其中,通过将数据预处理任务转移到计算能力较强的计算第三方和云服务方,从而使计算能力较弱的移动用户能够实现数据完整性验证。

2. 签名的协同计算算法

用户签名的计算由临时第三方、服务方协调实现,称为协同签名算法。涉及预处理环节的算法与原方案不同,另行描述如下。

(1) 密钥生成算法:$KeyGen(\lambda) \rightarrow (sk, pk)$。密钥生成算法由用户方执行,$\lambda$ 为安全参数,各相关数据取值范围依此确定,体现算法中参数的安全强度。大素数 q 取值满足 λ 以下的数据范围,即 $\log_2 q \leqslant \lambda$。用户从有限域中选择两个随机元素 α_1,$\alpha_2 \leftarrow Z_q$,选择 r 个随机元素 $u_j \leftarrow G, j = 1, 2, \cdots, r$。并计算 $v = g^a$,从而得到私钥 $sk = (\alpha_1 \cdot \alpha_2)$ 和公钥 $pk = (g, v, \{u_j\}_{j=1,2,\cdots,r})$。用户通过安全的方式或渠道分别将私钥 α_1, α_2 单独交给临时第三方和服务方。

(2) 文件分块算法:$FileSplit(F, n) \rightarrow \{d_{i,j} | i = 1, 2, \cdots, n, j = 1, 2, \cdots, r\}$。文件分块算法改由第三方执行,将用户的数据文件 F 分块。算法具体内容不变。

(3) 第三方临时签名生成算法:$TrdSign(\alpha_1, d_i) \rightarrow \sigma_i^*$。原有数据块签名生成算法 $TagGen(sk, d_i) \rightarrow \sigma_i$ 改由两个步骤(算法)实现。本算法 $TrdSign$ 为第一步,由临时计算第三方执行,签名公式如式(5.29)所示。

$$\sigma_i^* = \left(H(d_i) \cdot \prod_{j=1}^{r} u_j^{d_{ij}} \right)^{\alpha_1} \tag{5.29}$$

临时计算第三方同时执行哈希树创建算法,并对根哈希值执行该临时签名生成算法得到 $\delta^* = (H(R)^{\alpha_1})$。文件 F 的每个分块的签名集合记为 Φ^*。

(4) 服务方签名生成算法:$ServerReSign(\alpha_2, \Phi^*, \delta^*) \rightarrow (\Phi, \delta)$。该算法为原签名生成算法的第二步,由服务方执行。服务方对每个临时签名进行再签名运算,得到数据块签名集合 Φ 与动态默克尔哈希树树哈希的签名数据 δ。

以方案 5.1 为例,方案 5.4 的其他算法如数据完整性验证操作、数据动态修改以及各种交互方式等均不变。

5.5.2　安全及性能分析

1. 安全性分析

下面对本章提出的方案 5.4 进行简要的安全性分析。主要包括公开验证的数据存储的正确性保证、多方协同签名的安全性以及移动用户数据正确性的保证。

1）公开验证的数据存储的正确性保证

因为签名方案的不可伪造性和 Diffie-Hellman 问题在双线性对下计算的困难性，所以不存在一种攻击在没有真实地存储用户数据时，还能够通过某种手段以一种不可忽略的概率通过本书中的公开验证方案，本质上本方案和 Wang 的方案相同。

2）多方协同签名的安全性

首先，攻击者无法根据某一协同辅助方的密钥计算出该原始签名者的私有密钥。在方案 5.4 中，辅助方为计算第三方和云服务方，原始签名者为移动用户端的数据拥有者。移动用户通过与计算第三方和云服务方分别交互、发送密钥 α_1，α_2，用户自己的私有密钥为 $\alpha = \alpha_1 \cdot \alpha_2$。计算第三方利用移动用户发送的密钥 α_1 对数据块进行签名，得到数据块签名信息 $\sigma_i^* = \left(H(d_i) \cdot \prod\limits_{j=1}^{r} u_j^{d_{ij}} \right)^{\alpha_1}$，云服务方利用与移动用户端共同产生的密钥 α_2 对该数据块再进行签名得到 $\sigma_i = (\sigma_i^*)^{\alpha_2}$。因为计算第三方和云服务方都为半可信的，它们属于两个不同的网络实体，假设它们之间不会产生勾结行为来共同欺骗用户，攻击者不能同时获得 α_1 和 α_2，也就不能够通过 α_1 和 α_2 得到原始签名者的私钥 α。由于离散对数的困难性，所以，攻击者也不能够通过公开密钥 $v \leftarrow g^\alpha$ 来获得。所以，无论是计算第三方还是云服务方都无法得到原始签名者移动用户端的私有密钥。

由计算第三方和云服务方共同合作生成的签名是被数据拥有者即原始签名者所承认的，是不能被抵赖的。虽然计算第三方和云服务方都只是利用移动用户传来的随机密钥对文件数据块执行部分的签名工作，但是，最终的签名结果与移动用户端用自己私有密钥 α 产生的签名结果相同，其关系如式（5.30）所示。

$$
\begin{aligned}
\sigma_i &= (\sigma_i^*)^{\alpha_2} \\
&= \left(H(d_i) \cdot \prod_{j=1}^{r} u_j^{d_{ij}} \right)^{\alpha_1})^{\alpha_2} \\
&= \left(H(d_i) \cdot \prod_{j=1}^{r} u_j^{d_{ij}} \right)^{\alpha_1 \cdot \alpha_2} \\
&= \left(H(d_i) \cdot \prod_{j=1}^{r} u_j^{d_{ij}} \right)^{\alpha}
\end{aligned}
\tag{5.30}
$$

由于式（5.30）成立，方案 5.4 实现的多方协同签名结果与用户计算生成的签名结果相同。所以说，用户对于该签名是不能够抵赖的。

若每个辅助方之间不协作，未按方案 5.4 的算法真实执行，则无法生成外包数据的有效签名。由上可知，辅助方无法获知原始签名者的私有密钥，即不能通过私有密钥直接生成签名。而计算第三方仅仅只能够通过 α_1 获得相关数据块的部分签

名 $\sigma_i^* = (H(d_i) \cdot \prod\limits_{j=1}^{r} u_j^{d_{ij}})^{\alpha_1}$，云服务方也只能通过 α_2 获得相关数据块的部分签名

$\sigma_i^{\#} = (H(d_i) \cdot \prod\limits_{j=1}^{r} u_j^{d_{ij}})^{\alpha_2}$。无论 σ_i^* 和 $\sigma_i^{\#}$ 都不是外包数据相关数据块的有效签名。

当然，例外情况则是：如果临时的计算第三方与服务方合谋，则方案 5.4 将出现不安全的情况，相当于服务方将获知用户的私钥。

3) 移动用户外包数据正确性保证

该部分主要是为了保证移动用户将数据外包给云服务方时数据的正确性，即计算第三方产生的辅助信息 $\{\Phi^*, \delta\}$ 和外包文件 F 的正确性和一致性。在方案 5.4 中，整个数据预处理任务完成后，服务方、移动用户都可以对数据进行完整性验证，用以确保代理外包数据预处理的正确性。如果签名信息 σ_i 或者数据块信息 d_i 是错误的，双线性映射的验证等式则不能通过。因为离散对数的困难性问题，不可能同时对签名信息 σ_i 或者 d_i 进行伪造。这样，避免了移动用户方与云服务方在后期数据完整性验证出现问题时发生纠纷。若验证结果不正确，则云服务方需要对计算第三方传递给云服务方的预处理结果进行数据完整性验证。通过这种验证方式来证明在预处理阶段，计算第三方是否向云端服务方传送了错误信息导致最后验证结果失败，以利于责任的划分。若验证结果正确，则上传到云服务方的数据是完整的。

2. 计算性能和通信性能分析

对于用户方，不再进行签名运算，不再进行哈希树创建运算，计算复杂度为 $O(1)$，签名运算由第三方和服务方各计算一次，计算代价增加 1 倍。哈希树创建计算代价不变，由第三方代替用户方执行。方案 5.4 的其他相关代价均不发生变化。

5.6　本章小结

本章在参考文献[2]中 Wang 的方案的基础上，设计了融合带相对序号的动态默克尔哈希树的聚合性数据完整性验证方案，验证数据对象、分块大小可以根据用户需要设定，然后根据不同操作的需求，提出三维的多粒度组织方案，提升不同操作层次的效率。各方案均同时提供可选的隐私保护机制。随后结合数据容错性需求与动态数据操作需求，提出多副本动态数据安全可证明方案，减小服务方的计算代价、存储代价。最后，结合移动云计算减小用户方计算代价的需求，设计了前述各方案的数据预处理外包的协同计算方案，实现了用户方计算量最小化。

参 考 文 献

［1］Erway C C，Küpçü A，Papamanthou C，et al. Dynamic provable data possession. The 16th ACM Conference on Computer and Communications Security. Chicago：ACM，2009：213-222.

［2］Wang Q，Wang C，Ren K，et al. Enabling public auditability and data dynamics for storage security in cloud computing. IEEE Transactions on Parallel and Distributed Systems，2011，22(5)：847-859.

［3］谭霜，贾焰，韩伟红. 云存储中的数据完整性证明研究及进展. 计算机学报，2015，38(1)：164-177.

［4］Zhu Y，Wang H，Hu Z，et al. Dynamic audit services for integrity verification of outsourced storages in clouds. The 26th ACM Symposium on Applied Computing. Taichung：ACM，2011：1550-1557.

［5］Chen L，Chen H B. Ensuring dynamic data integrity with public auditability for cloud storage. 2012 International Conference on Computer Science & Service System (CSSS). Nanjing：IEEE，2012：711-714.

［6］Chen L，Song W，Yiu S M，et al. Ensuring dynamic data integrity based on variable block-size BLS in untrusted environment. International Journal of Digital Content Techndogy and It's Applications，2013，7(5)：837-846.

［7］Shacham H，Waters B. Compact proofs of retrievability. Advances in Cryptology—ASIA-CRYPT，2008，5350：90-107.

［8］陈龙，李俊中. 支持不同粒度运算的远程数据完整性验证. 吉林大学学报(工学版)，2012，42(s1)：295-299.

［9］陈龙，罗玉柱. 支持动态更新的多副本持有性证明方案. 通信学报，2014，35(11s)：14-19.

第6章　云计算环境的电子证据存储应用

6.1　引　　言

6.1.1　电子数据证据存储的安全需求

电子数据取证的关键、难点问题之一是证明取证人员所收集到的电子数据证据没有损坏、被修改过。由于数据的易修改特性,实现电子证据固定、验证电子证据完整性的主要技术手段在于信息安全领域的数据完整性检验技术。电子数据的证据保全需要对证据进行固定并进行妥善的保管,以便确认最终呈递到法庭的电子数据从采集、获取开始就没有发生变化;甚至达到在未来进行监督、检查时还可以确认这些电子数据始终都没有发生改变的要求。电子数据证据的固定与存储要求具有真实性(原本性)、完整性属性。

电子数据证据固定与存储面临大数据量、偶然介质错误、数据篡改、特定数据擦除等问题。本章首先讨论电子数据证据固定与存储的重要需求,在分析几种不同传统策略的基础上,阐述适合细粒度电子证据固定的完整性检验方法,解决哈希数据量大,或者如前两章中的签名数据量大的问题,实现哈希数据、签名数据的"压缩"。然后,进一步提出这类问题在云计算环境下的解决方案。

大数据量问题。面对大规模数据的完整性检验问题时,检验、验证效率成为一个重点,需要考虑参与计算的数据量的大小,哈希数据存储等问题。冯登国等已注意到云计算支持的大数据环境下难以预先确定数据应用时的完整性需求[1]。

数据容错需求。和其他数据安全面临的问题一样,电子数据取证的电子数据存储也需要考虑容错。因已有成熟思想、方案,本书不再讨论。本书针对仍有可能出现的偶然介质错误、数据篡改问题,讨论如何实现数据完整性检验。本书将处理实际问题时所关心的任意部分的数据都称为数据对象,将数据对象不具有完整性(无论数据内容出现变化的原因)称为对象出错或出错。

电子数据擦除需求。法定专业特权[2](legal professional privilege,LPP)在普通法律层面上的概念是指能够让诉讼委托人在毫无顾忌的情况下向其法律顾问寻求充分的帮助。由此,法律顾问和他的委托人之间的通信和文件可以不作为证据被起诉。现有一些建议处理措施是在具体调查前擦除或替换这部分数据[2]。数据擦除、替换后数据完整性面临的问题也需要融合起来应对。

6.1.2　电子法定专业特权数据处理方法

在物理世界中,如何保护法定专业特权信息问题已经得到很好的解决,同时也已经确立了关于如何处理法定专业特权文件的适当程序。香港大学的研究者研究了电子法定专业特权数据处理问题[2]。该问题需要实现三个方面具体目标:其一是需要对已镜像数据进行特定部分的擦除或替换;其二是尽量基于原有完整性验证元数据实现更新后的数据完整性验证;其三是能适应大规模数据的处理。

就普通法层面,法定专业特权之所以有其合理性,是因为它可以让没有专业法律知识的委托人向其法律顾问毫无顾忌地公开自己的所有信息,从而取得法律顾问的帮助[2]。委托人大可不必担心这些信息会被当成呈堂证供。因此,被告不会因为与法律顾问的交流信息而被起诉。

信息时代,这种交流已经扩展到了各种电子数据的交流,如电子邮件、即时消息聊天、VoIP 电话和数字视频会议等。也有可能以 Word 文档或者 Excel 电子表格文件的形式存在于计算机之中。此时需要处理数字化的 LPP 问题,重要的是保证调查人员不能查看任何声称(确认后的)为"特权"的文件。

事实上,现有的大部分数字取证调查模型或程序都无法实现对法定专业特权数据的保护。例如,在 DFRWS 框架中,数字调查涵盖了鉴定、保存、收集、检查、分析和提供数字证据几个部分。现有的大部分数字取证调查模型侧重于在收集、检查和解释事件可行性的技术层面,需要进一步让电子取证技术适应此类法律层面上的要求。如何处理法律特权文件问题并没有得到很好的解决。

1. 现行做法与不足

研究者基于一个真实的刑事调查案件,介绍两种较接近的常用处理数字化数据的方法——镜像复制及擦除、选择性复制。这两种方法还不能理想地处理涉及法定专业特权文件的案件[2]。

(1) 镜像复制及擦除:镜像复制及擦除是一种简单的方法。首先准备一个复制的镜像,然后从镜像目标存储设备中取出数据,从其中擦除掉法定专业特权文件。处理后的这个硬盘镜像将在以后的调查中使用。这个过程应该要在对立双方人员均在场的情况下进行,以防止非法定专业特权文件被故意删除。

其中最主要的问题是:法定专业特权文件能否被彻底地擦除、擦除任务能否高效率地完成。镜像复制将复制硬盘内的所有数据,包括法定专业特权文件。在标准的计算机取证工具的帮助下,人们可以很容易地检查出镜像中的未分配空间内的各种文件或者文件碎片的数据。这就存在一个隐患:如果擦除不够彻底,原告仍有可能通过技术手段再次获取这些法定专业特权文件,从而对被告产生不利影响。

此外,数据的所有者可能需要很长时间才能从含有大量数据的存储介质中分离、擦除法定专业特权文件,并且在紧张、压力的环境中还很有可能漏选或错选法定专业特权文件[2]。

（2）选择性复制:为了避免复制敏感的法定专业特权文件,选择性复制只是选择性地复制一些数据而不是复制整个磁盘内的所有数据。这就是说,将非法定专业特权文件从源硬盘内复制到其他的存储介质中,然后才用来调查取证。为了避免审查、复制人员未经授权访问法定专业特权数据,整个选择性复制的过程应该在数据拥有者面前进行以便辨认法定专业特权数据和监督审查员的行为。这种方法对法定专业特权文件提供了最好的保护。但有可能导致复制的数据中缺少对调查有用的其他数据信息,如已删除文件或一些文件碎片。同时,这种现场、当面进行的选择过程非常耗时、代价高昂。

2. 法定专业特权数据（文件）引起的数据完整性问题

通常情况下,调查人员一旦查获相关的硬盘就要对其进行镜像复制（即使被告声称其中包含法定专业特权文件）。原始的硬盘则会被密封保存,只是在少数特殊的情况下才被允许查看,以防原始的证据被破坏。后续的调查取证将会使用该硬盘的镜像进行。在镜像复制的过程中将会实施一整套保持其完整性的方案,从而保证该镜像所包含的数据和原始的硬盘内的数据一模一样。

现在因为有了法定专业特权文件,上述情况就变得复杂起来。在实行镜像复制后,被告有权利在调查人员处理数据之前将认定为法定专业特权文件的数据从该镜像中删除。于是,在理想的情况下,需要一个完整性验证方案,使得即使一些数据被删除后,该方案仍然可以验证剩余数据的完整性。设计这样的理想的解决方案是非常困难的,而细粒度的数据完整性检验方法可以有效缓解这一问题。

6.1.3　大数据量的细粒度证据固定

除了法定专业特权问题的数据删除问题,少数的、偶然的数据出错也会影响全部数据的可用性、可信性。电子数据证据如取证镜像的完整性不能只停留在整体是否可靠、未被修改的层面上。如能隔离这部分数据并且确认其余数据的完整性,从中提取出有价值的证据则更有价值。所以,使用细粒度的电子证据固定是计算机取证的必然需求。例如,利用细粒度分别判断单个文件或每个小数据块是否具有完整性。细粒度是人们实现准确控制、精细管理等场景的真实需求[3]。一部分数据出错、修改后会导致无法认定其余数据的完整性,人们对这种影响的容忍程度体现了对不同粒度数据完整性的需求。本章的细粒度体现了检验完整性的数据对象的细分程度,这是一个相对的概念。例如,应用中选用 512 字节的物理存储块大小[4]。

　　Roussev 等在考虑衡量海量数据之间的相似性时首先意识到了哈希数据量大的问题,引入布隆过滤器技术将若干数据对象的哈希值存储到一起形成一个哈希包——布隆过滤器[4]。该方法的目标只是进行相似性衡量,所以哈希函数的抗碰撞特性和安全性降低了很多。相对于单向哈希函数,不同的数据对象集合有较大的可能得到相同的哈希包,所以布隆过滤器技术不适用于完整性检验。

　　实际案例越来越复杂,往往涉及海量数据的处理。遗憾的是,这样一来,伴随海量数据问题,其完整性检验面临新问题——完整性检验过程中生成的哈希数据也成了大规模数据。尤其突出的是哈希检验数据具有随机性,无法使用数据压缩技术进行压缩,给完整性检验数据的存储和网络传输带来较大的负面影响。例如,一个 512GB 硬盘的扇区级 MD5 哈希值将需要 16GB 的存储量,如果使用强度较高的 SHA-256 则需要 32GB。

　　设在某个细粒度上有 n 个数据对象,采用传统策略可以有三种处理办法实现证据固定。

　　方案 1,用 1 个哈希值监督所有 n 个数据对象。

　　方案 2,用 n 个哈希值分别监督 n 个数据对象。

　　方案 3,用 m 个哈希值监督 n 个数据对象($m<n$),n/m 个数据对象作为一个整体受 1 个哈希值监督。

　　比较这三种方案,第 1 种方案使用的哈希数量最少,数据对象不出错或全部出错时效果最佳,即该方案适合所有数据对象几乎不出错或被篡改的情况,使用 1 个哈希值进行监督只是为了防止特别的意外,万一数据有变化,仍可以发现。采用第 2 种方案时,由于每个数据对象都有一个哈希监督,所以任意个数据对象有变化或被篡改都可以发现,但使用了最多的哈希数据。面对海量源数据的证据固定情形时会生成大量的哈希数据,而哈希数据是随机数据,无法压缩。第 3 种方案则是一种折中,使用了 m 个哈希值,哈希数量较少,只有方案 2 的 m/n,出现若干个数据对象错误,则会报告近 n/m 倍的数据对象出错。由使用的哈希数量和出错时报告的数据对象出错量来看,方案 3 的哈希使用效率不高。

　　海量的电子证据数据中有少量数据因存储介质的损坏等原因而无法使用是完全有可能发生的,理想的办法是对这部分损坏的数据进行隔离,其余的数据仍可以继续使用。

　　现有的完整性检验还有一个潜在的假设是完整性检验的哈希数据掌握在自己这一方或可靠的一方,从而可以可信地对数据的完整性进行检验。但是,电子证据的完整性往往要向第三方提供证明——证明特定的电子数据是没有变化或已被篡改的。如果源数据和哈希数据两者不一致,数据自动被认为不可信——也就是说任一个方面的数据有变化都会无条件让目标电子数据完全失效。

　　由此可见,哈希数据量大是一个不可忽视的问题,较理想的结果是使用方案 3

中的哈希数量实现方案 2 的监督效果,并且必要时能达到多哈希备份安全的效果。

6.1.4　云计算环境的电子证据固定与存储

云计算的广泛使用,对于电子证据存储与管理也带来了优势。基于电子证据固定与存储的特殊需求,本章假设原有条件下获取的各种存储介质按传统方法保管、处理,但镜像、复制所得副本基于云计算环境实现存储,以此可以方便地实现证据监管、数据共享以及法定专业特权文件处理等特殊需求。

针对这些需求,本章先讨论基于传统环境的细粒度数据完整性原理及若干理论与方法,然后将电子证据存储的特殊需求、细粒度数据完整性方法和云环境的可证明安全结合起来,设计一个电子数据的安全存储方案。

6.2　细粒度数据完整性原理

完整性检验是实现电子证据固定的有效手段,针对细粒度的电子证据固定需求,需要实现在保持哈希验证安全性(哈希函数抗碰撞特性)不变的前提下达到压缩哈希的目标。

6.2.1　哈希可压缩性

从传统方案 1——使用 1 个哈希值监督所有 n 个数据对象的方案可以看出,在数据对象几乎不出错时可达到最大程度的哈希压缩,该方案适合在所有数据几乎不会变化的条件下采用。使用 1 个哈希进行监督是为了防止特别的意外,万一数据有变化,仍可以发现。所以,本质上是数据对象出错可能性及相应的出错数据对象数量影响着是否可以用较少的哈希实现对较多数据对象的完整性检验。

6.2.2　组合编码原理

组合编码[5]是基于组合原理的方法,从所有组合中挑选满足一定规律的组合,可以应用到哈希检验中实现细粒度的完整性检验。

以纠错编码为例进行说明。信息从发送端经过通信信道到达接收端,可能会出现差错,用纠错编码技术可检测或纠正这些差错。以人们熟知的汉明纠错码为例,设 X_1, X_2, X_3, X_4 为信息元,每个信息元为一个二进制比特 0 或 1,按一致监督方程组表达监督元和信息元的监督关系为[5]

$$\begin{cases} X_1 \oplus X_2 \oplus X_4 = X_5 \\ X_1 \oplus X_3 \oplus X_4 = X_6 \\ X_2 \oplus X_3 \oplus X_4 = X_7 \end{cases} \tag{6.1}$$

公式(6.1)中的"$\oplus$"表示模 2 相加,即异或。通信时将信息元、监督元一起发送到接收端。接收端检验时由接收到的 $X_1' \sim X_7'$ 按式(6.2)计算 s_1, s_2, s_3。

$$\begin{cases} X_1' \oplus X_2' \oplus X_4' \oplus X_5' = s_1 \\ X_1' \oplus X_3' \oplus X_4' \oplus X_6' = s_2 \\ X_2' \oplus X_3' \oplus X_4' \oplus X_7' = s_3 \end{cases} \tag{6.2}$$

在只出现一个比特错误的情况下，(s_1, s_2, s_3) 的组合可准确指示出 $X_1 \sim X_7$ 中的任何一个错。例如，$(1,1,0)$ 表示 X_1 出错，$(1,1,1)$ 表示 X_4 出错，而 $(0,0,0)$ 表示无错。由于 X_1, X_2, X_3, X_4 是二进制比特，所以特定信息位有错即可纠正。纠错编码往往使用比信息元少的监督元就可以纠正若干比特的错误。使用类似的交叉监督关系就有可能实现用较少的哈希实现对较多数据对象的完整性检验。

6.2.3　基于组合编码原理的完整性检验

设 X_1, X_2, X_3, X_4 表示 4 个数据对象，参照上述纠错编码方式，设计哈希检验监督关系如式(6.3)所示，即

$$\begin{cases} X_1 \| X_2 \| X_4 = h_1 \\ X_1 \| X_3 \| X_4 = h_2 \\ X_2 \| X_3 \| X_4 = h_3 \end{cases} \tag{6.3}$$

公式(6.3)中的"$\|$"表示将数据对象连接成一个数据流，"$=$"表示将左端的数据流进行单向哈希运算，等式右端 h_1, h_2, h_3 表示哈希值(下面相同)。在需要判断数据的完整性时按同样的方法生成测试数据的哈希，判断对应的哈希数据是否相同(相同记为 0，不同记为 1)。假设只有某一个数据对象出错，则比较向量可以指示出该数据对象。例如，$(1,1,0)$ 表示 X_1 出错，$(1,1,1)$ 表示 X_4 出错。

上述的交叉监督方案有一个明显的问题：由于实际出错个数是未知的，所以 $(1,1,1)$ 就有可能是 X_4 出错，也有可能是任意两个，乃至三个、四个数据对象出错，而完整性检验要求决不能将不相同的两个数据对象误判为相同(可接受实际相同的对象因无法确认而被假设为不同)。实际完整性检验环节至少要有一个哈希值明确指示某数据对象是否具有完整性。在公式(6.3)的完整性检验方案里，需要少监督一个数据对象 X_4 才能达到准确指示一个错误的目标。于是使用监督关系

$$\begin{cases} X_1 \| X_2 = h_1 \\ X_1 \| X_3 = h_2 \\ X_2 \| X_3 = h_3 \end{cases} \tag{6.4}$$

这一方案尚未实现哈希压缩的目标，组合编码可设计出各种满足特定需求的组合方案，而纠错编码往往可以使用较少的监督元实现较多信息元的检错、纠错[6]。所以，借鉴组合编码原理、纠错编码交叉监督的思想可以按照一定的监督关系进行交叉检验，进而高效地实现细粒度数据完整性检验。此时，在低出错率条件下可实现大量哈希数据的压缩，并且使用完整性检验应用领域认为足够安全的单

向哈希函数生成这些哈希值,保持哈希检验的安全性不变。

例 6.1 设 $X_1, X_2, X_3, X_4, X_5, X_6$ 表示 6 个数据对象,采用 4 个哈希值监督这 6 个数据对象,使用监督关系(交叉检验)如式(6.5)所示,即

$$\begin{cases} X_1 \parallel X_2 \parallel X_4 = h_1 \\ X_1 \parallel X_3 \parallel X_5 = h_2 \\ X_2 \parallel X_3 \parallel X_6 = h_3 \\ X_4 \parallel X_5 \parallel X_6 = h_4 \end{cases} \tag{6.5}$$

该监督方案可准确指示一个错误。在需要进行完整性检验时采用相同顺序处理数据对象,按式(6.5)重新生成哈希值,与事先存储的哈希值进行比较以判断数据对象是否变化。例如,h_1, h_2 与其原值不相符时,表示 X_1 出错,而 h_3, h_4 无变化可明确表明其他数据对象没有出错;同样,h_2, h_4 与其原值不相符时,表示 X_5 出错。若多于一个数据对象出错,如 X_1, X_2 出错,X_3 无法得知其完整性,也将被判断为出错,而 h_4 仍可指示 X_4, X_5, X_6 未出错,具有完整性。

完整性检验的基本原则是不能将出错数据对象判定为未出错的正常数据对象。设计一种完整性检验监督关系实际上是一个编码过程,即需要寻找一种合适的组合对应关系。为了区别现有的编码理论与技术,以及分析、表述上的方便,将这种监督关系称为完整性指示码[7,8]。

细粒度数据完整性检验中的交叉检验涉及的编码与纠错编码的编码在设计的要求、编码的性质以及分析的方法方面都不相同[7,8]。其原因在于:第一,纠错编码中监督元生成使用"异或"关系,对奇数个错校验元会指示出变化,偶数个错则会相互抵消;而完整性哈希数据在任一个或多个数据对象出错时都出现变化,是一种"或"关系。第二,纠错编码可以合理地按照概率最大化去检错、纠错,其他的错误情况留待其他机制去解决;而完整性检验不允许将篡改后的数据误判为与原数据相同,如果出现错误个数无法区分的情况,只能按照都出错的情况对待。第三,纠错码的检错是整体检测有无错误或有几个错误,纠错是指出具体出错位置,由于二进制比特是 0 或 1,所以可以纠错;而完整性指示码指示出具体出错对象,此时出错的仍是数据对象整体,无法得知源数据的本来面目。所以,完整性指示码的功能既不是"纠错",也不是纠错码意义上的"检错",而是一种"指示"效果[7,8]。由上述原因及不同的应用目的,完整性指示码的基本性质和性能及其分析方法也不相同,后面再详细讨论。

6.2.4　细粒度的完整性检验方法

1. 基本概念

借用纠错编码中监督矩阵的概念,参考其实质含义,用监督矩阵来表示细粒度

数据完整性检验中的哈希监督关系,定义如下。

定义 6.1[监督矩阵] 令 $N=\{1,2,\cdots,n\}$ 为 n 个需要进行完整性监督的数据对象的编号集合,$M=\{M_1,M_2,\cdots,M_m\}$ 为 m 个哈希所监督的数据对象编号集构成的集合。监督矩阵 A 是一个 $m\times n$ 的 0、1 矩阵,见式(6.6)

$$A=(a_{ij}),1\leqslant i\leqslant m,1\leqslant j\leqslant n \qquad (6.6)$$

式中,$a_{ij}=\begin{cases}1, & \text{若 } j\in M_i \\ 0, & \text{若 } j\notin M_i\end{cases}$。

监督矩阵 A 表达了哈希与其监督对象之间的监督关系,$a_{ij}=1$ 的含义是第 j 个数据对象受第 i 个哈希监督。

基于完整性检验的含义,限定表达完整性指示关系的监督矩阵不存在全 0 行、全 0 列。

由例 6.1,一个表达 4 个哈希值与 6 个数据对象之间监督关系的监督矩阵实例见表 6.1。

表 6.1　监督矩阵实例

A		n					
		1	2	3	4	5	6
m	1	1	1	1	0	1	0
	2	1	0	1	0	1	0
	3	0	1	1	0	0	1
	4	0	0	0	1	1	1

表 6.1 所示的监督矩阵包括了 4 选 2 的所有组合,表达了一种均匀监督关系。例如,第 1 个哈希值由第 1、第 2、第 4 个数据对象计算得到。

定义 6.2[监督矩阵行重量、列重量] 监督矩阵中一行具有的 1 的个数称为行重量,表示生成对应哈希的数据对象个数。行具有的最大重量称为监督矩阵行重量。监督矩阵中一列具有的 1 的个数称为列重量,表示对应数据对象参与哈希计算的次数。列具有的最大重量称为监督矩阵列重量。

定义 6.3 设 j_x,j_y 是监督矩阵的两列,显然 j_x,j_y 为二进制向量。如果 j_x 等于 j_x 与 j_y 的按位或,则称 j_x 覆盖 j_y,记为 $j_x\supseteq j_y$。例如,$j_x=(1,0,1,1)^T,j_y=(1,0,1,0)^T$ 时有 $j_x\supseteq j_y$。如果有 t 列 $j_1,j_2,\cdots,j_t$,其按位或结果覆盖列 j,则称这 t 列 $j_1,j_2,\cdots,j_t$ 共同覆盖列 j,记为 $(j_1,j_2,\cdots,j_t)\supseteq j$。

定义 6.4[完整性指示码] 设有一种 m 个哈希监督 n 个数据对象的监督方案,利用所生成的 m 个哈希进行完整性检验,如果在检验时能准确指示任意 t 个出错对象,而在 $n \geqslant t+1$ 时至少存在 $t+1$ 个错误数据对象的组合无法准确指示,其中受监督次数最多的某个数据对象受到 k 个哈希监督 $(k \geqslant 1)$,那么把该监督方案称为一个完整性指示码,记为 $[n,m,t,k]$。具体地设计一种监督方案就是设计一个编码。码的压缩率 η 为数据对象数 n 和使用的哈希个数 m 之比见式(6.7),即

$$\eta = \frac{n}{m} \tag{6.7}$$

定义 6.5[错误放大率]　利用完整性指示码 $C=[n,m,t,k]$ 进行完整性检验时,若实际出现的错误数 x 大于编码设计时可准确指示的错误数 t,则可能出现将正常对象判定为出错对象的情况,即指示出的出错对象数大于 x,这种现象称为错误放大。由于错误对象的分布不同,实际指示错误数也可能不同,考察 x 个错误对象的所有分布,可得其平均数。指示错误对象的平均数与实际出错数 x 的比值称为错误放大率,记为 $\beta(x)$。由于码 C 能准确指示 t 个错误,所以出现 $t+1$ 个错误时的 $\beta(x)$ 最能体现码的主要错误放大特性,$x=t+1$ 时的 $\beta(x)$ 简记为 β,称为码 C 的基准错误放大率。特别地,规定 $\beta(0)=1$。

由完整性指示码的含义,传统策略下的方案 1、方案 2、方案 3 是完整性指示码的无交叉检验特例。其解释是:传统的方案 1、方案 2、方案 3 是压缩率分别为 n、1 和 η 的无交叉监督方式。以 $n=6,\eta=2$ 为例,它们的监督矩阵见表 6.2~表 6.4。出现一个错误时方案 3 的错误放大率和压缩率相同。

表 6.2　传统方案 1 的监督矩阵

A		n					
		1	2	3	4	5	6
m	1	1	1	1	1	1	1

表 6.3　传统方案 2 的监督矩阵

A		n					
		1	2	3	4	5	6
m	1	1	0	0	0	0	0
	2	0	1	0	0	0	0
	3	0	0	1	0	0	0
	4	0	0	0	1	0	0
	5	0	0	0	0	1	0
	6	0	0	0	0	0	1

表 6.4　传统方案 3 的监督矩阵

A		n					
		1	2	3	4	5	6
m	1	1	1	0	0	0	0
	2	0	0	1	1	0	0
	3	0	0	0	0	1	1

同样,现有策略中的多重哈希检验或哈希备份方案也可用监督矩阵表达其监督关系。以 $n=4$、重复 1 次为例,其监督矩阵见表 6.5。

表 6.5　多重哈希监督方案的监督矩阵

A		n			
		1	2	3	4
m	1	1	0	0	0
	2	0	1	0	0
	3	0	0	1	0
	4	0	0	0	1
	5	1	0	0	0
	6	0	1	0	0
	7	0	0	1	0
	8	0	0	0	1

由于对于一定的出错数或某个出错数分布,需要对不同编码方案进行比较以确定哪种方案更适合此种条件。所以需要对不同编码方式、监督方案在特定条件下的综合效果进行衡量。

定义 6.6[编码收益]　压缩率 η 体现了一种编码 C 的正面效果,而未正确指示出的数据对象数量 $x(\beta(x)-1)$ 则体现了造成的损失。λ_k 为实现码 $C=[n,m,t,k]$ 的相对计算代价(与 k 及实现方法有关),所以定义编码 C 在错误数为 x 时的编码收益为 $G(x)$,见式(6.8)

$$G(x)=\frac{\eta}{\lambda_k \cdot (\theta \cdot x(\beta(x)-1)+1)} \tag{6.8}$$

式中,θ 为少指示一个正确对象(误判为不具有完整性的数据对象)和获得一定压缩效果的相对权重。$\theta>1$ 表明准确指示出数据对象更重要,$\theta<1$ 表明获得压缩效果更重要。由公式(6.8)可知,编码收益与压缩率成正比,与未正确指示的数据对象数量近似成反比。由于不出错及无错误放大时也只能达到最大效益 η,所以公式(6.8)的分母部分最小设定为 1。显然,以 n 个哈希监督所有 n 个数据的传统方

案的编码收益等于 1。

定义 6.7[出错概率分布的编码收益]　设 $p(x)$ 为出现错误数 x 的概率,则细粒度数据完整性指示码 C 在出错分布 $F(x)$ 上的编码收益定义为 G_F,见式(6.9)

$$G_F = \frac{\eta}{\lambda_k \cdot \sum_{x=0}^{n} p(x)(\theta \cdot x(\beta(x)-1)+1)} \tag{6.9}$$

如果一种出错分布下有某种编码方式的编码收益大于传统组织方式的编码收益,则该方案更优越,应该选择该编码方案用于此条件下的细粒度数据完整性检验。

完整性指示码的主要性能指标有指示错误能力、压缩率以及错误放大率。

2. 完整性指示码的性质

引理 6.1　设 j_x, j_y 为监督矩阵中的两列且代表两个监督的对象,若 $j_x \supseteq j_y$,则对象 j_x 出错时无法知道对象 j_y 是否出错,只能认定对象 j_y 也已出错。

定理 6.1　完整性指示码 $C=[n,m,t,k]$ 存在,当且仅当存在 $m \times n$ 的 0、1 矩阵 A,A 同时满足以下三个条件:

① 矩阵 A 的列重量为 k。

② 矩阵 A 的任意 t 列都不能覆盖其他的任意 1 列。

③ 当 $t+1 < n$ 时,矩阵 A 中存在 $t+1$ 列覆盖其他的某 1 列。

证明　充分性:已知满足三个条件的 $m \times n$ 矩阵 A 存在,则 A 可作为码的监督矩阵。由条件①知道任意的对象参与哈希计算次数不会超过 k,由条件②知道任选 t 列都不会覆盖其他的任意 1 列,则对应的 t 个对象同时出错不会影响对其他的对象的完整性判定,可准确指示 t 个错。显然当存在 $t+1$ 列覆盖其他的某列 j 时($t+1 < n$),这 $t+1$ 个对象出错时无法知道 j 是否出错,所以码 C 不能准确指示 $t+1$ 个错。

必要性:若完整性指示码 $[n,m,t,k]$ 存在,则由完整性指示码的含义可知码的监督矩阵 A 中列的最大重量为 k,因为码 C 不能准确指示 $t+1$ 个错,所以当 $t+1 < n$ 时,存在 $t+1$ 列覆盖其他的某一列。条件①、③满足,条件②用反证法证明。假设 $j_1, j_2, \cdots, j_t, j$ 为监督矩阵中的 $t+1$ 列,分别代表 $t+1$ 个监督对象,且 $(j_1, j_2, \cdots, j_t) \supseteq j$,则对象 $j_1, j_2, \cdots, j_t$ 同时出错时无法知道对象 j 是否出错,只能认定对象 j 也已出错,即出现这 t 个错时无法准确指示。这与码 C 的含义矛盾,所以任意 t 列都不能覆盖其他的任意 1 列。证毕。

定理 6.1 表明设计一个完整性指示码的问题可以转化为设计一个相应的监督矩阵。由于全面检验覆盖关系的时间复杂度很高,设计完整性指示码需要利用特定的监督规律或结构化监督关系来设计监督矩阵。

推论 6.1　如果码的监督矩阵中存在 s 列的按位或为全 1 向量且 $s < n$，则 $t < s$。

定理 6.2　完整性指示码 $C = [n, m, t, k]$ 的监督矩阵经任意的行交换、列交换后可构成码 $C_1 = [n, m, t, k]$，码 C_1 的压缩率 η、指示错误能力 t 和计算复杂性 k 等性能不变。

证明　显然，矩阵行交换、列交换不改变矩阵的列最大重量 k，以及矩阵的行、列数量 m 和 n，所以，码 C_1 的压缩率 η 和计算复杂性 k 性能不变。由定理 6.1 中列选择的无次序性可知列交换对码的指示错误能力无影响；同时，矩阵行交换不会改变列向量之间的覆盖关系，所以行交换对码的指示错误能力 t 无影响。所以定理成立。证毕。

若一个码 C_1 的监督矩阵可由另一码 C 的监督矩阵经行交换、列交换得到，此时称 C 与 C_1 等价。

定理 6.2 表明，一种码的哈希排列次序和数据对象的排列次序与码的上述性能无关。

定理 6.3　若完整性指示码 $C = [n, m, t, k]$ 的压缩率 $\eta > 1$，则 $k > t$。

证明（反证法）　设 $t \geq k (k \geq 1)$。为方便起见，称一行中位于最左的等于 1 的矩阵元素为标识元，标识元刚好为 m 个。通过监督矩阵列交换使第 1 列有 k 个 1，则第 1 列有 k 个标识元，其他 $n - 1$ 列都至少有一个标识元，即 $n - 1 \leq m - k$。

否则，若第 j 列没有标识元，设该列重量为 $k_j (1 \leq k_j \leq k)$，该列中 k_j 个 1 共对应于 k_j 个标识元，这些标识元最多在 k_j 列上，不妨设为第 j_1 列，第 j_2 列，$\cdots$，第 j_{k_j} 列，显然这 k_j 列共同覆盖第 j 列。由定理 6.1 的条件②有 $t < k_j$，因 $k_j \leq k$，所以 $t < k$，与假设 $t \geq k$ 矛盾。

所以 $n \leq m - k + 1$，此时监督矩阵最多有 $m - k + 1$ 列，即 m 行最多只能检验 $m - k + 1$ 个对象 $(k \geq 1)$，与题设压缩率 $\eta > 1$ 相矛盾，所以 $k > t$。证毕。

定理 6.4　若两个码 $C_1 = [n_1, m_1, t_1, k_1]$ 和 $C_2 = [n_2, m_2, t_2, k_2]$ 的监督矩阵分别为 A_1 和 A_2，将 A_1、A_2 作为分块组成一个新的监督矩阵 $A = \begin{bmatrix} A_1 & 0 \\ 0 & A_2 \end{bmatrix}$，则矩阵 A 可构成一个新的完整性指示码 $C = [n, m, t, k] = [n_1 + n_2, m_1 + m_2, \min(t_1, t_2), \max(k_1, k_2)]$。码 C 称为两个完整性指示码 C_1 和 C_2 的合并。

证明　矩阵行、列数量关系和最大列重量显然成立。下面看指示错误能力 t。不妨设 $t = t_1 \leq t_2$，由定理 6.1 条件②，若 $t + 1$ 列从左面 n_1 列中任选，则其中任意 t 列都不能覆盖其他的任意 1 列，此时可准确指示 t 个错误；若 $t + 1$ 列从右面 n_2 列中任选，由 $t = t_1 \leq t_2$ 则其中任意 t 列都不能覆盖其他的任意 1 列，显然也可准确指示 t 个错误；若左右两部分各选若干列，由于左右两部分相互不会产生任何覆盖，所以仍然可以准确指示 t 个错误。由于矩阵 A_1 存在 $t + 1$ 列覆盖其他某 1 列，所以

矩阵 A 中左面 n_1 列中即存在 $t+1$ 列覆盖其他某 1 列,所以无法准确指示 $t+1$ 个错误。根据定理 6.1,新的监督矩阵 A 可构成完整性指示码 C。证毕。

此定理表明可根据实际需要将数据对象分组,每组分别使用相同或不完全相同的码分别实现,整体上仍可看成由统一的码实现。

定理 6.5　若一个码 $C=[n,m,t,k]$ 的监督矩阵是一个对角分块矩阵,形如 $A=\begin{bmatrix} A_1 & 0 \\ 0 & A_2 \end{bmatrix}$,则分别存在两个对应的码 $C_1=[n_1,m_1,t_1,k_1]$ 和 $C_2=[n_2,m_2,t_2,k_2]$,其监督矩阵分别为 A_1 和 A_2。码 C_1 和 C_2 称为码 C 的独立分解。其中 $n_1+n_2=n,m_1+m_2=m,t_1\geqslant t,t_2\geqslant t,\ t=\min(t_1,t_2),k_1\leqslant k,k_2\leqslant k,k=\max(k_1,k_2)$。

此定理描述了与定理 6.4 相反的过程。结论较明显,证明略。

定理 6.6　从一个码 $C=[n,m,t,k]$ 的监督矩阵中任意抽取 n_1 列构成矩阵 A_1,其余的列构成矩阵 A_2,则分别存在两个对应的码 $C_1=[n_1,m,t_1,k_1]$ 和 $C_2=[n_2,m,t_2,k_2]$,其监督矩阵分别为 A_1 和 A_2。码 C_1 和 C_2 称为码 C 的平行分解。其中 $n_1+n_2=n,t_1\geqslant t,t_2\geqslant t,k_1\leqslant k,k_2\leqslant k,k=\max(k_1,k_2)$。

定理 6.6 表明了由已有编码得到更大指示错误能力编码的可能性。结论较明显,证明略。在实际应用中,如果数据对象数少于某个编码的 n,定理 6.6 表明此时仍可使用该码实现。

从充分利用哈希的监督能力的角度考虑,设计具体的完整性指示码时,只考虑行等重和列等重的监督矩阵构成的码。

完整性指示编码使用监督矩阵来表示哈希和数据对象之间的监督关系,通过适当的交叉检验,在保持哈希检验安全性不变的前提下,可用较少的哈希数据实现同等细粒度的数据完整性检验。几种传统的完整性检验方案均是完整性指示编码的无交叉检验特例。此处分析了完整性指示编码的主要性质,这些性质可为实际的完整性检验方案设计、应用提供指导。

6.3　具有单错指示能力的细粒度数据完整性检验方法

6.3.1　单错指示问题

针对细粒度的数据完整性检验需求,以完整性指示码的指示错误能力为指标,研究具有准确指示单个错误能力的完整性指示码。首先,提出了组合单错完整性指示码,该码压缩率很高。若某一组哈希可独立指示所有数据对象的完整性,则多组哈希可分离存储,为哈希数据的安全提供了潜在的条件。这种哈希分组关系称为平行分组。为了设计具有平行分组能力的完整性指示码,基于超方体结构提出了超方体单错完整性指示码。

6.3.2 组合单错完整性指示码

1. 组合单错完整性指示码的构造

定义 6.8[组合单错完整性指示码] m 个不同元素中任取 k 个的所有组合方案有 C_m^k 种。利用组合关系生成 m 行 C_m^k 列的 0、1 矩阵，每种组合对应矩阵的一列，且该列中等于 1 的元素的行号属于该组合，其他元素为 0。以该矩阵作为监督矩阵构成的一个能指示单个错误的完整性指示码 $[C_m^k, m, 1, k]$ 称为组合单错完整性指示码，简称组合单错码[7]。

定理 6.7 组合单错码的指示错误能力 $t=1$。

证明 已知矩阵有 m 行，共有 C_m^k 列，监督矩阵所有列的重量均为 k。从组合关系可以知道，任意 2 种组合都不相同，所以监督矩阵中任意 1 列都不能覆盖另 1 列。因任取 k 个元素的所有组合都已利用，所以 2 种组合至少有 $k+1$ 个不同元素，至少还有 $k-2$ 种组合的元素也在这 $k+1$ 个元素中，所以存在 2 列覆盖另 1 列。例如，$j_1 = (1, 2, \cdots, k)^T$，$j_2 = (2, 3, \cdots, k+1)^T$，$j_3 = (1, 3, \cdots, k, k+1)^T$ 时有 $(j_1, j_2) \sqsupseteq j_3$。由定理 6.1，此定理成立。证毕。

2. 组合单错完整性指示码的哈希生成

组合单错码的哈希生成过程简要描述如下。

对于 n 个数据对象，首先依据哈希函数本身的算法设定 m 个哈希的初始值；然后依次读入数据对象，依据哈希监督关系计算出监督该数据对象的 k 个哈希的编号，取出这 k 个哈希的中间结果，同时推进该对象参与计算的所有 k 个哈希计算进程，并将中间结果暂存起来；重复处理其余数据对象。并发计算方式的源数据只需读入一次，可有效缓解大数据量的 I/O 瓶颈问题，每个数据对象参与了 k 次哈希计算。哈希计算数据总量为 knB 字节，其中，B 为数据对象的平均大小，假设其为 512 字节的整数倍。

3. 组合单错完整性指示码的哈希检验

检查 m 个哈希的匹配情况，若完整性检验时 m 个哈希值中出现 r ($r<k$) 个不匹配，表明只是存储的哈希值出现错误，所有数据对象的完整性均有保证。

若 m 个哈希值中刚好有 k 个不匹配，其编号从小到大依次为 $r_1, r_2, \cdots, r_k$，则刚好有一个数据对象的完整性无法保证，判断为出错。依据规范型监督矩阵的规律[7]，考虑相对于第 1 个数据对象的偏移，第 i 个编号 r_i 造成的数据对象偏移量为 $C_{r_i-1}^i$（规定 $C_r^k = 0, k > r$）。所以出错数据对象的编号为 j，见式(6.10)

$$j = 1 + \sum_{i=1}^{k} C_{r_i-1}^i \tag{6.10}$$

若 m 个哈希值中有 r（$r>k$）个不匹配,则有 C_r^k 个对象出错,由 r 个不同编号的哈希中选 k 个编号按公式(6.10)计算出所有出错对象编号。

4. 组合单错完整性指示码的性能分析

(1) 压缩率。组合单错码的压缩率 η 见式(6.11)

$$\eta=\frac{C_m^k}{m}=\frac{1}{k}C_{m-1}^{k-1} \tag{6.11}$$

为了直观地观察,对于较小的 m 和 k,计算出各种不同组合单错码的压缩率,如图 6.1 所示。

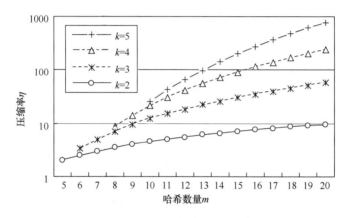

图 6.1　组合单错码的压缩率

由式(6.11)和图 6.1 可知,随着 m 和 k 的增长,码的压缩率增长很快。整体而言,组合单错码的压缩率很高。例如,码[495,12,1,4]的压缩率为 41.25,码[4845,20,1,4]的压缩率高达 242.25。

m($m>1$)行的列等重关联矩阵列重量 k 有 m 种不同选法,$k=1,2,\cdots,m$,且 $C_m^k=C_m^{m-k}$。考虑到哈希生成时 k 越大哈希的计算量就越大,所以从计算代价的角度可选取较小的 k($k\leqslant m/2$)。对特定的 m,$k=\lfloor m/2\rfloor$(向下取整)时监督矩阵列数最多。组合单错码已利用了所有的组合可能,所以,m 个哈希能得到的压缩率最高的单错完整性指示码见式(6.12)

$$\left[C_m^{\lfloor\frac{m}{2}\rfloor},m,1,\left\lfloor\frac{m}{2}\right\rfloor\right] \tag{6.12}$$

(2) 基准错误放大率。组合单错码的某一个数据对象 b 出错会导致完整性检验时 k 个哈希值不匹配,根据其他数据对象与 b 共享的哈希数量 i($0\leqslant i<k$),可将其他数据对象分为 k 类,其中第 i 类的数据对象个数为 $C_k^i\cdot C_{m-k}^{k-i}$。相对于出错对象 b,如果另一个出错数据对象在第 i 类,那么将有 $2k-i$ 个哈希值不匹配,此时实

际判断为出错的数据对象有 C_{2k-i}^k 个，所以组合单错码的基准错误放大率 β 见式 (6.13)

$$\beta = \frac{1}{2 \cdot (C_m^k - 1)} \sum_{i=0}^{k-1} (C_{2k-i}^k \cdot C_k^i \cdot C_{m-k}^{k-i}) \tag{6.13}$$

对于较小的 m 和 k，基准错误放大率如图 6.2 所示。

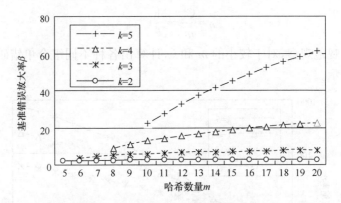

图 6.2　组合单错码的基准错误放大率

由图 6.2 可见，组合单错指示码 $k=2,3$ 时基准错误放大率较小，而 $k=4,5$ 时基准错误放大率较大，增长也较快。

从以上分析结果可以看出，组合单错指示码的重要特性是压缩率很高，能准确指示的错误限于 1 个，且基准错误放大率也较高。

6.3.3　超方体单错完整性指示码

1. 超方体单错完整性指示码的构造

定义 6.9[超方体单错完整性指示码]　设 $n = r^k$，将 n 个数据对象排成 k 维 r 阶的超方体，每个数据对象都有 k 维坐标。将在第 i 维（$i=1,2,\cdots,k$）上坐标相同的数据对象用一个哈希进行监督，则每一维上都可把 n 个数据对象分为 r 份分别进行监督，参与每个哈希计算的数据对象有 r^{k-1} 个。此监督方案共有 rk 个哈希值，构成超方体单错完整性指示码 $[r^k, rk, 1, k]$，简称超方体单错码[9]。

定理 6.8　超方体单错码 $[r^k, rk, 1, k]$ 的指示错误能力 $t=1$。

证明　先证明单错情况下的指示能力。设出错数据对象为 $x=(x_1, x_2, \cdots, x_k)$，任取另外一个数据对象 $y=(y_1, y_2, \cdots, y_k)$，其中，$x_i, y_i$（$i=1,2,\cdots,k$）代表数据对象的坐标。已知每个数据对象受到 k 个哈希监督，若 $x_i = y_i$ 则说明两个数据对象在第 i 维被同一个哈希监督。由于两个不同对象的空间坐标不会完全相同，所以至多有 $k-1$ 个哈希同时监督 x 和 y。也就是说至少存在一个哈希可以区分这两个数据对象。因此，当仅有 1 个错误时，该码能正确指示错误的数据对象。

存在出现两个错误的组合无法正确指示。设两个数据对象为 $x=(x_1,x_2,\cdots,$ $x_k)$ 和 $y=(y_1,y_2,\cdots,y_k)$，考虑数据对象 $z=(x_1,x_2,\cdots,x_{k-1},y_k)$，则 $k-1$ 个哈希无法区分对象 x 和 z，1 个哈希无法区分对象 y 和 z，在数据对象 x 和 y 均出错的情况下，只能判定 z 出错。所以，该码不能正确指示任意的 2 个错误。

因此，超方体单错码的指示错误能力 $t=1$。证毕。

例如，$r=3$，$k=2$ 的方阵结构可构成码 $[9,6,1,2]$。9 个数据对象排成三阶方阵，分别从行和列进行哈希监督，其监督矩阵见表 6.6。

表 6.6　$[9,6,1,2]$ 码的监督矩阵

A		n								
		1	2	3	4	5	6	7	8	9
m	1	1	1	1	0	0	0	0	0	0
	2	0	0	0	1	1	1	0	0	0
	3	0	0	0	0	0	0	1	1	1
	4	1	0	0	1	0	0	1	0	0
	5	0	1	0	0	1	0	0	1	0
	6	0	0	1	0	0	1	0	0	1

从表 6.6 可以看出，每个数据对象参与哈希计算的次数为 2，参与每个哈希计算的数据对象有 3 个；任意两列中 1 的分布情况都不相同，相互不能覆盖；前(后)3 行中 1 的分布涵盖所有列。从该监督矩阵可知码 $[9,6,1,2]$ 可以准确指示单个错误。

2. 超方体单错完整性指示码的哈希生成

首先将码的 rk 个哈希看成 r 行 k 列的哈希矩阵，把行从 0 开始自上而下编号，把列从 1 开始自右至左编号。然后将 n 个数据对象从 0 到 $n-1$ 进行编号，把编号 j $(j=0,1,\cdots,n-1)$ 表示成 k 位的 r 进制数，形如 $r_k\cdots r_2r_1$，对应于一个 k 维向量。监督关系便是每个数据对象 j($j=0,1,\cdots,n-1$) 分别参与第 r_l 行 l 列($l=1,2,\cdots,k$) 的计算。哈希矩阵的计算采用与组合单错码相同的并发计算方式。

3. 超方体单错完整性指示码的哈希检验

当只有一个数据对象发生变化时，哈希矩阵中每列有对应的一个哈希值不相等。将哈希矩阵中不相等的哈希值所在的行号从左往右依次记为 $r_k,\cdots,r_2,r_1$。这些行号一起表示了一个 k 位的 r 进制数，于是出错数据对象编号为 j，见式(6.14)

$$j = \sum_{l=1}^{k} r_l \cdot r^{l-1} \tag{6.14}$$

若多于一个数据对象发生变化,设哈希矩阵第 l 列有 $x_l(l=1,2,\cdots,k)$ 个哈希值不相等。分别从 $x_k,\cdots,x_2,x_1$ 个不匹配的哈希中取得所有的行号组合 $(r_k,\cdots,r_2,r_1)$,对每种组合按式(6.14)计算,得到所有的出错数据对象编号。

4. 超方体单错完整性指示码的性能分析

(1) 压缩率。超方体单错码的压缩率 η 见式(6.15)

$$\eta = \frac{r^k}{rk} = \frac{1}{k} r^{k-1} \tag{6.15}$$

为直观地观察压缩效果,取 $k=2,3,4,5$,取较小的超方体,计算这些组合的压缩率,结果如图 6.3 所示。

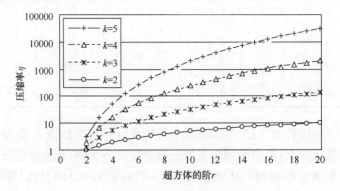

图 6.3　超方体单错码的压缩率

从公式(6.15)和图 6.3 可知,随着数据对象的增多,压缩率增长很快,虽然超方体单错码的压缩率比组合单错码要低,但仍然具有很高的压缩率。

下面分析对给定的数据对象数 n,超方体可能达到的最高压缩率。显然,固定 n 时,m 越小压缩率越高,于是可设最小化的目标函数为 m,见式(6.16)

$$m = \min(r \cdot k) \tag{6.16}$$

对公式(6.16)进行优化求解。先将 k,r 当做大于 1 的实数,则对不同的 k 和 r,总是可将 n 表示为 $n=r^k$ 的形式。

由于 $n=r^k$,所以 $k=\ln n/\ln r$,代入得 $m=r\ln n/\ln r$。使用求导方法求极值,得 r 等于自然数 e 时 m 取最小值 $e\ln n$。由于 r,k 只能是整数,而与自然数 e 最接近的整数是 2,3,所以

$$k_1 = \lceil \log_2 n \rceil, r=2 \text{ 或 } k_2 = \lceil \log_3 n \rceil, r=3$$
$$k = \min(2k_1, 3k_2)$$

当 k 为偶数时,$2^k=4^{k/2}$,所以,从取得最高压缩率的角度看,超方体的阶 r 将

只能取 2,3,4 三者之一,即要求超方体的阶很小,而维度较高。

(2) 基准错误放大率。第 1 个出错对象任意给定,若两个出错对象同在超方体的某个一维的子空间上时,第 2 个出错对象有 $k(r-1)$ 种选择,两个错误均可准确指示出;若两个出错对象同在某个二维子空间上,但不同在一维的子空间上,第 2 个出错对象有 $C_k^2(r-1)^2$ 种选择,两个错将被放大,判断为 4 个错;依此类推,两个出错对象同在某个 i 维子空间但不同在任意的小于 i 维的子空间上的对象有 $C_k^i(r-1)^i$,将被判断为 2^i 个错。

所以,超方体单错完整性指示码 $[r^k, rk, 1, k]$ 的基准错误放大率为 β,见式(6.17)

$$\beta = \frac{1}{2 \cdot (r^k - 1)} \sum_{i=1}^{k} (2^i \cdot C_k^i \cdot (r-1)^i) \tag{6.17}$$

为直观地观察压缩效果,取较小的 k 和 r,超方体单错码的基准错误放大率如图 6.4 所示。

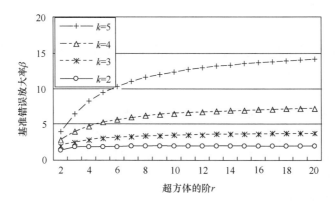

图 6.4 超方体单错码的基准错误放大率

综合图 6.3 和图 6.4 可知,$k=3,4$ 是实际应用中较为理想的选择,既有很高的压缩率,又有比较低的基准错误放大率。超方体的阶 r 可以根据实际需要选择任意的正整数,实际应用中满足 $n \leqslant r^k$ 即可。

6.3.4 单错完整性指示码设计实例分析

设实际需要检查完整性的数据对象个数 $n=4096$,或应用中将数据对象分为 $n=4096$ 组,要求准确指示出 1 个错误,则满足基本需求的码较多,依据组合单错码和超方体单错码的构造方式,分析各种可能的参数组合,计算其压缩率 η 和基准错误放大率 β,综合各方面性能和现实的需求,选择最合适的编码方案。可能的编码结果如表 6.7 所示。

表 6.7　n＝4096 时的系列编码方案及主要性能

编码类型	r	k	m	η	β
组合单错码	—	2	92	44.5	2.93
	—	3	31	132.1	8.54~8.59
	—	4	20	204.8	21.81~22.39
	—	5	16	256.0	45.43~49.07
	—	6	15	273.1	84.57~97.96
超方体单错码	64	2	128	32	1.97
	16	3	48	85.33	3.64
	8	4	32	128	6.18
	4	6	24	170.67	14.36
	2	12	24	170.67	64.89

　　由表 6.7 可以看出,压缩率最高的方案是组合单错码[4096,15,1,5],只需要使用 15 个哈希值。而超方体单错码中压缩率高的有码[4096,24,1,6]和码[4096,24,1,12]。综合考虑较高的压缩率和较低的错误放大率,则超方体码[4096,32,1,4]较好,甚至[4096,48,1,3]的压缩效果已经足够。在实际应用中,可选择超方体码[4096,48,1,3]。

　　这两种单错指示码生成 m 个哈希值时每个数据对象需要参与哈希计算 k 次,采用并发计算方式时哈希计算量是原来的 k 倍。哈希计算涉及处理大量数据时需要大量的磁盘数据输入操作,该环节占据主要的时间,是影响性能的瓶颈,当 k 较小时,数据对象参与多次哈希计算虽然会增加处理时间,但对性能产生影响较小。由于上述两种单错指示码的压缩率已很高,所以建议在实际应用中只选用较小的 k 值,如 2,3,4。同时,因为采用了并发计算所有哈希的方式,在哈希生成时只读入源数据一次,所以单错指示码的哈希生成与检验不会增加数据读入的额外开销。对于特殊情况需要选择较大的 k 值时,请参考 6.4 节的再哈希计算方法,以减少哈希计算数据量。

6.4　具有多错指示能力的细粒度数据完整性检验方法

6.4.1　多错指示问题

　　针对细粒度数据完整性检验问题,进一步讨论如何准确指示一组数据对象中出现的多个出错对象。

　　有限域上的迹函数具有特殊的性质,可实现有限域元素的均匀划分。定义由有限域上的特殊向量组生成的系列扩展迹函数——投影函数,进而基于系列投影函数实现对有限域的多种划分。每种划分之间具有均匀交叉的特性。基于这种均匀交叉划分关系提出了有限域上的高压缩率完整性指示码[10]。该码的设计思想是将需要监督的数据对象映射为有限域的元素,从而利用投影函数得到数据对象的均匀划分,每个划分分别用一组哈希进行监督,多组哈希共同实现对数据对象的细粒度完整性检验,并指示多个错误。该码在设计指示错误能力范围内能准确指示出多个错误,对于少量超出此范围的错误,大部分情况下也可以正确指示。该码具有灵活的参数选择,可满足各种应用的不同需要。

6.4.2　有限域划分方法

1. 基本概念

设 q 是素数或素数幂,有 q 个元素的有限域记为 $GF(q)$。

设 d 是大于 1 的整数,则 $GF(q)$ 的扩域 $GF(q^d)$ 可以看成 $GF(q)$ 上的 d 维向量空间。设 $a_i \in GF(q)$,用 $(a_0, a_1, \cdots, a_{d-1})$ 表示 d 维向量空间中的一个点,定义在这个空间中的向量加法和数乘运算分别见式(6.18)和式(6.19)

$$(a_0, a_1, \cdots, a_{d-1}) + (b_0, b_1, \cdots, b_{d-1}) = (a_0 + b_0, a_1 + b_1, \cdots, a_{d-1} + b_{d-1})$$

(6.18)

$$\delta(a_0, a_1, \cdots, a_{d-1}) = (\delta a_0, \delta a_1, \cdots, \delta a_{d-1})$$ (6.19)

式中, $a_i, b_i, \delta \in GF(q)$, $i = 0, 1, \cdots, d-1$,并且加法 $a_i + b_i$ 和乘法 δa_i 都是有限域 $GF(q)$ 上的加法和乘法。

设 q 是素数或素数幂, d 是大于 1 的整数, $u \in GF(q^d)$,则 $GF(q^d)$ 在 $GF(q)$ 上的迹函数见式(6.20)

$$Tr: GF(q^d) \rightarrow GF(q), Tr(u) = u + u^q + u^{q^2} + \cdots + u^{q^{d-1}}$$ (6.20)

把 $Tr(u)$ 称为 u 在 $GF(q)$ 上的迹。

迹函数是一个线性函数,对任意的 $a, u, v \in GF(q^d)$,有以下 5 条性质。

(1) $Tr(u+v) = Tr(u) + Tr(v)$。

(2) $Tr(au) = aTr(u)$。

(3) $Tr(u^q) = Tr(u)$。

(4) 映射 $Tr: GF(q^d) \rightarrow GF(q)$ 是满射。

(5) 对每一 $a \in GF(q)$,恰有 q^{d-1} 个元素的迹为 a。

设 α 是有限域 $GF(q^d)$ 的本原元,任一元素 $u \in GF(q^d)$,则 u 可由自然基 $1, \alpha, \alpha^2, \cdots, \alpha^{d-1}$ 表示, $u = c_{d-1}\alpha^{d-1} + c_{d-2}\alpha^{d-2} + \cdots + c_2\alpha^2 + c_1\alpha + c_0$,其中 $c_i \in GF(q)$。由(1)、(2)线性性质可得 $Tr(u)$,见式(6.21)

$$Tr(u) = c_{d-1}Tr(\alpha^{d-1}) + c_{d-2}Tr(\alpha^{d-2}) + \cdots + c_2Tr(\alpha^2) + c_1Tr(\alpha) + c_0Tr(1)$$

(6.21)

因此,先计算出一个自然基中每个元素的迹,由这些元素在 GF(q) 上的线性组合可计算出 GF(q) 中所有元素的迹。

2. d-线性无关向量组

设 q 是素数或素数幂,向量组 V 中有 γ 个 GF(q) 上的 d 维非零向量($d>1$),如果 V 中的任意 d 个向量都线性无关,则称 V 是 GF(q) 上的 d-线性无关向量组,向量个数 γ 称为向量组 V 的阶。

Rizzo 提出了采用系统码矩阵(systematic code matrix)结合范德蒙德矩阵(Vandermonde matrix)的方式来构成线性编码向量组[11],其编码向量数可以达到 $(d-1)+q$,但是却无法保证其中的任意 d 个向量均线性无关。陶钧等在设计数据分散编码存储方案时讨论了线性分组编码需要的编码向量构造问题,给出了 GF(2) 及其扩张域上 d-线性无关向量组 V 的阶 γ 的最大值的理论上界和下界[12]。采用和陶钧等相同的思路和方法,可知阶 γ 的最大值的理论上、下界对于任意的 GF(q) 上的 d-线性无关向量组 V 也成立。若同时考虑另一因素——维度 d,可以得到 $d>q$ 时的更紧的下界,所以有如下结论。

定理 6.9　设 q 是素数或素数幂,则 GF(q) 上的 d-线性无关向量组 V 的阶 γ 的最大值满足如下的上、下界,如式(6.22)所示,即

$$\max(q+1, d+1) \leqslant \gamma \leqslant q+d-1 \tag{6.22}$$

式中,$d>1$。

证明　设 α 是 GF(q) 的本原元,则 GF(q) 上的所有元素可以表示为 $\{0,1,\alpha,\alpha^2,\cdots,\alpha^{q-2}\}$。

首先,采用数学归纳法证明关于 γ 上界的不等式。

(1) 当 $d=2$ 时,选取向量集合 $V=\{(1,0),(1,1),(1,\alpha),\cdots,(1,\alpha^{q-2}),(0,1)\}$,共计 $q+1$ 个元素。考察有限域上的其他二维向量,可将它们划分为 $\{\alpha^x,\alpha^y\}$、$\{\alpha^x,0\}$、$\{0,\alpha^y\}$ 三类,其中 $x,y\neq0$。那么三类向量可表示为

$$\begin{cases} (\alpha^x,\alpha^y)=(\alpha^x\cdot\alpha^0,\alpha^x\cdot\alpha^{y-x})=\alpha^x\cdot(1,\alpha^{y-x}) \\ (\alpha^x,0)=(\alpha^x\cdot\alpha^0,\alpha^x\cdot0)=\alpha^x\cdot(1,0) \\ (0,\alpha^y)=(\alpha^y\cdot0,\alpha^y\cdot\alpha^0)=\alpha^y\cdot(0,1) \end{cases} \tag{6.23}$$

所以,这三类向量中的任何一个向量都可由向量组 V 中的某一个线性表示。所以 $d=2$ 时 d-线性无关向量组 V 刚好有 $q+1$ 个向量两两线性无关,不等式成立。

(2) 假设不等式 $\gamma\leqslant q+d-1$ 对于 $d=k$($k>1$)时均成立,证明 $d=k+1$ 时的情况。假设不等式在 $d=k+1$ 时不成立,则有假设命题:可以选取一个 $k+1$ 维向量组 V,其向量数至少为 $k+1+q$ 且其中任意 $k+1$ 个向量都线性无关。

那么任意选取 V 中一个 $k+1$ 维向量,与 V 中的其余向量进行高斯消元,使其

余 $k+q$ 个向量消去一维,则高斯消元后的 $k+q$ 个 k 维向量,应满足任意 k 个向量都线性无关,而这与结论 $d=k$ 时 $\gamma \leqslant q+k-1$ 相矛盾。

因此,假设命题不成立,不等式在 $d=k+1$ 时仍成立。

(3) 综上所述,由数学归纳法原理可知,对一切 $d>1$,不等式均成立。

然后,采用构造法证明关于 γ 下界的不等式。

若 $q \geqslant d$,参考范德蒙德矩阵和系统码组合方式,由 $\mathrm{GF}(q)$ 中的元素 $0,1,\alpha,\alpha^2$, $\cdots,\alpha^{q-2}$ 构造包含 $q+1$ 个向量的向量组 V 及展开的矩阵如式(6.24)所示,即

$$V = \begin{bmatrix} v_1 \\ v_2 \\ v_3 \\ \vdots \\ v_{q-1} \\ v_q \\ v_{q+1} \end{bmatrix} = \begin{bmatrix} (\alpha^0)^0 & (\alpha^0)^1 & (\alpha^0)^2 & \cdots & (\alpha^0)^{d-3} & (\alpha^0)^{d-2} & (\alpha^0)^{d-1} \\ (\alpha^1)^0 & (\alpha^1)^1 & (\alpha^1)^2 & \cdots & (\alpha^1)^{d-3} & (\alpha^1)^{d-2} & (\alpha^1)^{d-1} \\ (\alpha^2)^0 & (\alpha^2)^1 & (\alpha^2)^2 & \cdots & (\alpha^2)^{d-3} & (\alpha^2)^{d-2} & (\alpha^2)^{d-1} \\ \vdots & \vdots & \vdots & & \vdots & \vdots & \vdots \\ (\alpha^{q-2})^0 & (\alpha^{q-2})^1 & (\alpha^{q-2})^2 & \cdots & (\alpha^{q-2})^{d-3} & (\alpha^{q-2})^{d-2} & (\alpha^{q-2})^{d-1} \\ 1 & 0 & 0 & \cdots & 0 & 0 & 0 \\ 0 & 0 & 0 & \cdots & 0 & 0 & 1 \end{bmatrix}$$

$$(6.24)$$

分析向量组 V 中的任意 d 个向量的线性无关性,分三种情况讨论。

(1) 从 V 中任选 d 个行向量但不包括 v_q、v_{q+1} 时,此时所得矩阵为 $d \times d$ 的范德蒙德矩阵。显然对应的范德蒙德行列式不等于 0,此时,任选的 d 个向量线性无关。

(2) 从 V 中任选 d 个行向量,其中包括 v_q 或 v_{q+1} 之一时,若 $d=2$,显然所得矩阵对应行列式不等于 0,否则用 v_q 或 v_{q+1} 对其他 $d-1$ 个向量进行高斯消元,必要时每行提取公因子,可得 $(d-1) \times (d-1)$ 的范德蒙德矩阵。同理,所选的 d 个向量线性无关。

(3) 从 V 中任选 d 个行向量,其中包括 v_q 和 v_{q+1} 时,若 $d=2$,则只有 v_q 和 v_{q+1},结论显然;若 $d=3$,另一个向量的分量均不为 0,显然此时 3 个向量线性无关;否则用 v_q 和 v_{q+1} 对其他 $d-2$ 个向量进行高斯消元,然后每行提取公因子,可得 $(d-2) \times (d-2)$ 的范德蒙德矩阵。同理,任选的 d 个向量线性无关。

综合这三种情况可知所构造的向量组 V 中的任意 d 个向量都线性无关。即 $q \geqslant d$,对任意的 $\mathrm{GF}(q)$ 都存在 $\gamma=q+1$ 的 d-线性无关向量组,即 $q+1 \leqslant \gamma$ 成立。

若 $q < d$,构造包含 $d+1$ 个向量的向量组 V 及展开的矩阵如式(6.25)所示,即

$$V = \begin{bmatrix} v_1 \\ v_2 \\ \vdots \\ v_d \\ v_{d+1} \end{bmatrix} = \begin{bmatrix} 1 & 0 & \cdots & 0 \\ 0 & 1 & \cdots & 0 \\ \vdots & \vdots & & \vdots \\ 0 & 0 & \cdots & 1 \\ 1 & 1 & \cdots & 1 \end{bmatrix} \qquad (6.25)$$

　　显然,向量组 V 中的任意 d 个向量都线性无关,即 $d+1 \leqslant \gamma$ 也成立。

　　所以,公式(6.22)中左端的不等式成立。综合起来,定理成立。证毕。

　　定理 6.10　有限域 $GF(q)$ 在以下特例 γ 可达到上界。特例 1 为 $q=2$;特例 2 为 $d=2$;特例 3 为 $d=3$ 且 $GF(q)$ 的特征为 2。

　　特例 1 和特例 2 中的上下界相等,所以 γ 可达到上界;特例 3 采用构造法证明。特例 3 中,q 为 2 的幂次,向量组 V 构造如式(6.26)所示,即

$$V=\begin{bmatrix} v_1 \\ v_2 \\ v_3 \\ \vdots \\ v_{q-1} \\ v_q \\ v_{q+1} \\ v_{q+2} \end{bmatrix}=\begin{bmatrix} 1 & 1 & 1 \\ 1 & \alpha^1 & (\alpha^1)^2 \\ 1 & \alpha^2 & (\alpha^2)^2 \\ \vdots & \vdots & \vdots \\ 1 & \alpha^{q-2} & (\alpha^{q-2})^2 \\ 1 & 0 & 0 \\ 0 & 0 & 1 \\ 0 & 1 & 0 \end{bmatrix} \tag{6.26}$$

　　由定理 6.9 可知,任选 3 个向量不包括 v_{q+2} 时都线性无关,只需额外证明选中了 v_{q+2} 的情况。设已选中 v_{q+2} 为 3 个向量之一,选中的另外两个向量为 v_i,v_j,分三种情况讨论:如果 $q \leqslant i < j$,则可构成单位矩阵,结论显然成立;如果 $i < q \leqslant j$,由于 v_i 的分量均不等于零,显然,所选向量的行列式不等于零;如果 $i < j < q$,则所选向量的行列式等于 $\alpha^{2i-2}-\alpha^{2j-2}$,由于 $i < j$,所以 $2i-2 < 2j-2$,又由于 q 是偶数,所以 $2i-2 \neq 2j-2-q-1$,于是 $\alpha^{2i-2} \neq \alpha^{2j-2}$。所以,所选向量的行列式不等于零,所选的三个向量线性无关。所以,此时 γ 可达定理中的上界 $q+2$。

3. 有限域的划分

　　定义 6.10[投影函数]　设 q 是素数或素数幂,从 $GF(q)$ 上的 d-线性无关向量组 V 中选取一个向量 $v=(a_0,a_1,\cdots,a_{d-1}),a_i \in GF(q)$,设 α 是有限域 $GF(q^d)$ 的本原元,令 $\pi_v(\alpha^i)=a_i,(i=0,1,\cdots,d-1)$,即令自然基元素在 $GF(q)$ 上的投影构成向量 v。对任意的元素,其线性表示为 $u=c_{d-1}\alpha^{d-1}+c_{d-2}\alpha^{d-2}+\cdots+c_2\alpha^2+c_1\alpha+c_0$,其中,$c_i \in GF(q)$。设 $u \in GF(q^d)$,则 $GF(q^d)$ 在 $GF(q)$ 上的投影函数为 $\pi_v(u)$,见式(6.27)

$$\begin{aligned} \pi_v(u)&=c_{d-1}\pi_v(\alpha^{d-1})+c_{d-2}\pi_v(\alpha^{d-2})+\cdots+c_2\pi_v(\alpha^2)+c_1\pi_v(\alpha)+c_0\pi_v(1) \\ &=c_{d-1}a_{d-1}+c_{d-2}a_{d-2}+\cdots+c_2a_2+c_1a_1+c_0a_0 \end{aligned} \tag{6.27}$$

即 u 在 $GF(q)$ 上关于向量 v 的投影为自然基投影的线性组合。

　　由有限域上加法、乘法运算的性质易知投影函数满足迹函数的除(3)的其他 4 条性质。

　　选取不同向量可得不同的投影函数,$GF(q)$ 上的 d-线性无关向量组 V 可得投

影函数集,记为 Π_V,$\Pi_V=\{\pi_v|v\in V\}$。

每个投影函数都可以得到 $GF(q^d)$ 在 $GF(q)$ 上的一个均匀划分,不同投影函数得到的划分之间形成均匀交叉,由定理 6.10 可知,$GF(q^d)$ 关于 $GF(q)$ 的不同划分至少可达 $q+1$ 种或 $d+1$ 种。

定理 6.11　$GF(q^d)$ 上的一个元素 x 和 $GF(q)$ 上任意 d 个投影函数的一组投影值 b_1,b_2,$\cdots$,b_d 可相互唯一确定。

证明　设方案所选用的投影参考向量分别为 v_1,v_2,$\cdots$,v_d,d 个投影函数为 π_{v_1},π_{v_2},$\cdots$,π_{v_d},由投影函数可知该元素可唯一确定 d 个投影值。反之,若已知投影值 b_1,b_2,$\cdots$,b_d,则 $x=(x_1,x_2,\cdots,x_d)$ 满足如式(6.28)所示方程组(所有运算都在有限域上进行)。

$$\begin{cases} \pi_{v_1}(x)=a_{11}x_1+a_{12}x_2+\cdots+a_{1d}x_d=b_1 \\ \pi_{v_2}(x)=a_{21}x_1+a_{22}x_2+\cdots+a_{2d}x_d=b_2 \\ \qquad\qquad\qquad\vdots \\ \pi_{v_d}(x)=a_{d1}x_1+a_{d2}x_2+\cdots+a_{dd}x_d=b_d \end{cases} \qquad (6.28)$$

用 $A=(a_{ij})$ 表示公式(6.28)中的系数矩阵,因投影参考向量 v_1,v_2,$\cdots$,v_d 线性无关,所以 $\det A\neq0$,则 x 有唯一解。利用行列式表示形式,x 的分量见式(6.29),即

$$x_1=\frac{\det A_1}{\det A},x_2=\frac{\det A_2}{\det A},\cdots,x_d=\frac{\det A_d}{\det A} \qquad (6.29)$$

式中,$\det A$,$\det A_1$,$\det A_2$,$\cdots$,$\det A_d$ 分别为方程组(6.28)系数行列式和将第 1 列、第 2 列、$\cdots$、第 d 列分别替换成方程组(6.28)右端投影值列所得的行列式。证毕。

定理 6.11 表明由特定元素在不同划分中的投影值对其进行定位。

6.4.3　有限域多错完整性指示码

1. 有限域多错完整性指示码的构造

利用 $GF(q^d)$ 关于 $GF(q)$ 的不同均匀划分关系构造监督关系,若有不匹配的哈希,利用定理 6.11 的原理指示出特定出错对象。

定义 6.11[有限域多错完整性指示码]　设完整性检验数据对象有 $n=q^d$ 个,其中 q 是素数或素数幂,d 是大于 1 的整数,需要准确指示 t 个错误,将 q^d 个数据对象分别对应于 $GF(q)$ 上的一个 d 维向量。从投影函数集中任意选取 $k=(d-1)t+1$ 个投影函数,将关于函数 $\pi_{v_j}(j=1,2,\cdots,k)$ 投影相同的所有数据对象用一个哈希监督,每个函数都把 n 个数据对象均匀划分为 q 份分别进行监督,参与每个哈希计算的数据对象有 q^{d-1} 个。此监督方案共有 kq 个哈希值,得到有限域多错完整性指示码 $C=[n,m,t,k]=[q^d,kq,t,k]$,$k=(d-1)t+1$。简称有限域多错指示码[10],或记为 GFIIC (Galois field multi-error integrity indication code)。

纠错码中的复数旋转码是建立在基于复数平面单位圆上素数根的分布特点，以及编码译码过程中采取正向和逆向旋转方法的基础上而构思的[5]。复数旋转码自诞生起以其组合特性良好、结构简单易于实现、译码速度很高而应用广泛。其模块化功能结构适宜于实现检错纠错能力可调的自适应差错控制系统。

有限域多错完整性指示码在 $d=2$ 时为 $C=[q^2,(t+1)q,t,t+1]$，与纠错码中复数旋转码的监督原理[5]相同，此时码称为复数旋转指示码[13]。正是在复数旋转码原理的启发下研究组首先构造了复数旋转指示码，然后进一步研究得到本书的新结果。

当 $d=3$ 时，有限域多错完整性指示码为 $C=[q^3,(2t+1)q,t,2t+1]$，称为有限立方指示码。

定理 6.12 有限域多错完整性指示码 $C=[n,m,t,k]=[q^d,kq,t,k]$，$k=(d-1)t+1$ 的 k 组共 kq 个哈希可准确指示任意的 t 个错误。

证明 已知每个数据受到 k 个哈希监督。设任意的 t 个出错数据对象对应于 t 个 $GF(q)$ 上的向量 $w_i=(w_{i_1},w_{i_2},\cdots,w_{i_d})$，$i=1,2,\cdots,t$。另设一未出错数据对象对应于向量 $w_x=(w_{x_1},w_{x_2},\cdots,w_{x_d})$。那么任一 w_i 至多与 w_x 同时受 $d-1$ 个哈希监督（若 w_i 与 w_x 同受某个哈希监督，则根据该哈希无法判断 w_x 是否出错）。

否则，假设 w_i 与 w_x 同受 d 个哈希监督，则该码使用的 k 个投影函数中存在 d 个投影函数，使得 w_i 与 w_x 的投影相同，即有关系式

$$\begin{cases} \pi_{v_1}(w_x)=b_1=\pi_{v_1}(w_i) \\ \pi_{v_2}(w_x)=b_2=\pi_{v_2}(w_i) \\ \qquad \vdots \\ \pi_{v_d}(w_x)=b_d=\pi_{v_d}(w_i) \end{cases} \tag{6.30}$$

由定理 6.12 得 $w_x=w_i$，与已知的两者不相同矛盾，即假设不成立。所以，任一 w_i 至多与 w_x 同受 $d-1$ 个哈希监督。

根据鸽巢原理，监督 t 个出错对象的哈希且监督 w_x 的哈希至多有 $(d-1)t$ 个哈希监督，即最多在 $(d-1)t$ 个哈希上让 w_x 无法与出错对象 w_i 区分，$i=1,2,\cdots,t$。$(d-1)t+1$ 个哈希中的另一个可指示 w_x 没有出错。

所以，kq 个哈希可准确指示任意的 t 个错误数据对象，而其他的数据对象具有完整性。证毕。

2. 有限域多错完整性指示码的哈希生成

1) 数据对象监督关系

设数据对象个数为 n，指示错误能力为 t。选取适当的素数或素数幂 q 及维数 d，使得 $n\leqslant q^d$ 且 $k=(d-1)t+1\leqslant \gamma$。从有限域 $GF(q)$ 上的 d 线性无关向量组中选

取 k 个向量(包含全部有 0 分量的向量)。将数据对象对应到有限域的元素:把数据对象从 0 到 $n-1$ 依次编号,将每个编号 j $(j=0,1,\cdots,n-1)$ 表示为 $\mathrm{GF}(q)$ 上的 d 维向量 $(r_d,\cdots,r_2,r_1)$,满足 $j=(r_d,\cdots,r_2,r_1)=r_dq^{d-1}+\cdots+r_2q+r_1$。对数据对象进行投影划分:计算数据对象 j $(j=0,1,\cdots,n-1)$ 在第 l 个 $(l=1,2,\cdots,k)$ 向量(记 $v_l=(a_d,\cdots,a_2,a_1)$)上的投影 u,即 $u=\pi_{v_l}(j)=a_dr_d+\cdots+a_2r_2+a_1r_1$,依据投影 u 判定第 j 个数据对象参与第 $u+1$ 行第 l 列的哈希计算,即同一投影函数下投影相同的元素受同一个哈希监督。每个哈希由同一投影函数下投影相同的 q^{d-1} 个数据对象计算得到。

每个投影函数可生成 q 个(一组)哈希。k 个投影函数所生成的哈希共同构成 q 行 k 列的哈希矩阵,见表 6.8。

表 6.8　哈希矩阵

哈希	k	$\cdots$	2	1
1	$h_{1,k}$	$\cdots$	$h_{1,2}$	$h_{1,1}$
2	$h_{2,k}$	$\cdots$	$h_{2,2}$	$h_{2,1}$
$\cdots$	$\cdots$		$\cdots$	$\cdots$
q	$h_{q,k}$	$\cdots$	$h_{q,2}$	$h_{q,1}$

以 $q=4,d=2,t=2$ 为例,16 个数据对象排成四阶方阵,有复数旋转指示码 $[16,12,2,3]$,其监督矩阵见表 6.9。

表 6.9　$[16,12,2,3]$ 码的监督矩阵

A \ m	n															
	1	2	3	4	5	6	7	8	9	10	11	12	13	14	15	16
1	1	1	1	1	0	0	0	0	0	0	0	0	0	0	0	0
2	0	0	0	0	1	1	1	1	0	0	0	0	0	0	0	0
3	0	0	0	0	0	0	0	0	1	1	1	1	0	0	0	0
4	0	0	0	0	0	0	0	0	0	0	0	0	1	1	1	1
5	1	0	0	0	1	0	0	0	1	0	0	0	1	0	0	0
6	0	1	0	0	0	1	0	0	0	1	0	0	0	1	0	0
7	0	0	1	0	0	0	1	0	0	0	1	0	0	0	1	0
8	0	0	0	1	0	0	0	1	0	0	0	1	0	0	0	1
9	1	0	0	0	0	1	0	0	0	0	1	0	0	0	0	1
10	0	1	0	0	0	0	1	0	0	0	0	1	1	0	0	0
11	0	0	1	0	0	0	0	1	1	0	0	0	0	1	0	0
12	0	0	0	1	1	0	0	0	0	1	0	0	0	0	1	0

　　从表 6.9 可以看出，每个数据对象参与哈希计算的次数为 3，参与每个哈希计算的数据对象有 4 个；任意两列都不会对任意的第 3 列构成覆盖。所以哈希可分为独立的三组，上面 4 行（中间 4 行、下面 4 行）中 1 的分布涵盖所有列。从该监督矩阵可知码[16,12,2,3]可以准确指示 2 个错误。

　　2) 并发计算算法

　　设需要监督的对象有 n 个，需要准确指示的错误数为 t，则选取素数或素数幂 q，使得 $n \leqslant q^d$ 且 $k=(d-1)t+1 \leqslant \gamma$。同样，采用并发计算方式，哈希计算过程中数据对象只读入一次，所得哈希与单独生成哈希结果相同。

　　并发计算算法如下。

　　输入：码[n,m,t,k]、n 个数据对象、d-线性无关向量组。

　　输出：哈希矩阵。

　　算法步骤如下。

　　(1) 根据有限域 GF(q)、维数 d 以及指示错误能力 t 值从准备好的相应 d-线性无关向量组中取出 $k=(d-1) \times t+1$ 个向量。

　　(2) 初始化哈希矩阵（由单向哈希函数决定），$j=0$。

　　(3) 读入第 j 个数据对象。

　　(4) 由 k 个对应的投影函数计算该数据对象的监督关系，确定监督该数据对象的 k 个哈希。

　　(5) 分别取出哈希矩阵中对应的中间结果或初值计算 k 个哈希，将中间结果再存入哈希矩阵。

　　(6) $j=j+1$，重复(3)~(5)直到数据对象处理完。

　　(7) 输出哈希矩阵。

　　3) 再哈希计算算法

　　第 4 章和第 5 章中数据完整性验证、可信计算环境存储器数据完整性检验等均使用了哈希树或默克尔树，其中应用了再哈希机制[14,15]。再哈希的核心是用完整性数据 $H(H(D_1) \parallel H(D_2) \parallel \cdots \parallel H(D_j) \cdots)$ 替代 $H(D_1 \parallel D_2 \parallel \cdots \parallel D_j \cdots)$ 作为完整性检验用的依据。其中 H 表示完整性检验单向哈希函数，"$\parallel$"表示数据连接，D_j 为数据对象。再哈希是一种简单的迭代关系，文献[16]指出多数研究者认为迭代哈希函数是安全的。由现有迭代哈希函数的强抗碰撞性分析结论[16,17]，再哈希函数也具有强抗碰撞性，安全性无改变。应用再哈希机制可加快细粒度完整性检验中的哈希计算速度。先分别计算每个数据对象的哈希，通过一定程度的缓冲，连接受同一个哈希监督的元素对应的哈希数据后重新进行哈希运算，该方式同样保证源数据只需读入一次，每个数据对象只参与哈希计算 1 次，除此之外每个数据对象的哈希数据参与 k 次哈希计算。由于一般情况下哈希数据比源数据少，所以最终哈希计算数据总量只比源数据多出少量数据。以 MD5 为例（按 512 字节的数据块大小计算,MD5 的哈希数据量是源数据的 1/32),再哈希方法的计算数据总量为 $\left(1+\dfrac{k}{32} \cdot \dfrac{512}{B}\right)nB$ 字节。

再哈希方式计算过程中也采用了并发计算方式以并行推进哈希计算过程。

再哈希计算算法如下。

输入:码$[n,m,t,k]$、n 个数据对象、d-线性无关向量组。

输出:哈希矩阵。

算法步骤如下。

(1) 根据有限域 GF(q)、维数 d 以及指示错误能力 t 值从准备好的相应 d-线性无关向量组中取出 $k=(d-1)\times t+1$ 个向量。

(2) 初始化哈希矩阵,$j=0$。

(3) 建立和哈希矩阵对应的缓冲数据矩阵。

(4) 读入第 j 个数据对象。

(5) 计算该数据对象的哈希数据 h_j。

(6) 由 k 个对应的投影函数计算该数据对象的监督关系,确定监督该数据对象的 k 个哈希以及相应的哈希数据缓冲位置。

(7) 将哈希数据 h_j 分别存入缓冲数据矩阵中的对应 k 个位置(已有缓冲数据之后)。

(8) 如果 k 个位置中某个或某几个位置的数据达到合适的规模(如 32 字节、512 字节等),分别取出哈希矩阵中对应中间结果或初值计算缓冲数据的对应哈希,将中间结果再存入哈希矩阵,并把缓冲数据清除;否则继续。

(9) $j=j+1$,重复(4)~(8)直到数据对象处理完。

(10) 输出哈希矩阵。

3. 有限域多错完整性指示码的完整性检验

完整性检验算法如下。

输入:哈希矩阵、码$[n,m,t,k]$、n 个数据对象、d-线性无关向量组。

输出:出错数据对象编号。

算法步骤如下。

(1) 选取原哈希矩阵生成时相同的参数,采用相同的哈希计算方式生成哈希矩阵。

(2) 将所得哈希矩阵和原哈希矩阵进行比较,如果任意一组(列)哈希完全相符,则没有出错,所有数据都具有完整性,结束。否则任意一组中至少有一个哈希不相符,继续下一步。

(3) 先检查 d 个向量生成的哈希组,统计不相符的哈希数量。

（4）设这 d 组哈希分别有 $x_d, \cdots, x_2, x_1$ 个哈希不相符，则最多有 $x_d^* \cdots x_2^* x_1^*$ 个数据对象出错。

（5）从哈希矩阵相应列 x_d 个哈希中取 1 个得到其行号（从小到大）r_d，同理取得 $r_{d-1}, \cdots, r_2, r_1$。由定理 6.12，用步骤（3）中的 d 个向量和向量（$r_d-1, \cdots, r_2-1, r_1-1$）可求得出错的数据对象，其编号记为 j；依据数据对象监督关系依次检查数据对象 j 在其他的 $(d-1)t-d+1$ 组哈希中对应的哈希是否相符，若全都不相符，则数据对象 j 出错，不具有完整性，输出编号 j。

（6）重复步骤（5）验证其他数据对象是否出错。

4. 有限域多错完整性指示码的性能分析

（1）压缩率分析。有限域多错指示码的压缩率为 η，见式（6.31）

$$\eta = \frac{1}{(d-1)t+1} q^{d-1} \tag{6.31}$$

显然，对某一固定维数和固定数量的数据对象，需要指示的错误越多压缩率就越低。对某一固定错误数 t 和固定维数 d，q 越大时检验数据对象越多，压缩率也就越高。

为直观地看出压缩效果，当 $d=2,3$ 时，对于较小的 q，复数旋转指示码的压缩率和有限立方指示码的压缩率分别如图 6.5 和图 6.6 所示。

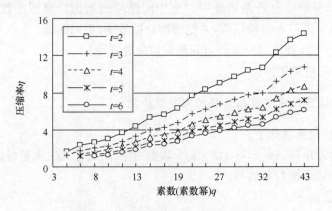

图 6.5　复数旋转指示码压缩率变化

由图 6.5 可以看出，复数旋转指示码数据对象数较多或需要准确指示的错误数较少时，压缩效果比较好；反之，压缩效果稍差。

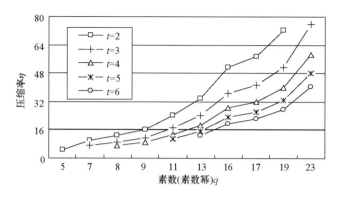

图 6.6　有限立方指示码的压缩率变化

由图 6.6 可见,有限立方指示码在指示多个错误的情况下压缩率仍然较高。

(2) 错误放大率。依据指示码的指示错误能力,有限域多错指示码的维数等参数分别讨论如下。

① 当 $t=1$ 时,该码退化为超方体单错指示码,其阶 r 只能取素数或素数幂,其性能参数见 6.3.3 节。

② 当 $d=2$, $t\geqslant2$ 时,采用程序穷举搜索或抽样的方法估计基准错误放大率 β。

设出错数为 $t+1$,在 q^2 个数据中选 $t+1$ 个出错数有 $C(q^2,t+1)$ 种组合。当 q 值较小时,对 $C(q^2,t+1)$ 种出错组合进行枚举来计算 β;而当 q 值较大时,用抽样的方式计算出 β。实验设定的抽样次数为 20 万次。

取不同的素数(素数幂)q,指示错误能力 $t=2,3,4,5$,基准错误放大率如图 6.7 所示。

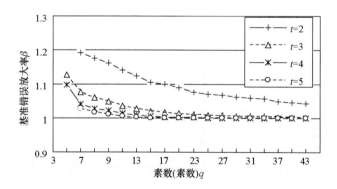

图 6.7　复数旋转指示码基准错误放大率

从图 6.7 可以看出,随着 q 值的增大,β 趋近于 1,实际出错数 $x=t+1$ 时,复数旋转指示码在绝大多数情况下都可以正确指示出这 $t+1$ 个错误。

③ 当 $d=3$, $t\geqslant2$ 时,用抽样的方式计算出不同有限域下有限立方指示码的基

准错误放大率 β,实验设定的抽样次数为 20 万次。码的基准错误放大特性见表 6.10。

表 6.10　有限立方指示码的基准错误放大率

有限域	指示错误能力 t						
	$t=2$	$t=3$	$t=4$	$t=5$	$t=6$	$t=7$	$t=8$
GF(4)	1.62	—	—	—	—	—	—
GF(5)	1.50	—	—	—	—	—	—
GF(7)	1.33	1.13	—	—	—	—	—
GF(8)	1.28	1.07	1.03	—	—	—	—
GF(9)	1.23	1.07	1.03	—	—	—	—
GF(11)	1.17	1.02	1.01	1.00	—	—	—
GF(13)	1.13	1.02	1.00	1.00	1.00	—	—
GF(16)	1.09	1.01	1.00	1.00	1.00	1.00	1.00
GF(17)	1.08	1.01	1.00	1.00	1.00	1.00	1.00
GF(19)	1.07	1.00	1.00	1.00	1.00	1.00	1.00
GF(23)	1.05	1.00	1.00	1.00	1.00	1.00	1.00

由表 6.10 可见,有限立方指示码在 q 很小及 $t=2$ 时有稍明显的出错放大现象,其他情形的基准错误放大率都很低。

④ 当 $d=3,t\geqslant2$ 时,以 $q=16$ 为实例,考察 GF(16)上有限立方指示码的一般错误放大率。通过抽样方法测试产生一定错误数量时的实际指示错误数,由于错误增多,组合关系更多,分别抽样 50 万次,得到 GF(16)上有限立方码的一般错误放大率特性如图 6.8 所示。

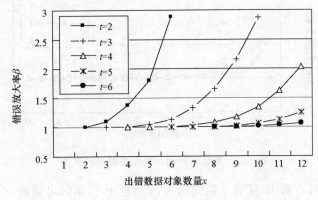

图 6.8　GF(16)上的有限立方指示码的一般错误放大率

由图 6.8 可见,随着错误数的增长,有限立方指示码在 t 较小时错误放大率增长稍快,t 较大时错误放大率增长较慢。

(3) 有限立方码的时间性能。随机生成 2MB、4MB、8MB 大小的文件各 10 个,使用 MD5 哈希函数测试有限立方码采用并发计算方式和再哈希方式时相对于单哈希生成的时间性能。设定数据对象分块大小为 512B,每组为 4096 块,即 $n=4096$,三种规格的文件分别有 1 组、2 组、3 组数据对象。分别采用两种方式生成哈希矩阵,此外单独生成单一哈希,测试实际运行时间。计算哈希生成的平均时间,换算为相对于单哈希生成所费时间的比值。有限立方指示码哈希生成的相对时间见表 6.11。

表 6.11　有限立方指示码哈希生成相对时间

| 计算模式 | 文件大小 | 指示错误能力 t | | | | | | |
		$t=2$	$t=3$	$t=4$	$t=5$	$t=6$	$t=7$	$t=8$
并发计算模式	2MB	1.109	1.149	1.194	1.233	1.275	1.315	1.353
	4MB	1.112	1.152	1.191	1.232	1.273	1.312	1.353
	8MB	1.093	1.134	1.177	1.218	1.260	1.299	1.341
再哈希计算模式	2MB	1.035	1.047	1.054	1.068	1.072	1.078	1.086
	4MB	1.031	1.040	1.050	1.057	1.064	1.074	1.081
	8MB	1.039	1.047	1.056	1.064	1.074	1.082	1.090

由表 6.11 可见,交叉检验带来了哈希计算的部分重复,相对于单哈希生成时间,生成哈希数据所需的时间随着指示错误数的增多呈线性增长。同时,并发计算方式时间增长稍快,而采用再哈希方式时间增长很慢。再哈希方式与传统的生成单一哈希方式在时间性能方面差异较小。

6.4.4　有限域多错指示码设计实例分析

实例 6.1　复数旋转指示码 $[64,32,3,4]$。

设实际需要检查完整性的数据对象数 $n=64$,取不同的数据对象出错数,分析其错误放大情况;取不同的哈希出错数,分析该码指示错误情况。比较该码与传统方案的性能差异。

取 $n=64$,$t=2,3,4,5$,出错的数据对象数 x 从 1 取到 64,对于每种出错情况,随机取 x 个出错块,重复测试 50 万次,统计平均错误放大率的情况。复数旋转指示码方案与传统的 2 倍压缩方案的错误放大率如图 6.9 所示。

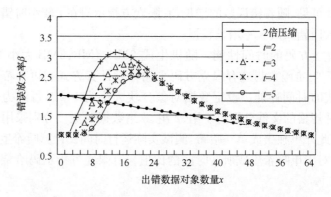

图 6.9　复数旋转指示码与传统方案的错误放大率比较

　　由图 6.9 可见,从错误放大的角度考虑传统方案和复数旋转指示码,在错误数较少时,复数旋转指示码的效果更好;在错误数较多时,各种方案差别较小;只有错误数处于中间情况时传统方案效果较好。依据偶然错误发生规律,现实中发生少量错误的概率比发生较多错误的概率要大,所以复数旋转指示码等带交叉检验的方案在实际应用中将发挥积极作用。

　　对复数旋转指示码[64,32,3,4]的哈希出错数 x 从 1 取到 32,每种情况下,随机设定 x 个哈希出错,重复测试 50 万次,统计平均数据对象出错数。复数旋转指示码[64,32,3,4]与传统 2 倍压缩方案哈希出错对完整性检验的影响如图 6.10所示。

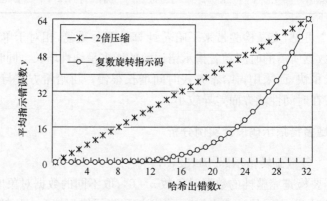

图 6.10　哈希出错对完整性检验的影响

　　由图 6.10 可见,复数旋转指示码[64,32,3,4]中少量哈希出错时几乎完全不会影响数据对象完整性的判断,传统方案中指示数据对象错误数与哈希出错数呈线性关系。

　　各种不同组织方式的差异,由 6.2 节的编码收益度量方法,考察 $n=64$ 时不同编码组织方式在不同出错数时的编码收益,公式(6.8)中取 $\lambda_k=1,\theta=4$。压缩率分别为 $\eta=1,2,32,64$ 的传统组织方式以及 $\eta=2$ 的复数旋转指示码($t=3$)。在出错数据对象很少时,使用交叉检验的细粒度完整性检验方案收益更高,相对于传统方案更好。

实例 6.2　有限域多错指示码设计。

设实际需要检查完整性的数据对象数 $n=4096$,或应用中将数据对象分为 $n=4096$ 的组,要求压缩率 $\eta\geqslant2$,准确指示出最多的错误数且至少 $t\geqslant2$。综合各方面性能,选择最合适的编码方案。依据有限域多错指示码的构造方式,满足基本需求的码较多,分析各种可能的参数组合,讨论码的指示错误能力、压缩率 η 等性能。

由有限域多错指示码构造方法可知满足要求的不同维度可以有三种选择,$d=2,3,4$。$n=4096$ 可表示为 $64^2=16^3=8^4$ 三种形式。最终的设计结果如表 6.12 所示。

表 6.12　有限域多错指示码的不同参数组合

q	d	max t	min$y$	m	k	编码
64	2	31	2	2048	32	$[4096,2048,31,32]$
16	3	8	15.05	272	17	$[4096,272,8,17]$
8	4	2	73.14	56	7	$[4096,56,2,7]$

由表 6.12 可见,复数旋转指示码可准确指示较多错误,但压缩率较低;高维的有限域多错指示码 $[4096,56,2,7]$ 压缩率较高,但指示错误数较少;有限立方指示码则较为适中。

6.5　电子数据证据存储应用

6.5.1　存储模型及处理流程

电子数据作为证据存储时安全性要求更高,设定电子数据证据存储基于私有云的云存储环境。该存储模型涉及如下几方的实体。

云服务方:相对较可信,服务方不故意删除数据、不会故意只存储部分综合(如累加和)数据。但其服务系统存在一定的出错可能性,电子数据证据或者镜像文件的存储依然需要实现可证明的安全存储,服务方支持日常的周期性概率验证和特定条件下的特定部分数据的确定性验证。

证据管理方:电子数据使用过程中的管理者、数据访问权控制者,证据应用方。

证据存储:数据获取并提交存储数据者,相当于原有模型的用户方。例如,多个出现场人员,获取现场数据、实施硬盘镜像者。

当事方:案件中的嫌疑人或者被告、嫌疑人的代理人或者证据管理方授权的特定审核人。

其他共享用户方：各类经证据管理方授权的数据查看者，如电子数据分析调查人员。

从电子证据固定（保全）的需求来说，人们显然希望电子数据存储之后没有发生改变。一般地，电子数据证据作为档案型的数据来进行存储比较理想，符合第 4 章所述静态数据的特性。同时，获取的网络数据及硬盘镜像等，数据往往十分庞大。一方面数据始终有可能出错，另一方面，现实中还有如本章开始所讨论的需要对特殊数据进行擦除的需要。在特定情况下，嫌疑人（被控告方）有权利要求删除特定的数据文件[2]。

原始的存储介质将会被封存，进行专业化管理。云计算环境下，电子证据存储使用如下的处理流程。

（1）镜像副本存储。从取证现场获取电子数据副本，使用证据管理方设置的共同密钥实现电子数据证据文件加密，存储到私有云系统。

（2）替换传统哈希数据方式，使用签名方式实现数据完整性验证，采用具有数据擦除能力的静态型数据完整性验证方案。

（3）由多个证据存储者对加密文件进行具有安全性保障的独立签名，共同保障数据的完整性。同时，融合细粒度数据完整性需求，采用本章细粒度数据完整性方案，生成若干组签名。下面的设计方案实际采用一个简单策略，假设证据存储者为两个，生成签名两组——每个存储者分别生成行、列两组签名。其他情形的原理相同。

（4）当事方在受控的条件下实施专业法定特权数据擦除，由数据擦除审核人、被告当事人或者其代理共同实施，也包括无擦除操作的确认。

（5）共享用户基于新的镜像副本进行分析调查。

（6）各相关方均可使用公开验证方法验证数据的完整性。

6.5.2 电子数据安全存储方案

1. 符号定义

存储方案中使用的相关符号说明见表 6.13。

表 6.13 存储方案参数含义说明

参数	含义说明
λ	安全强度参数，体现密钥等的长度
Z_q	q 阶有限域，大素数 q 满足安全强度
G	GDH 群，q 阶乘法循环群
e	双线性映射

参数	含义说明
K_Z	加密密钥
L	面向细粒度需求场景的数据分组数
I	每个组内的分块数
I_J	每个块的子块数
I_K	每个子块的基本块数
σ, τ	表示组块内行、列两组的签名
Φ, Ψ	组块内行、列两组签名的集合
i, j, k	组块内三维基本块的三维下标变量

2. 准备阶段

（1）密钥生成算法：KeyGen(λ)→(sk,pk)。密钥生成算法由证据存储者 A, B 分别执行。λ 为安全参数，各相关数据取值范围依此确定，体现算法中参数的安全强度。大素数 q 取值满足 λ 约束下的数据范围，即 $\log_2 q \leqslant \lambda$。以 A 为例，算法从有限域中选择一个随机元素 α_A 作为私钥，然后计算其公钥 $v_A = g^{\alpha_A}$，选择 I_K 个随机元素 $u_k \leftarrow G, k = 1, 2, \cdots, I_K$。从而得到证据存储者 A 的私钥 sk=(α_A) 和公钥 pk=$(g, v_A, \{u_k\}_{k=1,2,\cdots,I_k})$。同理，执行该算法得到证据存储者 B 的私钥 sk=(α_B) 和公钥 pk=$(g, v_B, \{u_k\}_{k=1,2,\cdots,I_k})$。证据保管人 Z 分发加密密钥 K_Z 给 A 和 B。审核人 T 及嫌疑人 Λ 或者其代理律师依据相同的方式生成密钥。

（2）数据块划分算法：DataSplit($\mathbb{D}$, paraC)→($c_{i,j}$)。算法由证据存储方执行，首先根据输入的参数 paraC，参照细粒度数据完整性的数据组织方法，将证据数据整体对象 $\mathbb{D}$（如镜像文件、数据流对象）组织、划分为 L 个组块，从而将组块的大小限制为与设计的性能目标相符合的程度。必要时组块用序号 l 区分，$l = 1, 2, \cdots, L$。所有组块处理方式相同，在相关随机化环节加入相关参数、组合序号 l 即可，为方便理解并适当简化方案描述，下面的形式化描述中只涉及某一个组块 D 的方案。将组块 D 数据划分成为 I 行 I_J 列 I_K 层的基本数据块。

用户将当前的组块 D 划分为 I 个块；$D = (c_1, c_2, \cdots, c_I)$，每个块 c_i 再划分成 I_J 个子块 $c_i = (c_{i,1}, c_{i,2}, \cdots, c_{i,I_J})$，每个子块 $c_{i,j}$ 由 I_K 个基本块构成，表示为 $c_{i,j} = (c_{i,j,1}, c_{i,j,2}, \cdots, c_{i,j,I_K})$ 的形式。

（3）数据加密算法：DataEncrypt(D, paraE)→F。算法由证据存储方执行，首先根据输入的参数 paraE，按下面的步骤生成所有的加密数据块，得到加密的文件组块 F。

① 使用加密密钥生成随机数 $\gamma_{i,j,k}=\varphi(K_Z,i\parallel j\parallel k)$，$i=1,2,\cdots,I,j=1,2,\cdots,$ $I_J,k=1,2,\cdots,I_K$。

② 生成加密的文件数据组块副本 $F=(d_{i,j,k})=(c_{i,j,k}\oplus\gamma_{i,j,k})$，$i=1,2,\cdots,I$，$j=1,2,\cdots,I_J,k=1,2,\cdots,I_K$。加密数据子块 $d_{i,j}$ 具有行序号 i 和列序号 j。

（4）数据块标签生成算法：$\text{TagGen}(\text{sk},F)\to(\Phi',\Psi')$。该算法由证据存储者分别执行，计算出组块 F 的行、列两组验证标签集合。显然 A 将使用自己的私钥，计算公式如式（6.32）和式（6.33）所示。由相同原理，B 计算标签则使用公式（6.34）和公式（6.35）。

$$\sigma_i^A = \left(H(f_1(i))\cdot\prod_{k=1}^{I_K}u_k^{\sum_j d_{i,j,k}}\right)^{\alpha_A} \tag{6.32}$$

$$\tau_j^A = \left(H(f_2(j))\cdot\prod_{k=1}^{I_K}u_k^{\sum_i d_{i,j,k}}\right)^{\alpha_A} \tag{6.33}$$

$$\sigma_i^B = \left(H(f_1(i))\cdot\prod_{k=1}^{I_K}u_k^{\sum_j d_{i,j,k}}\right)^{\alpha_B} \tag{6.34}$$

$$\tau_j^B = \left(H(f_2(j))\cdot\prod_{k=1}^{I_K}u_k^{\sum_i d_{i,j,k}}\right)^{\alpha_B} \tag{6.35}$$

式中，$i=1,2,\cdots,I,j=1,2,\cdots,I_J,k=1,2,\cdots,I_K$。

两位数据存储者签名后的行签名集合分别为 $\Phi'_A=\{\sigma_i^A\,|\,i=1,2,\cdots,I\}$，$\Phi'_B=\{\sigma_i^B\,|\,i=1,2,\cdots,I\}$，用 $\Phi'=\Phi'_A\bigcup\Phi'_B$ 表示数据存储者共同的行签名集合，两位数据存储者签名后的列签名集合分别为 $\Psi'_A=\{\tau_j^A\,|\,j=1,2,\cdots,I_J\}$，$\Psi'_B=\{\tau_j^B\,|\,j=1,2,\cdots,I_J\}$，用 $\Psi'=\Psi'_A\bigcup\Psi'_B$ 表示数据存储者共同的列签名集合。

（5）数据上传算法：$\text{UploadData}()$。将数据文件组块 F 和签名集合 (Φ',Ψ') 同时发送给服务方，多个组块将多次调用该算法。

（6）存储者数据验证算法：$\text{SUserVerify}(F,\Phi',\Psi',\text{pk})\to\{\Phi,\Psi,\text{TRUE}/\text{FALSE}\}$。该算法验证所提交数据的正确性，由服务方执行。对当前组块 D，服务方验证等式（6.36）～式（6.39）。任意的某一次验证出现不相等则验证失败，服务方拒绝提交者的数据（或要求重新传送），反之，服务方验证成功，则服务方返回正确文件的证明 FILE-PROOF 给数据存储者，以确认提交数据的真实性。数据存储者将 FILE-PROOF 和各自的私钥一起保存，必要时作为证据使用。

$$e(\sigma_i^A,g) = e\left(H(f_1(i))\cdot\prod_{k=1}^{I_K}u_k^{\sum_j d_{i,j,k}},v_A\right) \tag{6.36}$$

$$e(\tau_j^A,g) = e\left(H(f_2(j))\cdot\prod_{k=1}^{I_K}u_k^{\sum_i d_{i,j,k}},v_A\right) \tag{6.37}$$

$$e(\sigma_i^B,g) = e\left(H(f_1(i))\cdot\prod_{k=1}^{I_K}u_k^{\sum_j d_{i,j,k}},v_B\right) \tag{6.38}$$

$$e(\tau_j^B, g) = e\left(H(f_2(j)) \cdot \prod_{k=1}^{I_K} u_k^{\sum_i d_{i,j,k}}, v_B\right) \tag{6.39}$$

验证通过后,利用公式(6.40)和公式(6.41)计算后期验证阶段用的签名[18]。

$$\sigma_i = \sigma_i^A \cdot \sigma_i^B \tag{6.40}$$

$$\tau_j = \tau_j^A \cdot \tau_j^B \tag{6.41}$$

所得签名全体构成集合 $\Phi = \{\sigma_i \mid i = 1, 2, \cdots, I\}$ 和 $\Psi = \{\tau_j \mid j = 1, 2, \cdots, I_J\}$。

3. 验证阶段

在验证阶段的方案也相应地修改。既可以对电子数据镜像文件整体采用概率验证方案,也可以指定验证某个组块数据的完整性。该方案可以使用如下的函数并执行相应操作。

(1) 概率验证挑战请求生成算法:$ChalGenPr(L, I, c) \to \Theta$。该算法基于行签名集合 Φ 实施验证,由验证者执行,从电子数据镜像文件 $\mathbb{D}$ 的组块索引集合 $\{1, 2, \cdots, L\}$ 及其对应组块 D 内的行序号 $\{1, 2, \cdots, I\}$ 随机选取 c 个二元组 (l, i),并为每个二元组 (l, i) 相应地选取一个随机元素 $\nu_{l,i} \leftarrow Z_q$。将两者组合一起形成挑战请求 Chal:$\Theta = \{((l, i), \nu_{l,i})\}$。挑战请求"Chal"通过随机的方式指定了验证阶段将要被验证的数据块的位置。验证者将 Θ 发送给服务方。

(2) 确定性验证请求生成算法:$ChalGenDt(paraD) \to \Theta$。该算法由输入参数指定若干组块,指定组块行序号或者列序号确定相应的验证对象,并且指定基于行签名集合 Φ 或者列签名集合 Ψ 实施验证,由验证者执行。同样地,对每个指定的二元组 (l, i) 或者 (l, j),相应地选取一个随机元素,记为 $\nu_{l,i}$ 或者 $\nu_{l,j}$。基于行序号后面的具体办法和概率验证相同,不再讨论。后面只给出基于列序号的具体验证步骤。基于列序号的方式,组合的挑战请求为 $\Theta = \{((l, j), \nu_{l,j})\}$。此时,依据验证的实际需要,挑战请求指定了具体的数据块位置。验证者将 Θ 发送给服务方。确定性验证的策略:一是依据应用场景给出对特定的有关数据对象的完整性判定需求;二是出现不满足完整性的场景时,采取划分策略并依据前述细粒度数据完整性原理定位具体的出错位置。

(3) 概率验证证据生成算法:$ProofGenPr(F, \Phi, \Theta) \to P$。概率验证证据生成算法由服务方执行。服务方作为证明者,根据存储在其服务器上的数据文件、签名信息 F, Φ 和接收到的挑战请求 Θ,生成完整性证据 P。完整性证据 P 由聚合后的数据块组合序列与聚合签名构成,即 $(\{\mu_k\}, \sigma)$,$k = 1, 2, \cdots, I_K$。其计算方式如公式(6.42)和公式(6.43)所示。

$$\mu_k = \sum_{((l,i), \nu_{l,i}) \in \Theta} \nu_{l,i} \cdot \sum_j d_{i,j,k}^{(l)} \tag{6.42}$$

$$\sigma = \prod_{((l,i), \nu_{l,i}) \in \Theta} \sigma_i^{\nu_{l,i}} \tag{6.43}$$

(4) 确定验证证据生成算法：ProofGenDt$(F,\Phi,\Theta)\rightarrow P$。基于行序号的验证和概率验证证据生成算法实质相同。基于列序号验证的完整性证据 P 的计算方式如公式(6.44)和公式(6.45)所示。

$$\pi_k = \sum_{((l,j),\nu_{l,j})\in\Theta} \nu_{l,j} \cdot \sum_i d^{(l)}_{i,j,k} \tag{6.44}$$

$$\tau = \prod_{((l,j),\nu_{l,j})\in\Theta} \tau_j^{\nu_{l,j}} \tag{6.45}$$

(5) 证据验证算法：ProofCheck$(P,\Theta)\rightarrow\{\text{TRUE/FALSE}\}$。验证者通过行列验证等式(6.46)或者等式(6.47)是否成立，该公式的原理请参见文献[18]，可以判断服务方提供存储的镜像(证据)文件是否具有完整性。如有出错数据块存在，分别逐步缩小范围进行完整性验证，结合列签名组依据相同原理最终确认最小范围的出错数据。

$$e(\sigma,g) = e\Big(\prod_{((l,i),\nu_{l,i})\in\Theta} H(f_1(i))^{\nu_{l,i}} \cdot \prod_{k=1}^{I_K} u_k^{u_k}, v_A \cdot v_B \Big) \tag{6.46}$$

$$e(\tau,g) = e\Big(\prod_{((l,j),\nu_{l,j})\in\Theta} H(f_2(j))^{\nu_{l,j}} \cdot \prod_{k=1}^{I_K} u_k^{\pi_k}, v_A \cdot v_B \Big) \tag{6.47}$$

4. 数据擦除阶段

由数据划分阶段生成特殊模式的数据块内容，作为常量数据对待，记为 C_0。设置其为子块 $d_{i,j}$ 相同大小，同样对该数据块进行加密得替换模式数据块 $d_{0,0}$，原数据存储者使用式(6.48)~式(6.50)计算替换数据块的签名；数据擦除时使用该替换模式数据块对嫌疑人需要删除的数据进行替换，增加的对应签名要由审核人 T 及嫌疑人 Λ 或者其代理律师共同对数据进行签名，使用式(6.51)和式(6.52)。

基于完整性验证中的相同原理，在必要时在细粒度上对该部分指定数据子块，或者子块组合进行确定的完整性验证。

$$\sigma^A_{0,0} = \Big(H(f_1(0)) \cdot \prod_{k=1}^{I_K} u_k{}^{d_{0,0,k}} \Big)^{\alpha_A} \tag{6.48}$$

$$\sigma^B_{0,0} = \Big(H(f_1(0)) \cdot \prod_{k=1}^{I_K} u_k{}^{d_{0,0,k}} \Big)^{\alpha_B} \tag{6.49}$$

$$\sigma_{0,0} = \sigma^A_{0,0} \cdot \sigma^B_{0,0} \tag{6.50}$$

$$\tau^T_{i,j} = \Big(H(\sigma_{0,0} \parallel i \parallel j) \prod_{k=1}^{K} u_k{}^{d_{0,0,k}} \Big)^{\alpha_T} \tag{6.51}$$

$$\tau^A_{i,j} = \Big(H(\sigma_{0,0} \parallel i \parallel j) \prod_{k=1}^{K} u_k{}^{d_{0,0,k}} \Big)^{\alpha_\Lambda} \tag{6.52}$$

6.6　本章小结

本章讨论了电子数据证据存储问题,分析了该问题在云计算环境下面临的特殊应用需求。针对这些需求,首先阐述了细粒度数据完整性的原理;然后,介绍了准确指示一组数据对象中出现一个错误和准确指示一组数据对象中出现多个错误的两类数据完整性检验方案。其中,单错指示的具体方案包括:组合单错完整性指示码和超方体单错完整性指示码对应的方案;而多错条件下则是有限域多错完整性指示码对应的一类方案。

组合单错完整性指示码提供了在低出错率的条件下实现哈希数据大幅度压缩的方法;超方体单错码则提供了具有实用价值的哈希数据大幅度压缩的方法,既有高压缩率又具有较低的错误放大率。可通过选取任意自然数作为超方体的阶,以高效率的组合方式处理各种不同规模的数据对象,在实际应用中具有较好的灵活性。依据这两种完整性指示码的构造规律分别设计了哈希生成与哈希检验方法,分析了两者的主要性能。

基于有限域划分的均匀交叉性质,将数据对象和有限域上的元素相对应从而实现划分,使用多组哈希分别进行监督。有限域多错完整性指示码能准确指示多个错误,在低出错率条件下具有较高的压缩率、低错误放大率,并可通过灵活地设置码参数来满足不同的实际需要。有限域多错完整性指示码中的有限立方指示码是高效的多错指示编码,具有较好的实用价值。有限域多错完整性指示码具有模块化的哈希结构,对于 $GF(q)$ 上的 d 维向量空间,每增加 $(d-1)$ 组共 $(d-1)q$ 个哈希即可多指示一个错。有限域多错完整性指示码的哈希具有平行的分组关系,单独一组哈希即可独立指示所有数据的完整性,为哈希数据的多方分离式存储提供了条件,增强了细粒度数据完整性检验方法在电子证据固定与存储等应用中的实用性。

最后,针对电子数据证据固定与存储面临大数据量、偶然介质错误、数据篡改、特定数据擦除等问题设计了适合云计算环境的电子数据安全存储方案。

参 考 文 献

[1] 冯登国,张敏,李昊. 大数据安全与隐私保护. 计算机学报,2014,37(01):246-248.

[2] Jiang L Z,Fang J B,Law F Y W,et al. Maintaining hard disk integrity with digital legal professional privilege (LPP) data. IEEE Transactions on Information Forensics and Security, 2013,8(5):821-828.

[3] 翟征德,冯登国,徐震. 细粒度的基于信任度的可控委托授权模型. 软件学报,2007,18(8): 2002-2015.

[4] Roussev V, Chen Y, Bourg T, et al. MD5bloom: forensic filesystem hashing revisited. Digital Investigation, 2006, 3(s1):82-90.

[5] 靳蓓, 陈志. 组合编码原理及应用. 上海: 上海科学技术出版社, 1995:1-7, 215-237.

[6] Bose R. Information Theory, Coding and Cryptography. 北京: 机械工业出版社, 2003: 75-105.

[7] 陈龙, 王国胤. 一种细粒度数据完整性检验方法. 软件学报, 2009, 20(4):902-909.

[8] 陈龙. 计算机取证的安全性及取证推理研究. 成都: 西南交通大学, 2009.

[9] 陈龙, 方新蕾, 王国胤. 系列单错完整性指示码及其性能分析. 计算机科学, 2009, 36(6): 97-100.

[10] 陈龙, 王国胤. 有限域上高效的细粒度数据完整性检验方法. 计算机学报, 2011, 34(5): 847-855.

[11] Rizzo L. Effective erasure codes for reliable computer communication protocols. ACM Computer Communication Review, 1997, 27(2):24-36.

[12] 陶钧, 沙基昌, 王晖. 基于数据分散编码存储的门限方案分析研究. 小型微型计算机系统, 2008, 29(2):353-356.

[13] 陈龙, 方新蕾, 王国胤. 基于复数旋转码的细粒度数据完整性指示方法. 西南交通大学学报, 2009, 44(5):667-671.

[14] Merkle R C. Protocols for public key cryptosystems. 1980 IEEE Symposium on Security and Privacy. Oakland: IEEE, 1980:122-134.

[15] 侯方勇, 王志英, 刘真. 基于 Hash 树热点窗口的存储器完整性校验方法. 计算机学报, 2004, 27(11):1471-1479.

[16] 张焕国, 刘玉珍. 密码学引论. 武汉: 武汉大学出版社, 2003:166-191.

[17] 张福泰, 李继国, 等. 密码学教程. 武汉: 武汉大学出版社, 2006:112-122.

[18] Wang B Y, Li H, Liu X F, et. al. Efficient public verification on the integrity of multi-owner data in the cloud. Journal of Communications and Networks, 2014, 16(6):592-599.